INICIACIÓN A LA CONSTRUCCIÓN

PRÁCTICAS RESUELTAS
RELACIÓN DE ERRATAS

ARQUITECTURA TÉCNICA
DCA
UNIVERSIDAD DE ALICANTE

Autores:
Jaime Ferri Cortés
Vicente Raúl Pérez Sánchez
Encarnación García González
Mª Francisca Céspedes López
Raúl Tomás Mora García
Asunción López Peral
Maria del Rosario Pacheco Mateo

NOTA EXPLICATIVA

Después de resolver los ejercicios que forman parte del presente libro, la entrada en vigor del Código Técnico de la Edificación, ha variado lo siguiente:

CUBIERTAS

En aplicación del CTE DB-HS1, en el encuentro de la cubierta con un elemento vertical, la impermeabilización debe prolongarse por el paramento vertical hasta una altura de 20 cm como mínimo por encima de la protección de la cubierta.

Cuando la capa de protección sea de solado fijo, deben disponerse juntas de dilatación en cuadrícula, situadas a 5 m como máximo en cubiertas no ventiladas y a 7,5 m como máximo en cubiertas ventiladas, de forma que las dimensiones de los paños entre las juntas guarden como máximo la relación 1:1,5.

Se establece una dimensión máxima de paños de 50 m2, según el número mínimo de sumideros que deben disponerse.

ESCALERAS

En aplicación del CTE DB-SU, en una misma escalera, todos los peldaños tendrán la misma contrahuella y todos los peldaños de los tramos rectos tendrán la misma huella.

CONDUCTOS DE EXTRACCIÓN PARA VENTILACIÓN (SHUNT)

En aplicación del CTE DB-HS3, los conductos de las dos últimas plantas deben ser individuales. La conexión de las aberturas de extracción con los conductos colectivos debe hacerse a través de ramales verticales cada uno de los cuales debe desembocar en el conducto inmediatamente por debajo del ramal siguiente.

RELACIÓN DE ERRATAS

EJERCICIO Nº 13

PÁG	CAMBIO
31	Caso 3. Apartado C. Donde pone "200" debe poner "20" c) H x 0,40 x 0,30 x 20 = 0,40 x 0,30 x 25 x 1.000

EJERCICIO Nº 31

PÁG	CAMBIO
49	Apartado b. $S = Q / \sigma = (128{,}47 \times 1{,}6) / (350 / 1{,}2) = 0{,}70\ m^2$. P = 0,70 / 2,10 = 0,33 m Apartado c. $\sigma_t = Q / S = 128{,}47 / 0{,}70 = 183{,}53\ kN/m^2$.

EJERCICIO Nº 34

PÁG	CAMBIO
53	Falta por calcular la zapata Z4. Zapata Z4: Q = 5 x 3,75 x 5 x 7 = 656,25 kN. $S = 656{,}25 / 111 = 5{,}91\ m^2$. Lado A = $\sqrt{5{,}91} = 2{,}43$ m. **Z4 = 2,45 x 2,45 m.**
55	Detalle 2. No lleva zuncho de atado la zapata corrida 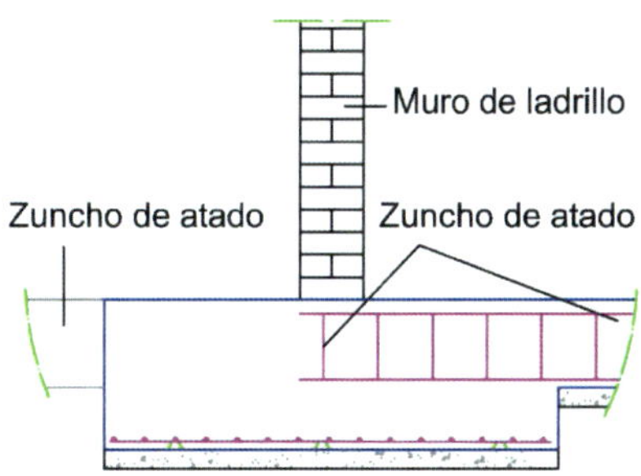 Detalle 2.

EJERCICIO Nº 41

<table>
<tr><th>PÁG</th><th>CAMBIO</th></tr>
<tr><td>67</td><td>
Se eliminan las cotas verticales del desarrollo de la barandilla, excepto la cota que indica la altura de la barandilla.

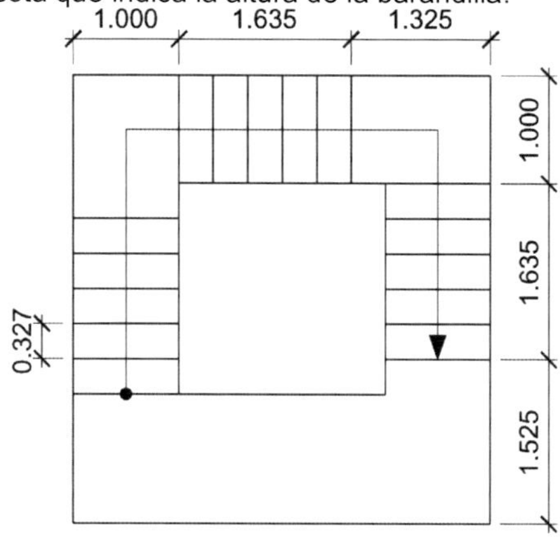

Planta de peldañeado.

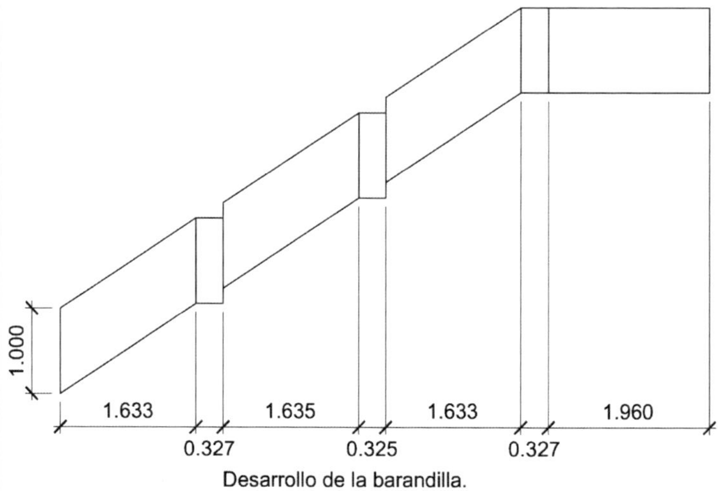

Desarrollo de la barandilla.
</td></tr>
</table>

<u>**EJERCICIO Nº 42**</u>

PÁG	CAMBIO
68	La suma de la huella más el doble de la tabica será superior a 0,59 m. e inferior a 0,68 m. 0,59 < H + (2 x T) < 0,68

<u>**EJERCICIO Nº 43**</u>

PÁG	CAMBIO
70	La suma de la huella más el doble de la tabica será superior a 0,59 m. e inferior a 0,68 m. 0,59 < H + (2 x T) < 0,68
71	Se modifica el ojo de la escalera para que el descansillo de acceso a la vivienda sea de 1,20 x 1,20 m 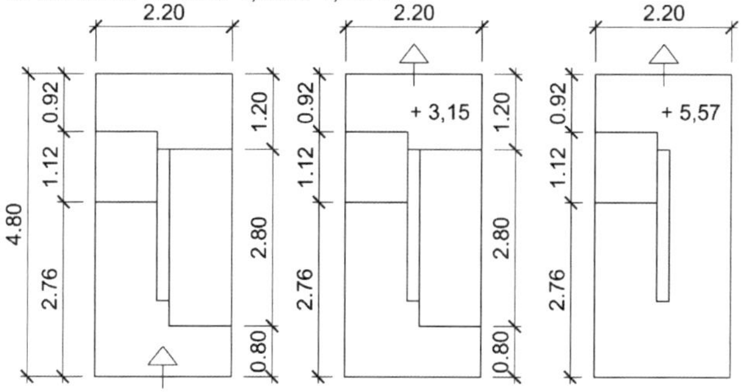 Planta Piso 1. Planta Piso 2. Planta Piso 3. Plantas de losa. 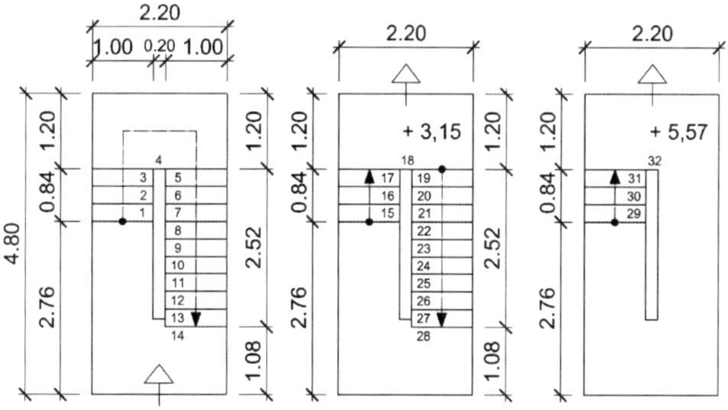 Planta Piso 1. Planta Piso 2. Planta Piso 3. Plantas de peldañeado.

EJERCICIO Nº 45

<table>
<tr><th>PÁG</th><th>CAMBIO</th></tr>
<tr><td>75</td><td>
Se modifican las cotas en la planta de peldañeado, losa y desarrollo de la barandilla.
Se eliminan las cotas verticales del desarrollo de la barandilla, excepto la cota que indica la altura de la barandilla

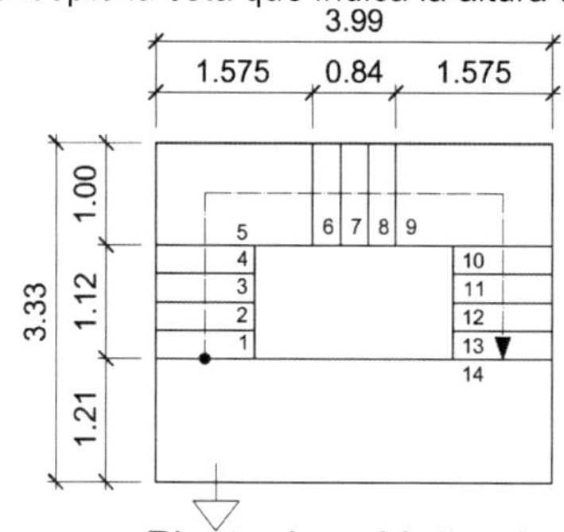

Planta de peldañeado.
Pisos 2 y 3 (4 tramos iguales).

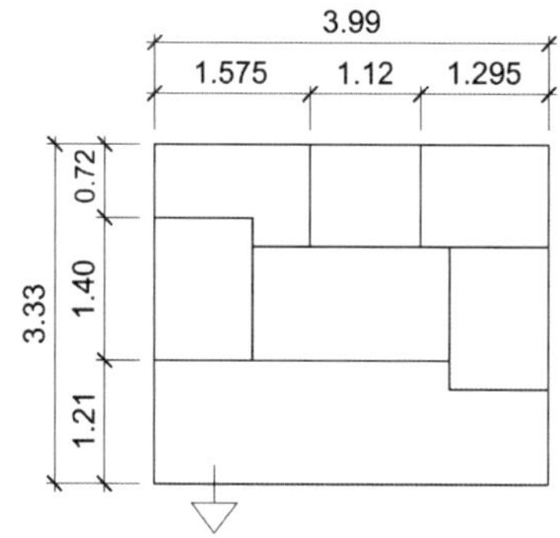

Planta de losa.
Pisos 2 y 3 (4 tramos iguales).

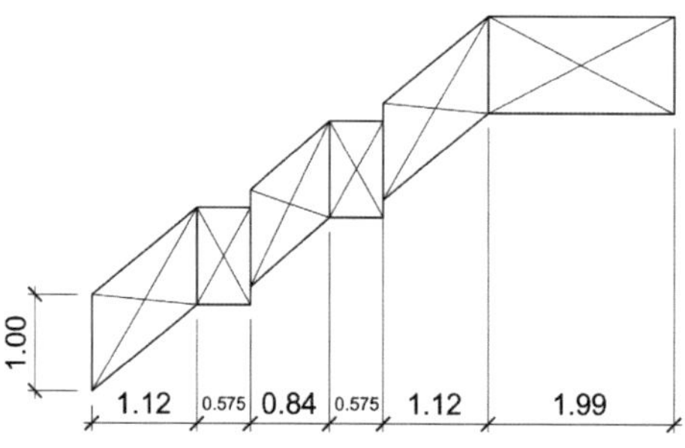

Desarrollo de la barandilla.
</td></tr>
</table>

EJERCICIO Nº 46

PÁG	CAMBIO
77	Se modifica la planta de peldañeado y losa. Los tramos de escalera terminan en descansillos de 1m x 1,035 m de espera. Se eliminan las cotas verticales del desarrollo de la barandilla, excepto la cota que indica la altura de la barandilla. 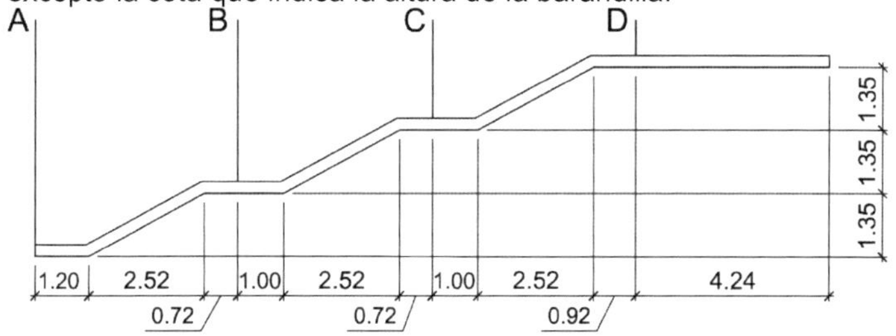 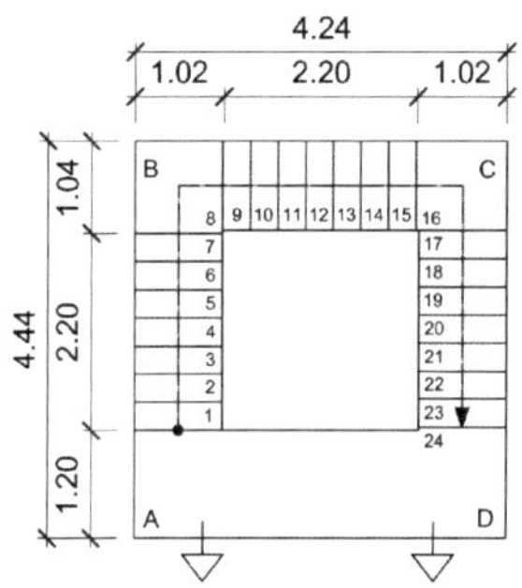 Planta Piso 1 y 2. Planta de peldañeado. 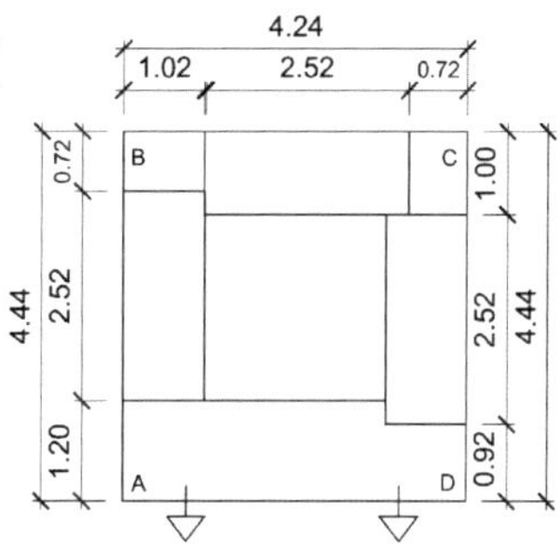 Planta Piso 1 y 2. Planta de losa. 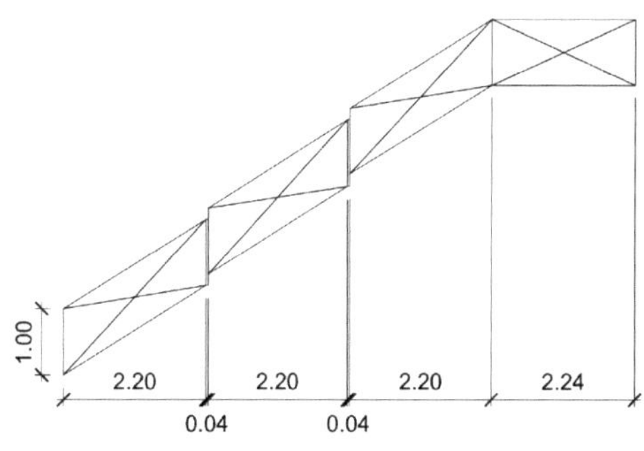 Desarrollo de la barandilla.

EJERCICIO Nº 49

PÁG	CAMBIO
100	Descenso de las cargas.

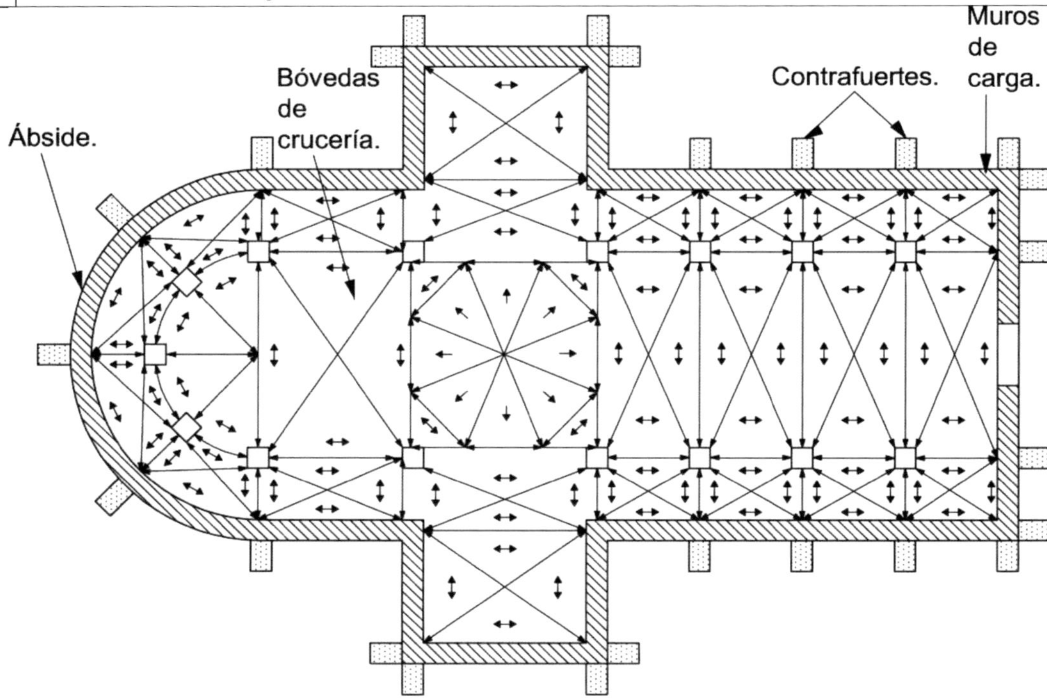

EJERCICIO Nº 51

PÁG	CAMBIO
112	Escalera. Sustitución de la viga lateral derecha por zuncho.

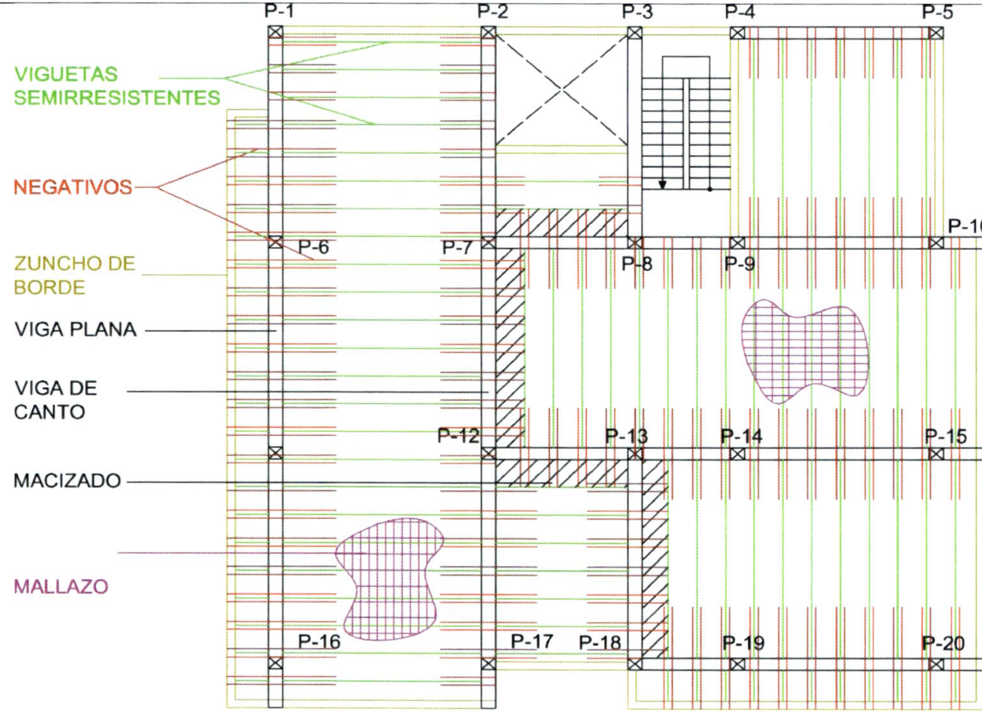

EJERCICIO Nº 52

PÁG	CAMBIO
114	Se añade el P-14 y P-15 Se indica el brochal que apoya en la viga P-6 a P-10 Se prolongan los negativos en la zona de macizado por cambio de dirección de forjado entre P-5 y P-6

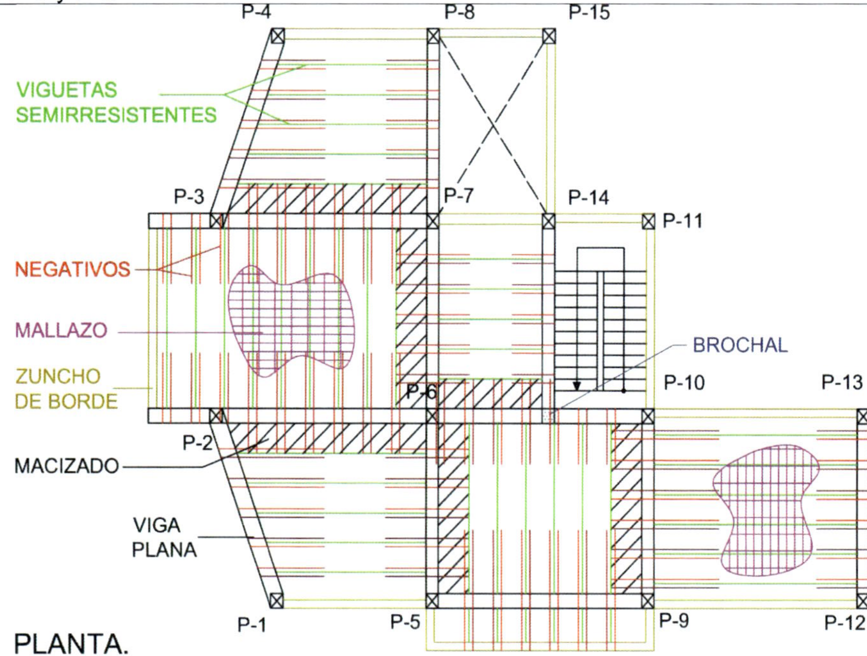

PLANTA.

EJERCICIO Nº 53

PÁG	CAMBIO
116	Se añade el zuncho lateral izquierdo de la escalera que no existía. Las viguetas no deben entrar en el zuncho (zona de voladizo entre P-5 y P-6)

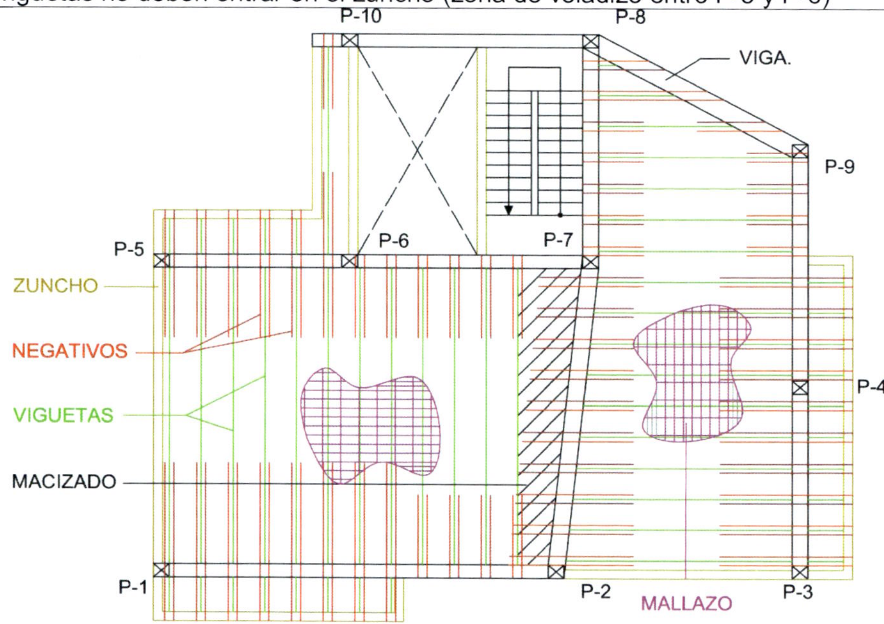

PLANTA

EJERCICIO Nº 54

PÁG	CAMBIO
118	Las viguetas no deben entrar en el zuncho (zona de voladizo entre P-9 y P-10) Se eliminan los negativos sobre P-3 y P-4 (ausencia de vigueta)

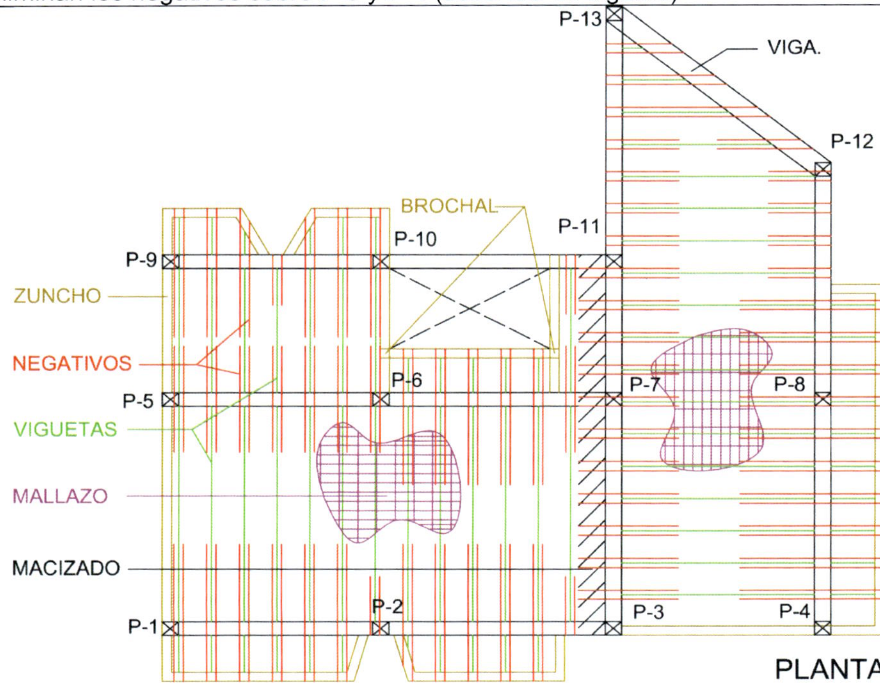

PLANTA

EJERCICIO Nº 55

PÁG	CAMBIO
120	Zona entorno al P-11. Hay que prolongar los negativos en la zona de macizado por cambio de dirección del forjado.

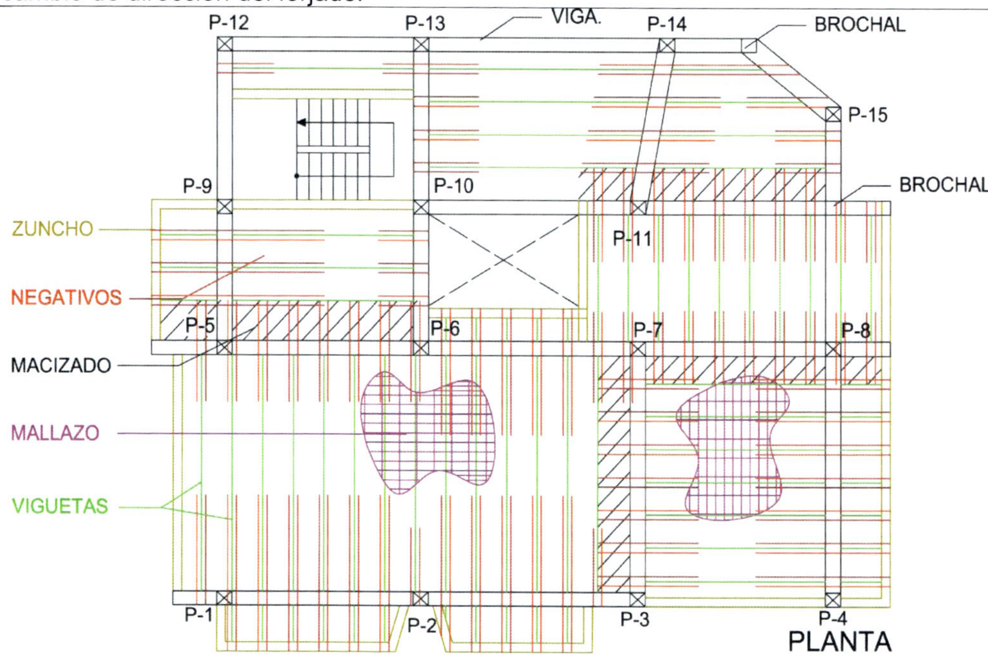

EJERCICIO Nº 57

PÁG	CAMBIO
129	SECCIÓN 4. PILAR 1 Y 2. La viga en P-1 es de canto en lugar de plana

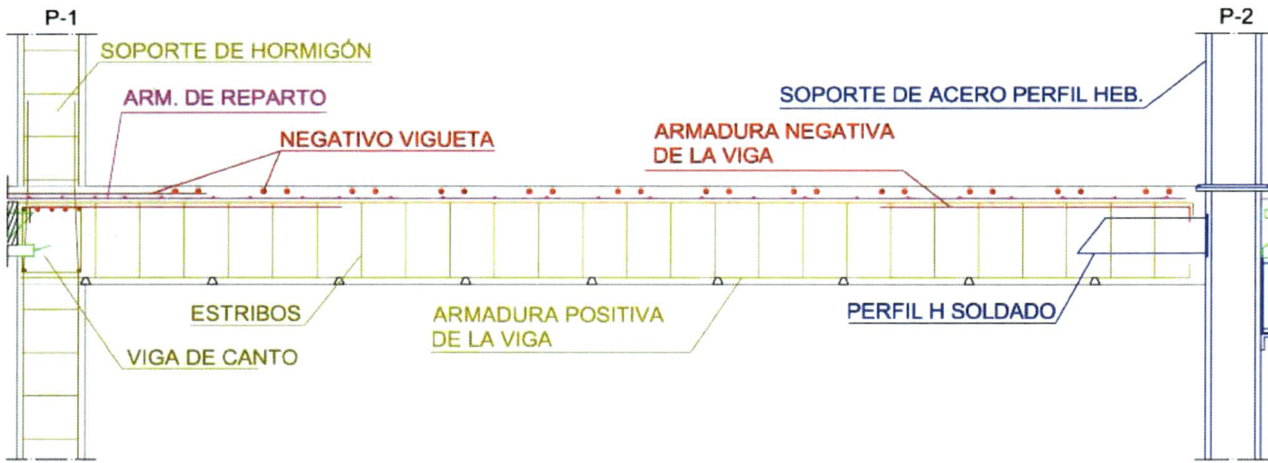

SECCIÓN 4. PILAR 1 y 2.

EJERCICIO Nº 59

PÁG	CAMBIO
157	SECCIÓN 4. PILAR 5 Y 6. No se deben ver los negativos en sección a la derecha del pilar 6

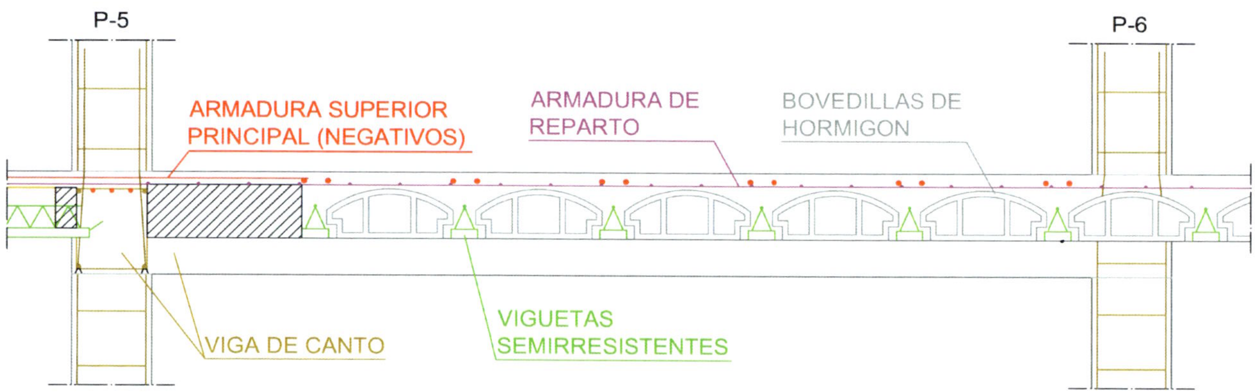

SECCIÓN 4. PILAR 5 y 6.

EJERCICIO Nº 59

PÁG	CAMBIO
158	SECCIÓN 5. PILAR 6. No se deben ver los negativos en sección a la derecha del pilar 6

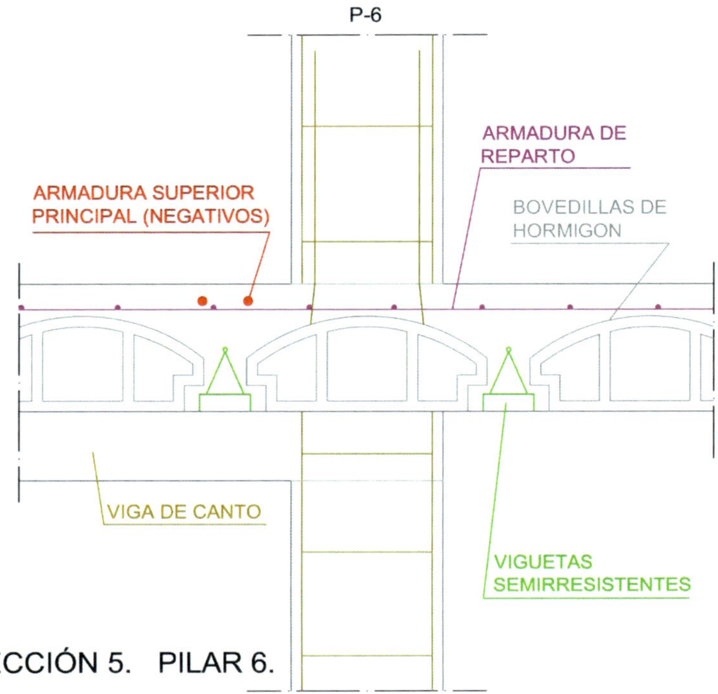

SECCIÓN 5. PILAR 6.

EJERCICIO Nº 59

PÁG	CAMBIO
159	SECCIÓN 6. PILAR 6 Y 4. El pilar P-7 es el pilar P-4.

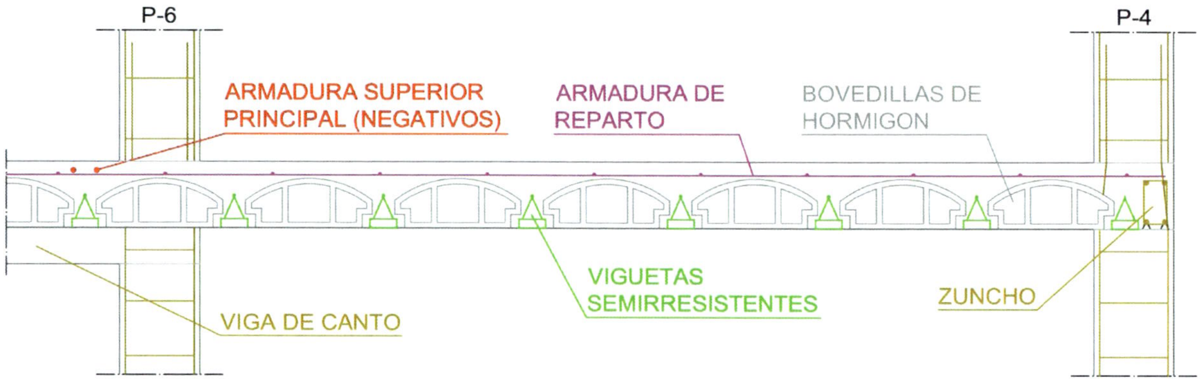

SECCIÓN 6. PILAR 6 y 4.

EJERCICIO Nº 60

PÁG	CAMBIO
168	Falta el anclaje del zuncho de borde de hormigón con el pilar metálico. Se resuelve con 4 redondos soldados al pilar.

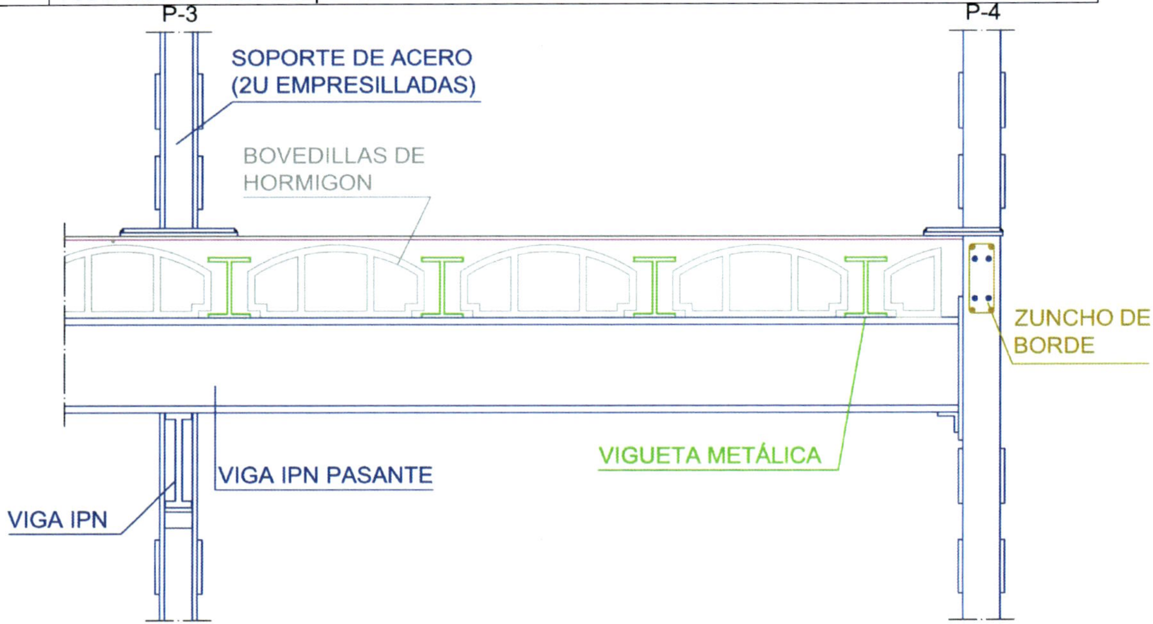

SECCIÓN 6. PILAR 3 y 4.

EJERCICIO Nº 61

PÁG	CAMBIO
170	La disposición de las viguetas metálicas debe ser enrasadas y alineadas.

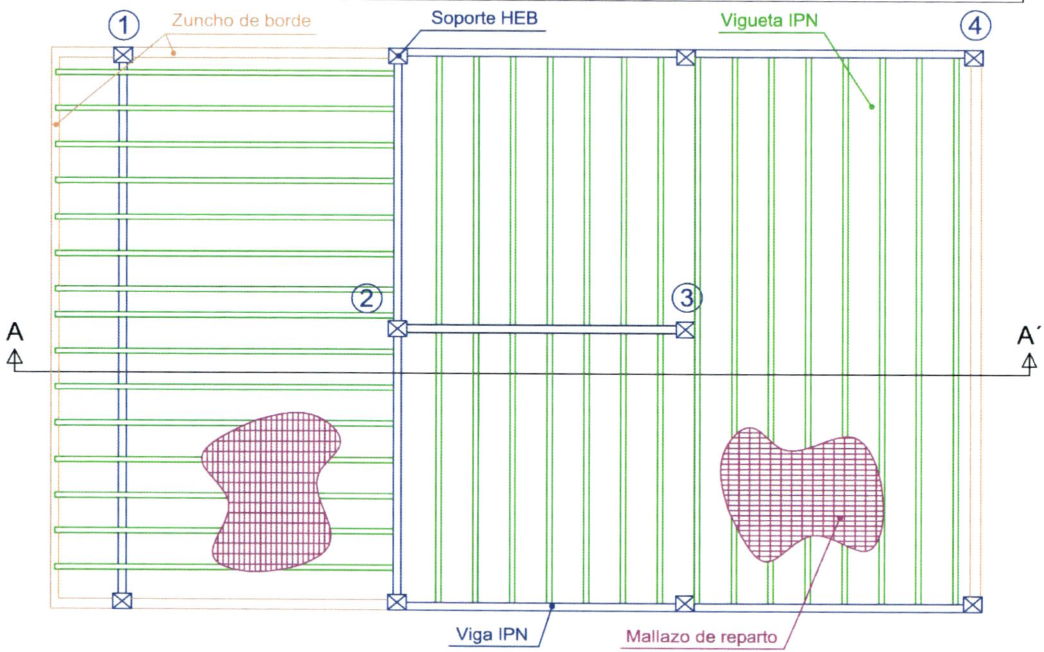

EJERCICIO Nº 62

PÁG	CAMBIO
179	La disposición de las viguetas metálicas debe ser enrasadas y alineadas.

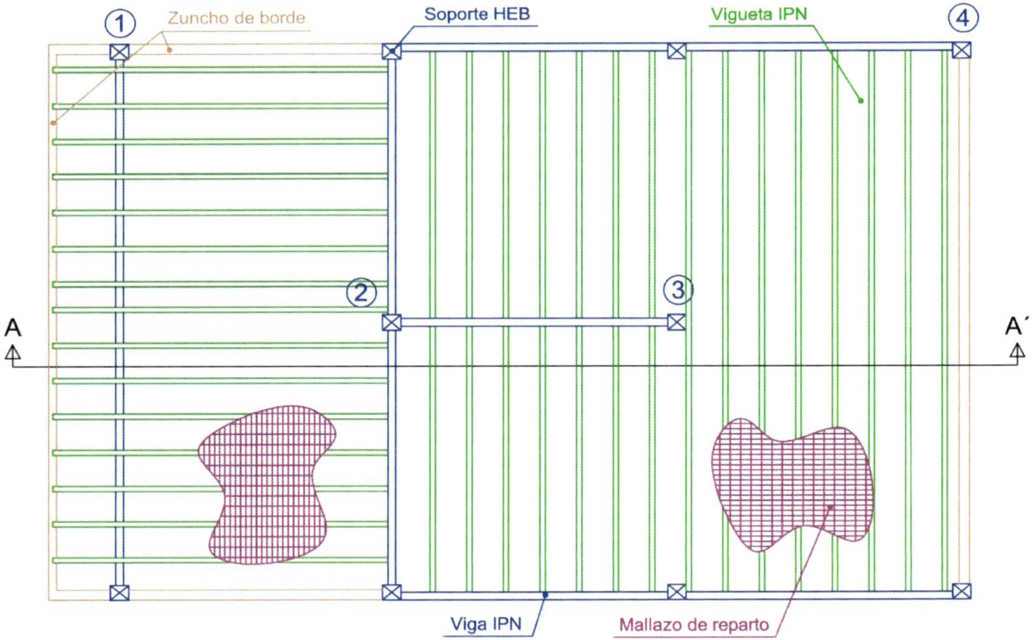

EJERCICIO Nº 62

PÁG	CAMBIO
182	La viga perpendicular al pilar 2 es hiperestática y por lo tanto se suelda toda la viga al pilar.

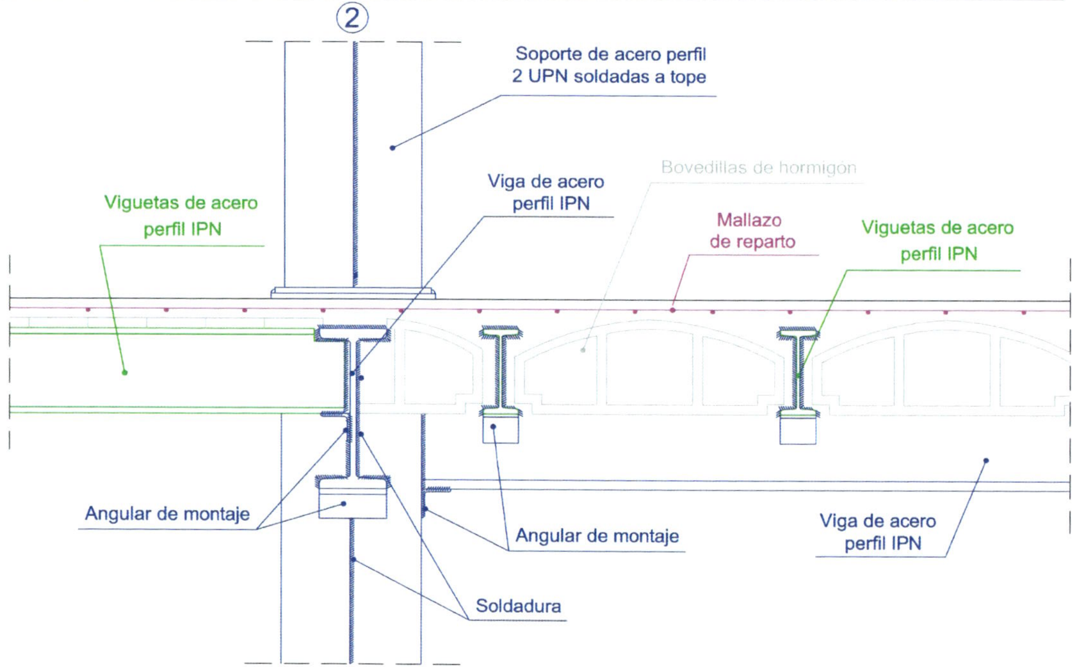

EJERCICIO Nº 63

PÁG	CAMBIO
188	FORJADO RETICULAR. ARMADURA INFERIOR NERVIOS. Se eliminan los zunchos ya que sólo se indica en este dibujo la armadura inferior de los nervios.

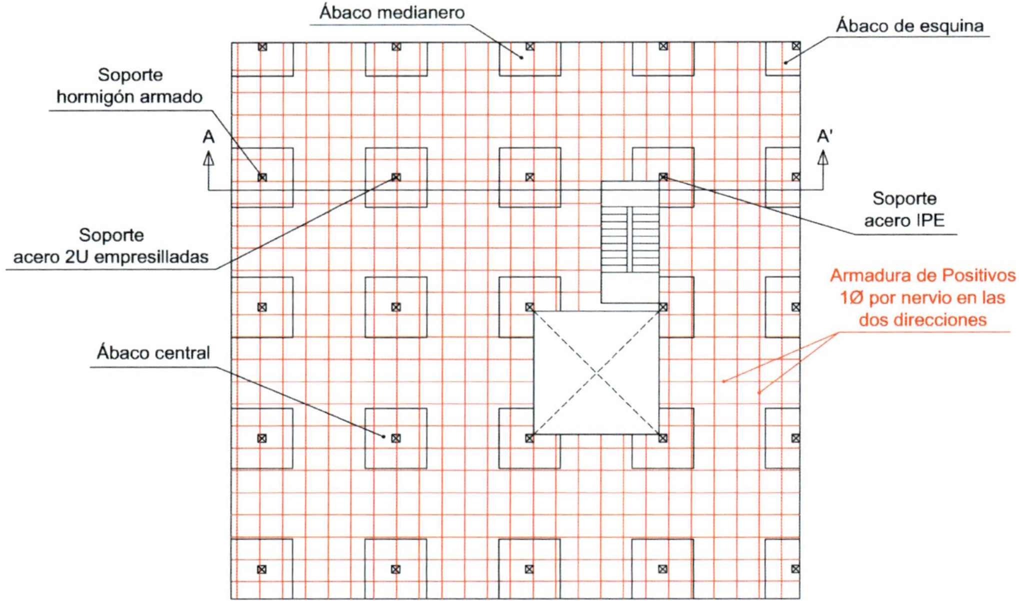

ARMADURA INFERIOR NERVIOS

EJERCICIO Nº 63

PÁG	CAMBIO
189	FORJADO RETICULAR. ARMADURA SUPERIOR NERVIOS. Se eliminan los zunchos ya que sólo se indica en este dibujo la armadura superior de los nervios. Se indica la armadura de reparto con un mallazo de 30x30 cm.

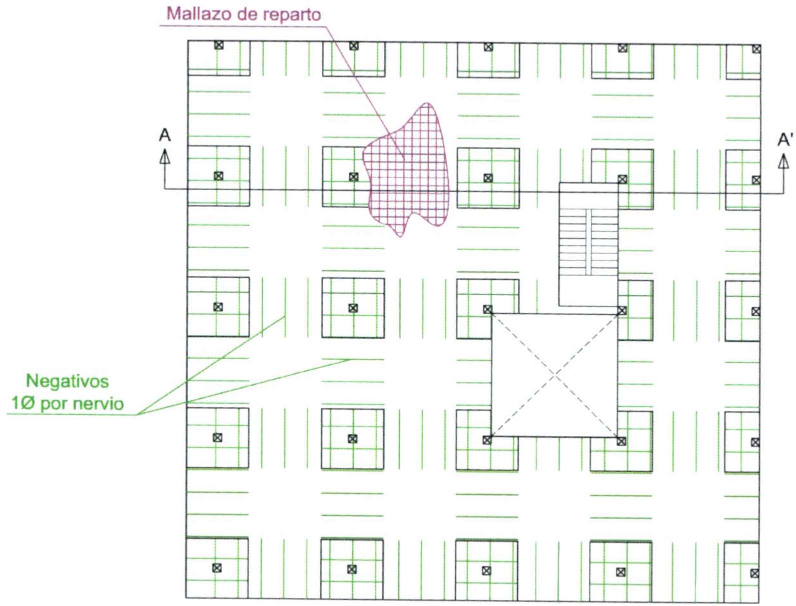

ARMADURA SUPERIOR NERVIOS

EJERCICIO Nº 63

PÁG	CAMBIO
191	DETALLE D.1. Se modifican los negativos colocándolos por encima del mallazo de reparto.

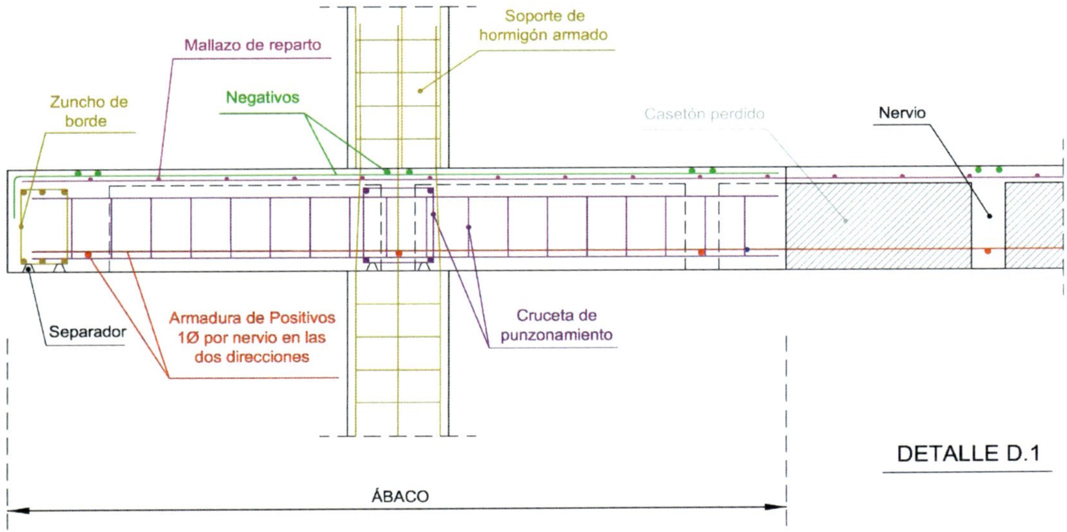

DETALLE D.1

EJERCICIO Nº 63

PÁG	CAMBIO
192	DETALLE D.2. Se modifican los negativos colocándolos por encima del mallazo de reparto.

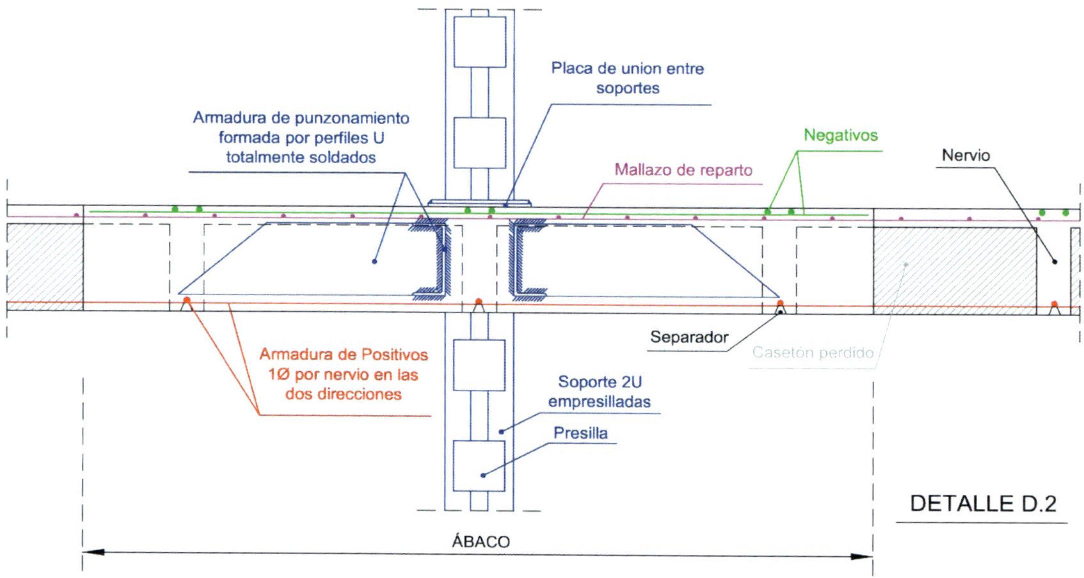

DETALLE D.2

EJERCICIO Nº 63

PÁG	CAMBIO
193	DETALLE D.3. Se elimina el mallazo de reparto en la sección correspondiente a la losa de escalera.

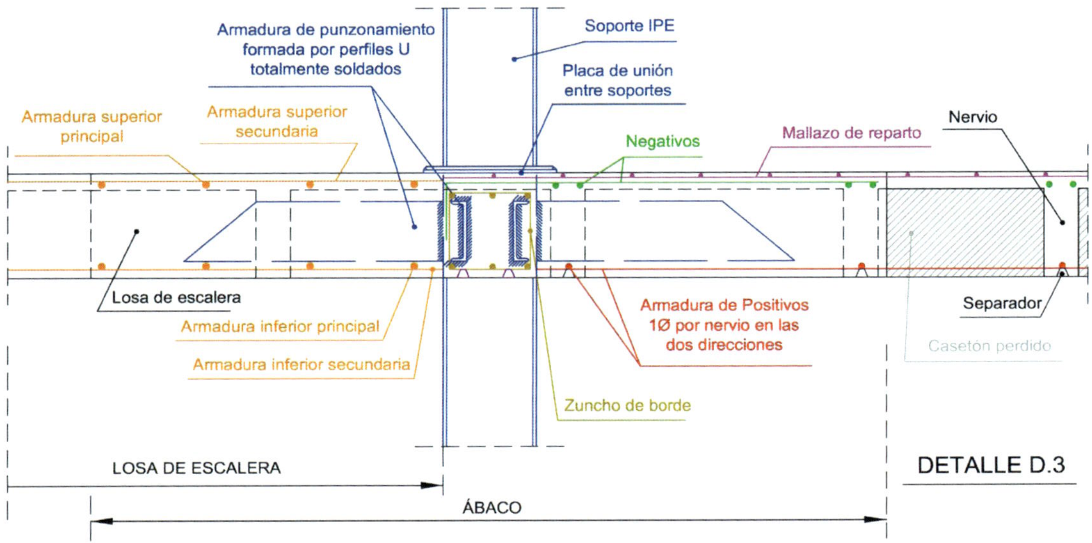

DETALLE D.3

EJERCICIO Nº 66

PÁG	CAMBIO
201/202 209 212/213	En todos estos detalles donde pone ≥ 15 debe poner ≥ 20.
213	En la leyenda del detalle falta indicar el geotextil entre el mortero y el aislamiento térmico.

PRÁCTICAS RESUELTAS DE INICIACIÓN A LA CONSTRUCCIÓN

Jaime Ferri Cortés
Vicente Raúl Pérez Sánchez
Encarnación García González
Mª Francisca Céspedes López
Raúl Tomás Mora García
Asunción López Peral
María del Rosario Pacheco Mateo

Título: Prácticas resueltas de iniciación a la construcción

Autores: © Jaime Ferri Cortés
Vicente Raúl Pérez Sánchez
Encarnación García González
Mª Francisca Céspedes López
Raúl Tomás Mora García
Asunción López Peral
María del Rosario Pacheco Mateo

ISBN: 978–84–8454–635–1
Depósito legal: A–1019–2007

Edita: Editorial Club Universitario Telf.: 96 567 61 33
C/. Cottolengo, 25 – San Vicente (Alicante)
www.ecu.fm

Printed in Spain
Imprime: Imprenta Gamma Telf.: 965 67 19 87
C/. Cottolengo, 25 – San Vicente (Alicante)
www.gamma.fm
gamma@gamma.fm

<u>EJERCICIO Nº 1</u>

Sabiendo que la dimensión del ¾ del ladrillo utilizado en el aparejo es de 17,75 cm.

Calcula las dimensiones de soga, tizón y grueso.

<u>Resolución.</u>

Sabemos la siguiente relación:

¾ + 1 junta + ¾ = 1 tizón + 1 junta + 1 tizón + 1 junta + 1 tizón.

Por lo tanto:

17,75 + 1 + 17,75 = 3 tizones + 2

35,50 + 1 - 2 = 3 tizones

3 tizones = 34,50

1 tizón = 34,5 / 3 = 11,5 cm.

1 Soga = 11,5 + 1 + 11,5 = 24 cm.

1 grueso + 1 junta + 1 grueso = 1 tizón

1 grueso = 10,5 / 2 = 5,25 cm.

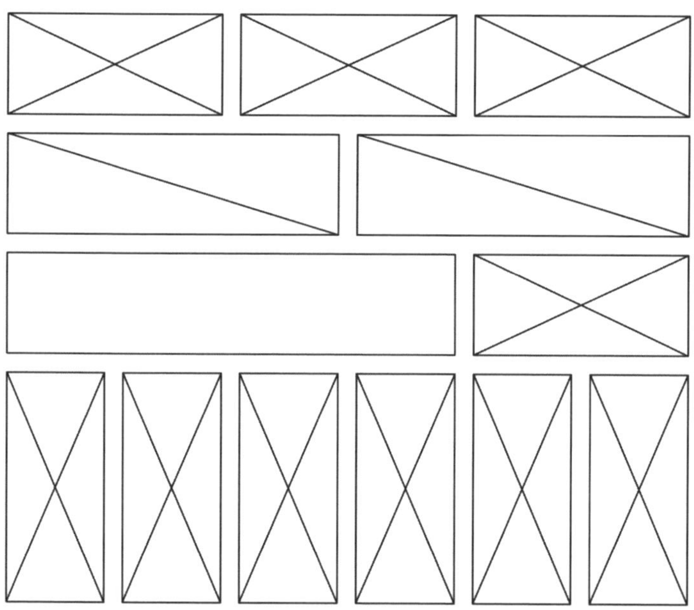

Relaciones que existen entre las distintas dimensiones de los ladrillos (soga, tizón y grueso).

EJERCICIO Nº 2

Dibujar el alzado y la planta de un pilar:

a) De 2,5 x 2 astas.

b) De 2,5 x 2,5 astas.

Resolución.

a) Pilar de 2,5 x 2 astas.

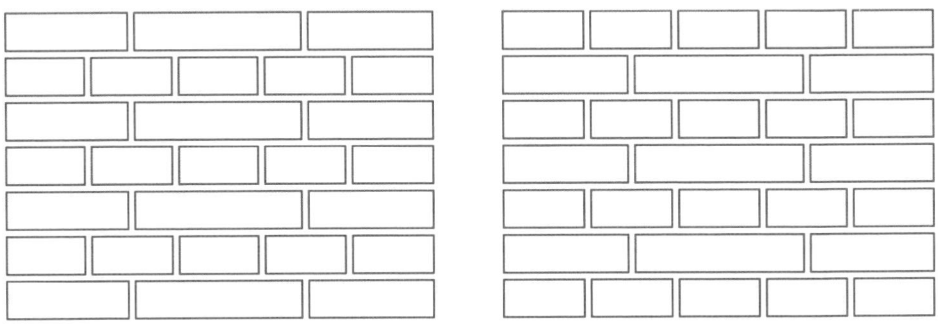

Alzado

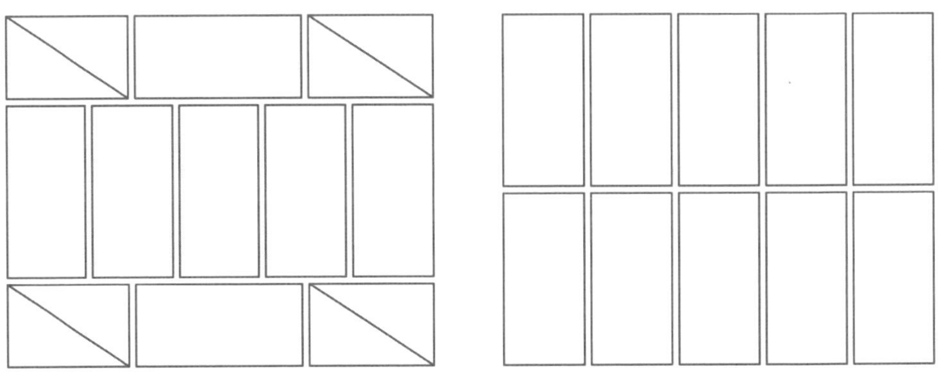

Plantas

Resolución.

b) Pilar de 2,5 x 2,5 astas.

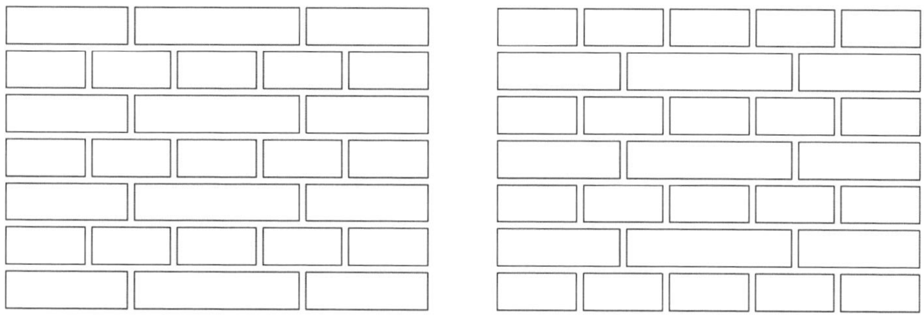

Alzado

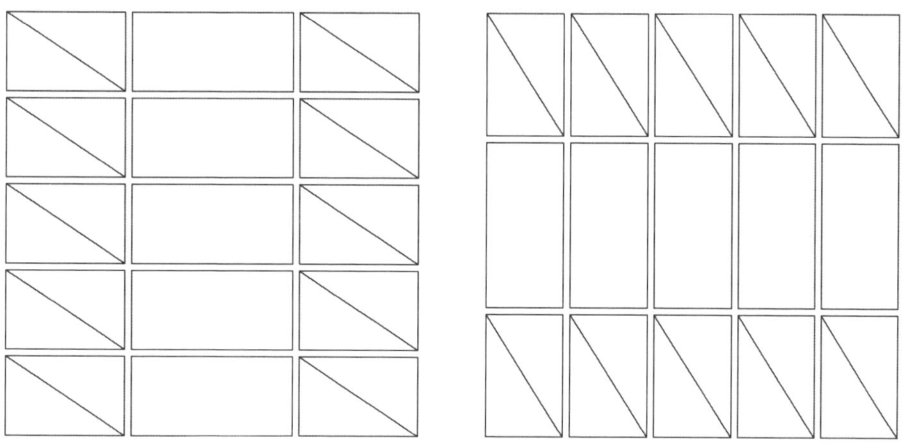

Plantas

EJERCICIO Nº 3

Del croquis de la planta de viviendas que se adjunta, indicar el número de las fábricas que están formadas por:

a) Un tabicón.
b) Una fábrica de media asta.
c) Dos tabicones.
d) Una fábrica de media asta y un tabicón.

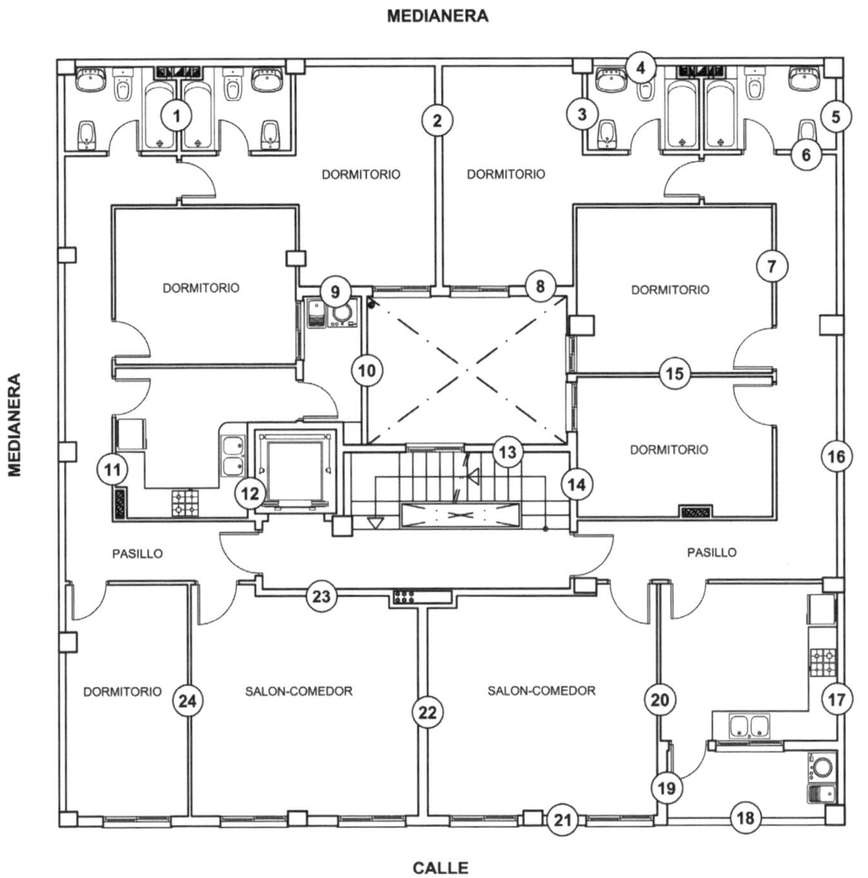

Resolución.

Un tabicón del 7: 1, 3, 6, 7, 11, 15, 20 y 24.
Dos tabicones del 9: 2 y 22.
Una fábrica de media asta: 10, 12, 13, 14, 18 y 23.
Una fábrica de media asta y un tabicón: 4, 5, 8, 9, 16, 17, 19 y 21.

Ejercicio nº 4

Del croquis de la planta de viviendas que se adjunta, indicar que fábricas deben apoyar en el forjado y cuales pueden apoyar en el pavimento de terrazo.

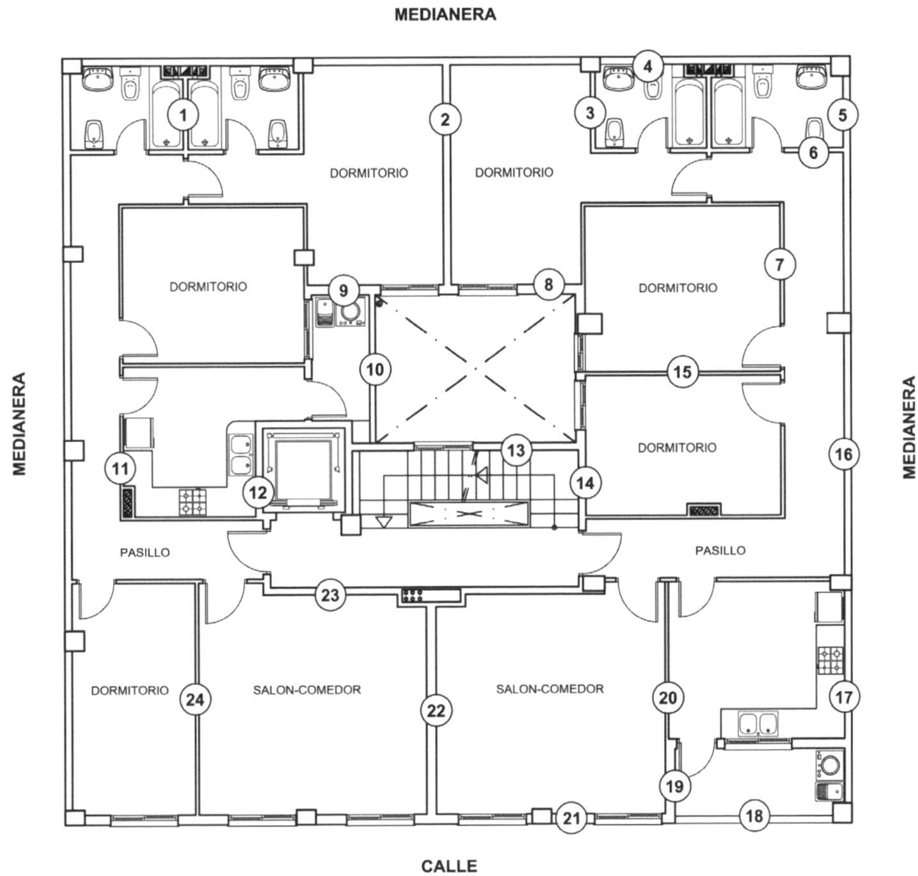

Resolución.

Deben apoyar en el forjado: 2, 10, 12, 13, 14, 18, 22 y 23.

Pueden apoyar en el pavimento de terrazo: 1, 3, 6, 7, 11, 15, 20 y 24.

Apoyan la fábrica de media asta en el forjado y el tabicón interior en el pavimento de terrazo: 4, 5, 8, 9, 16, 17, 19 y 21.

Ejercicio nº 5

Dibuja las diferentes hiladas de las siguientes plantas cumpliendo las leyes de traba.

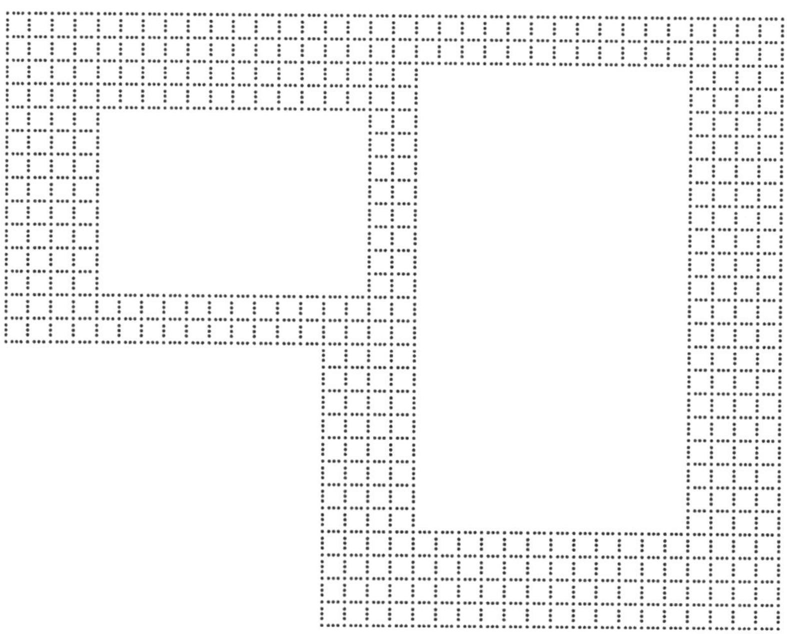

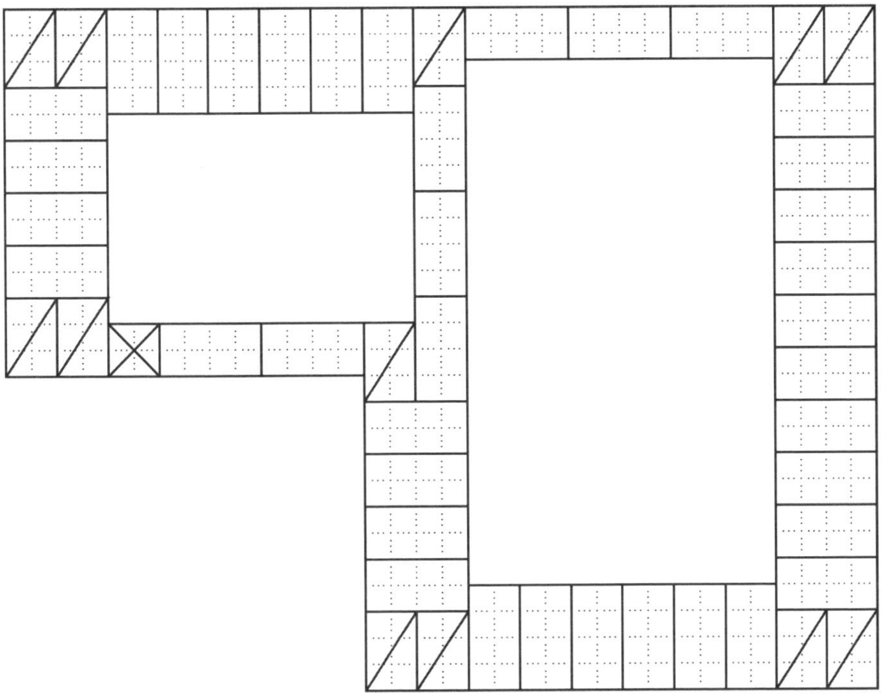

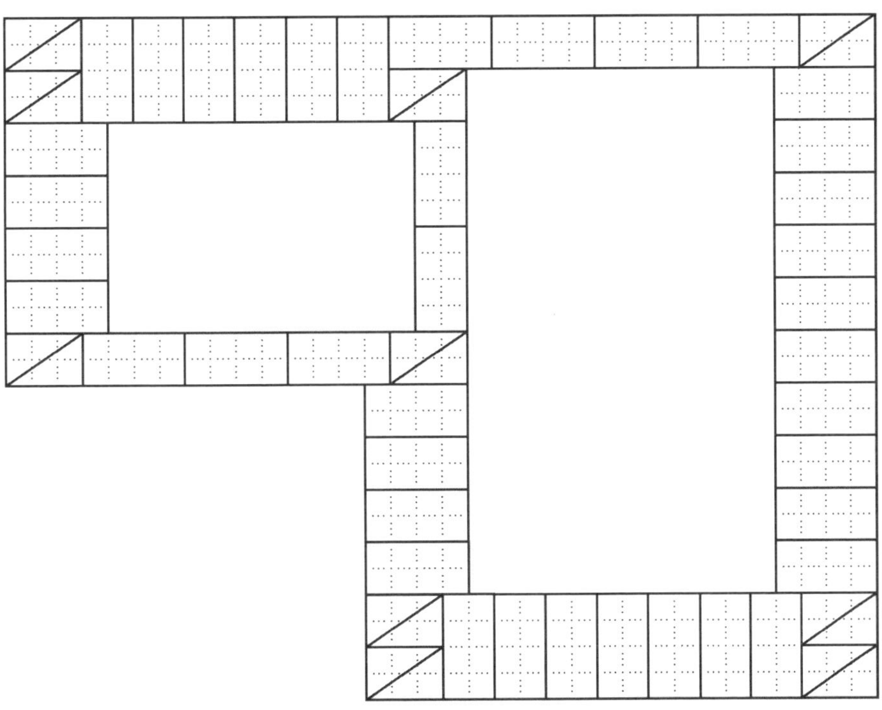

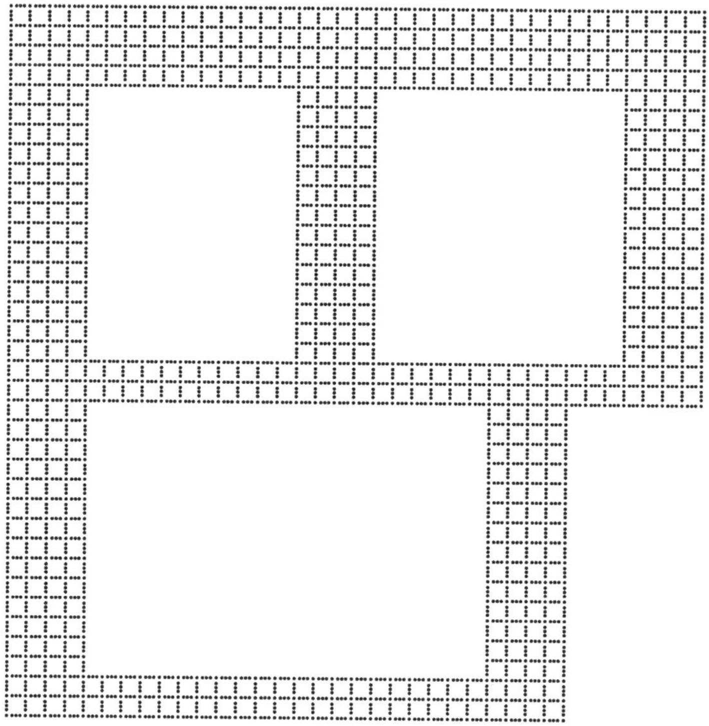

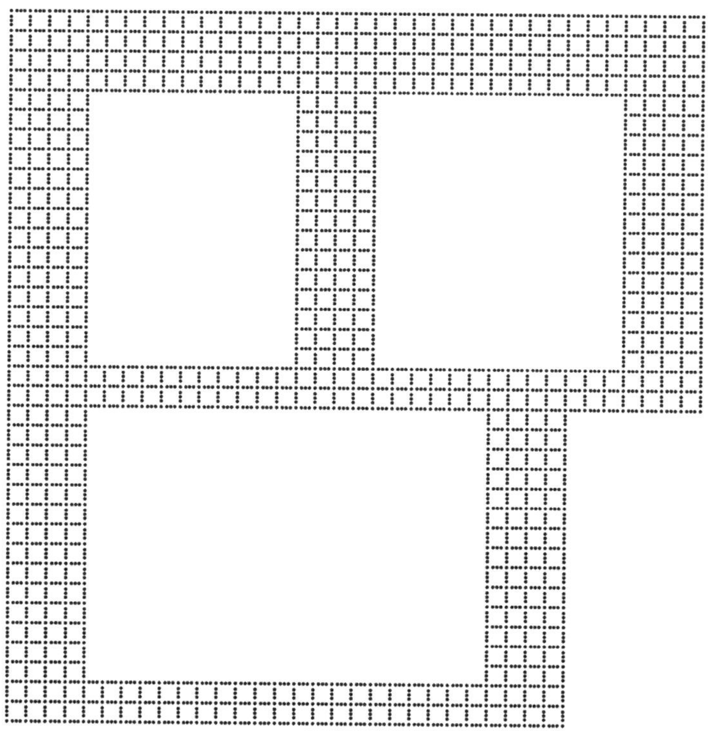

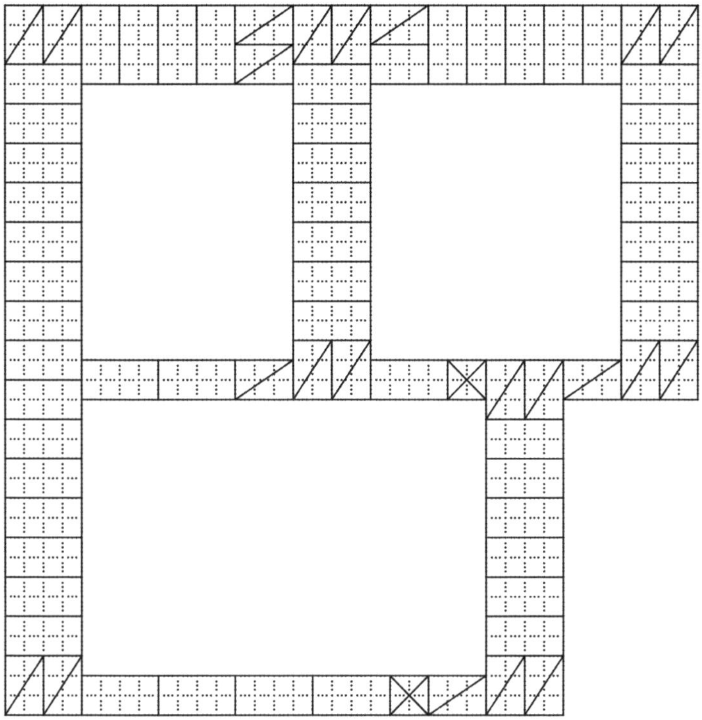

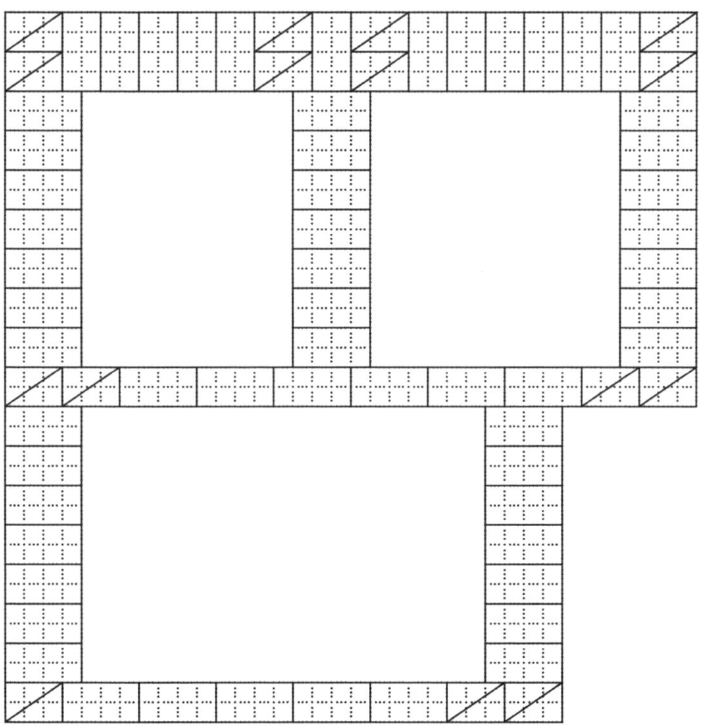

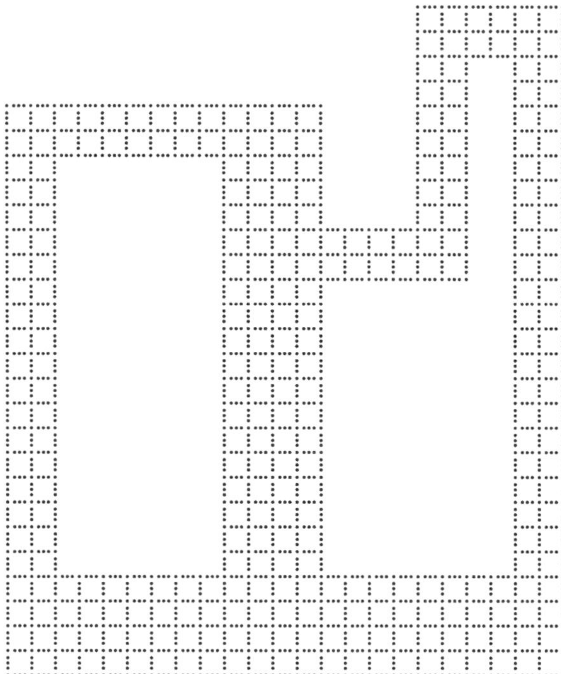

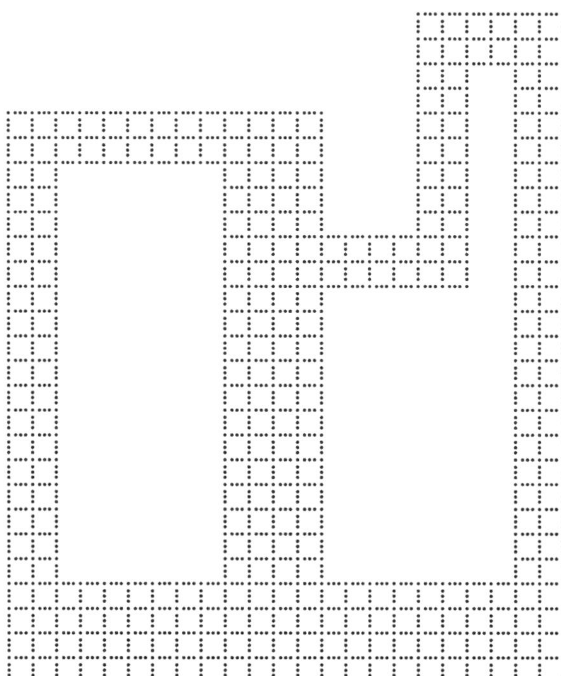

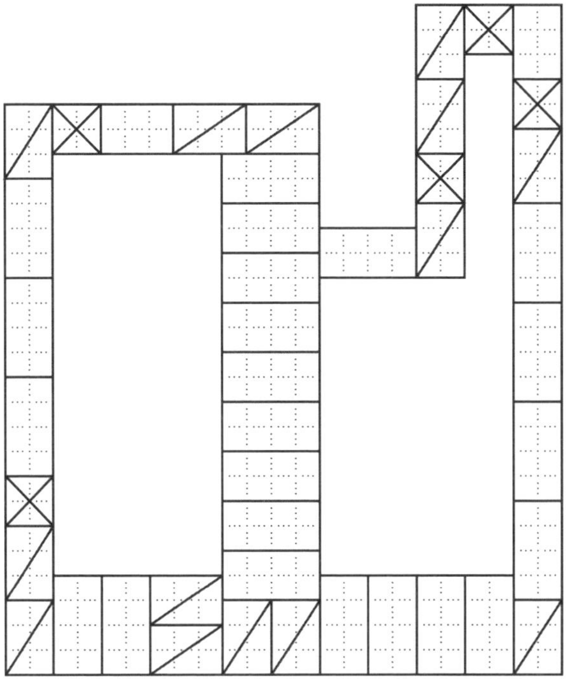

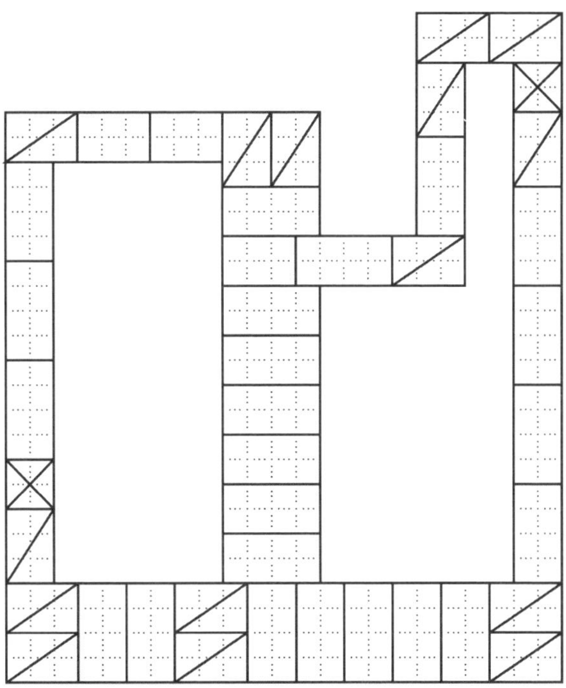

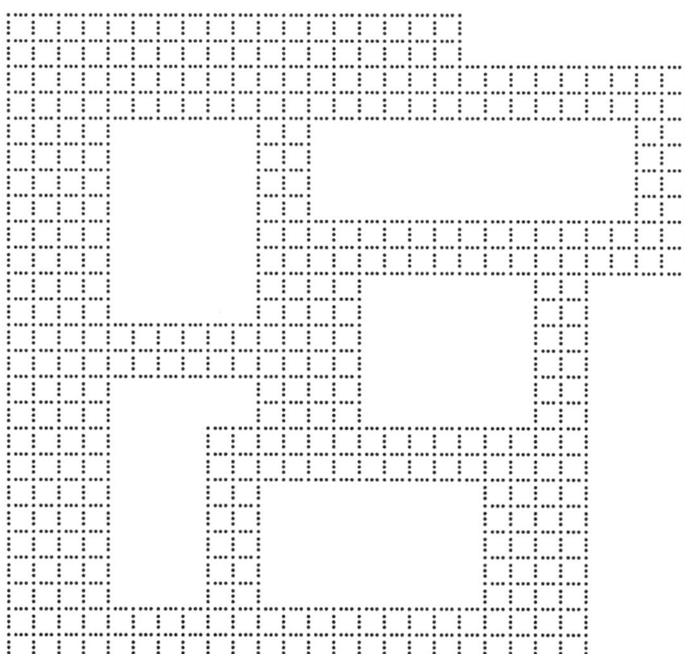

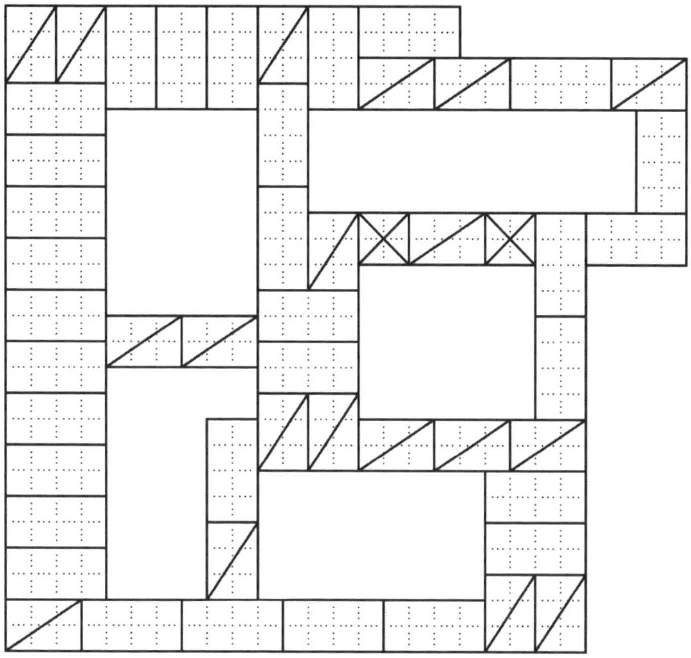

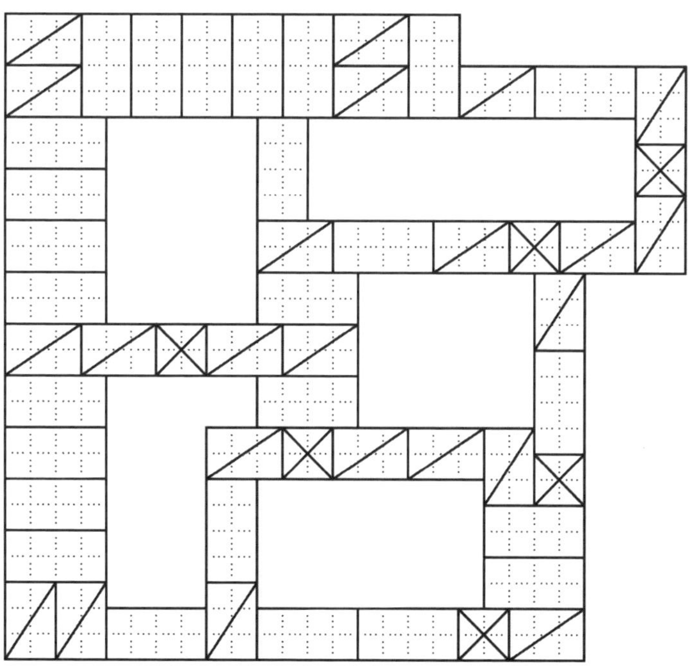

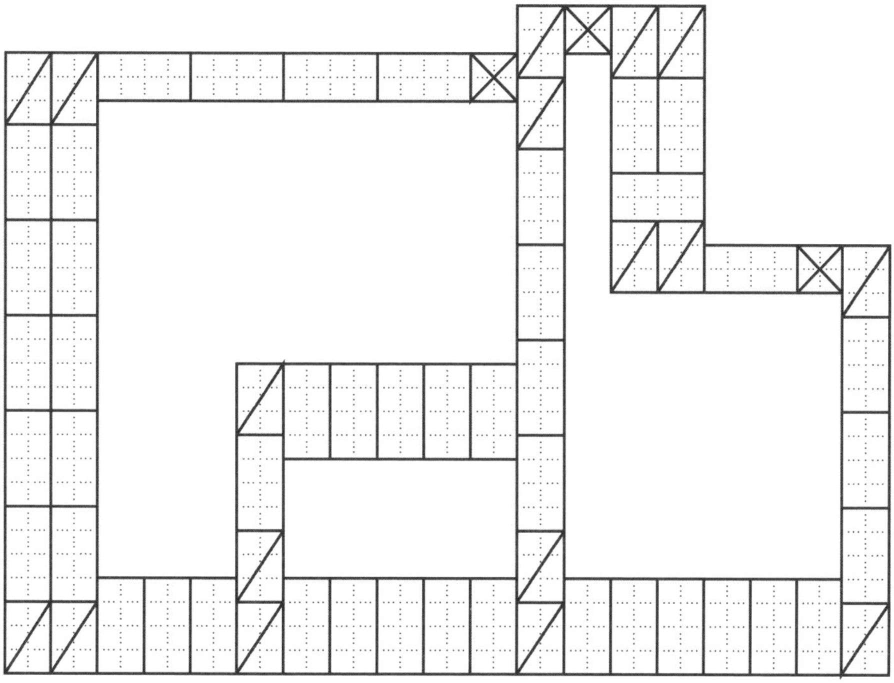

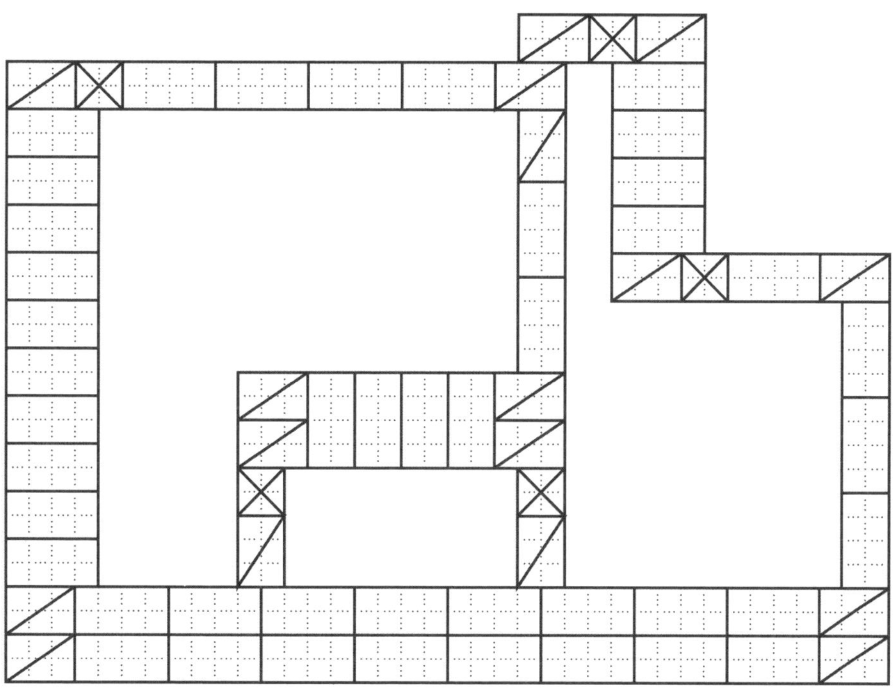

EJERCICIO Nº 6

Dibujar la planta, el alzado y los detalles que consideres necesarios de los siguientes casos:

a) Encuentro entre un marco y un tabicón.

b) Encuentro entre un tabicón y un pilar de hormigón.

Resolución.

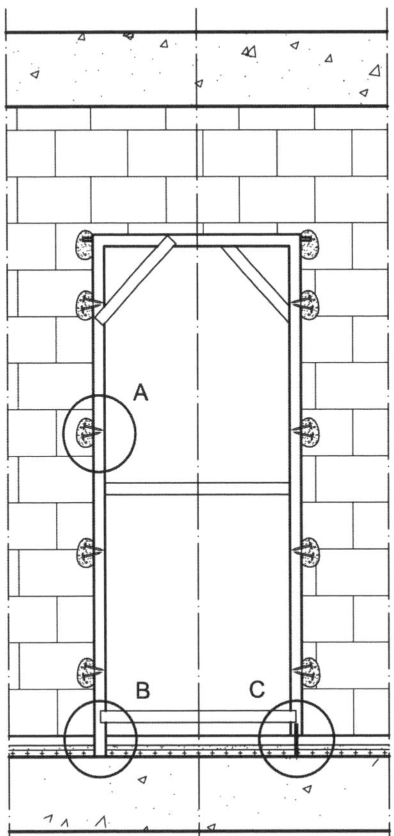

Detalle A. Rigidizador entre luces.

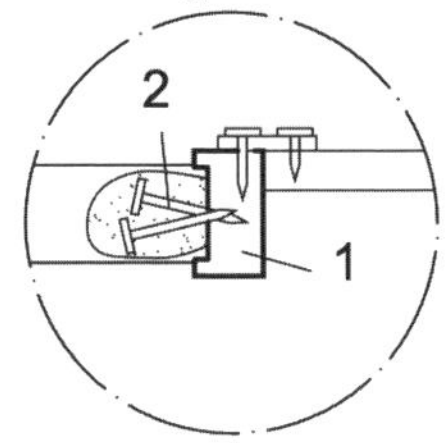

Detalle A. Rigidizador en una pieza.

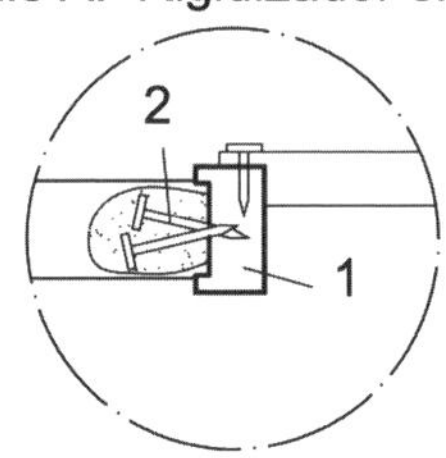

Detalle B. Premarco sobre forjado.

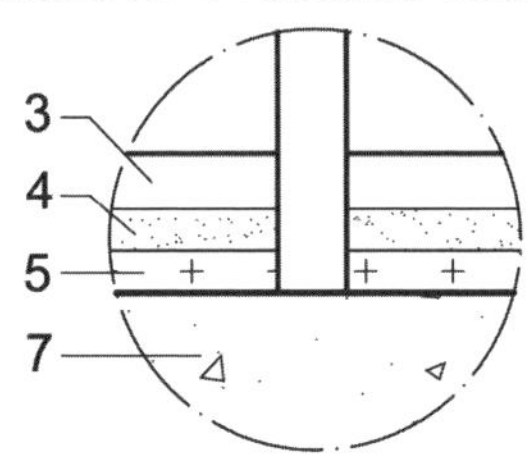

Detalle C. Premarco sobre pavimento.

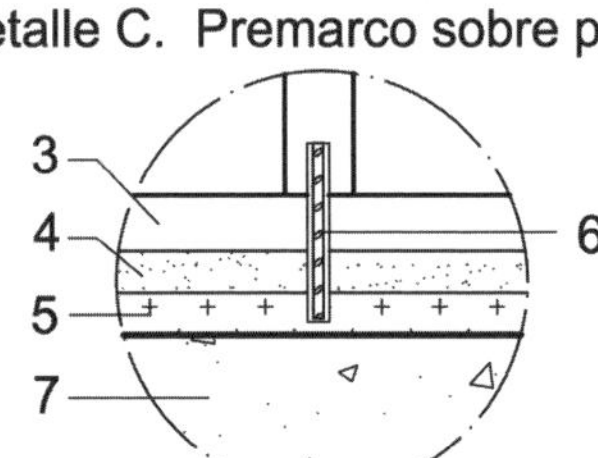

Leyenda:

1-Premarco.
2-Clavos del 10.
3-Pavimento de terrazo.
4-Mortero de agarre (entre 3 y 5 cm).
5-Capa niveladora de 2 cm (arena o gravín).
6-Redondo de Ø 6 mm (tocho).
7-Forjado.

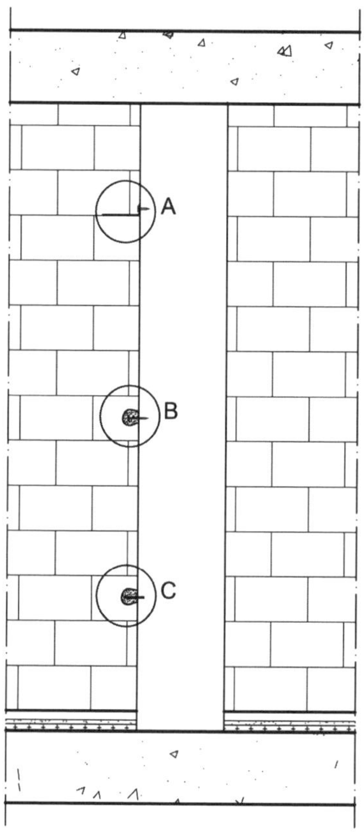

Alzado.

Detalle A. Unión realizada con flejes.

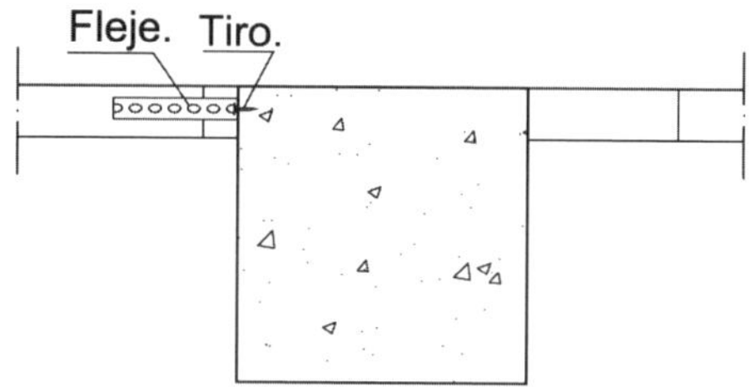

Detalle B. Unión realizada con tacos.

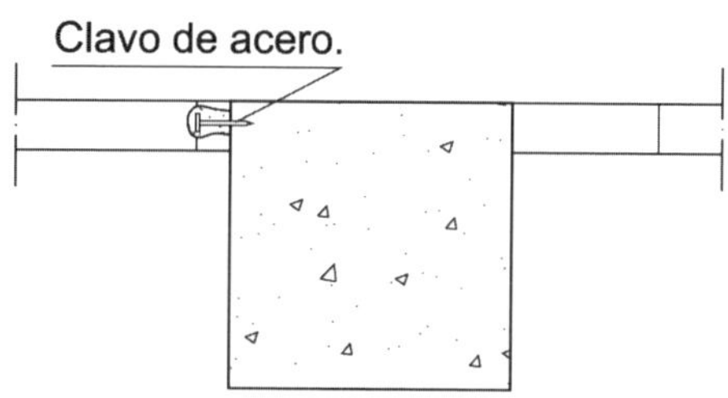

Detalle C. Unión realizada con tochos (Ø8).

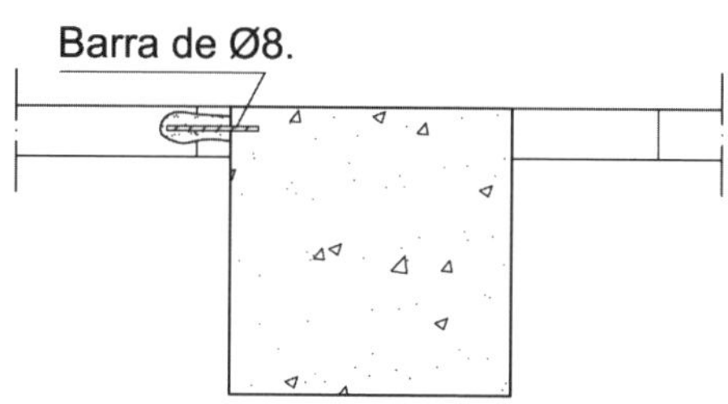

Ejercicio nº 7

Dibujar el conducto de ventilación forzada de los edificios cuya sección esquemática se representa a continuación:

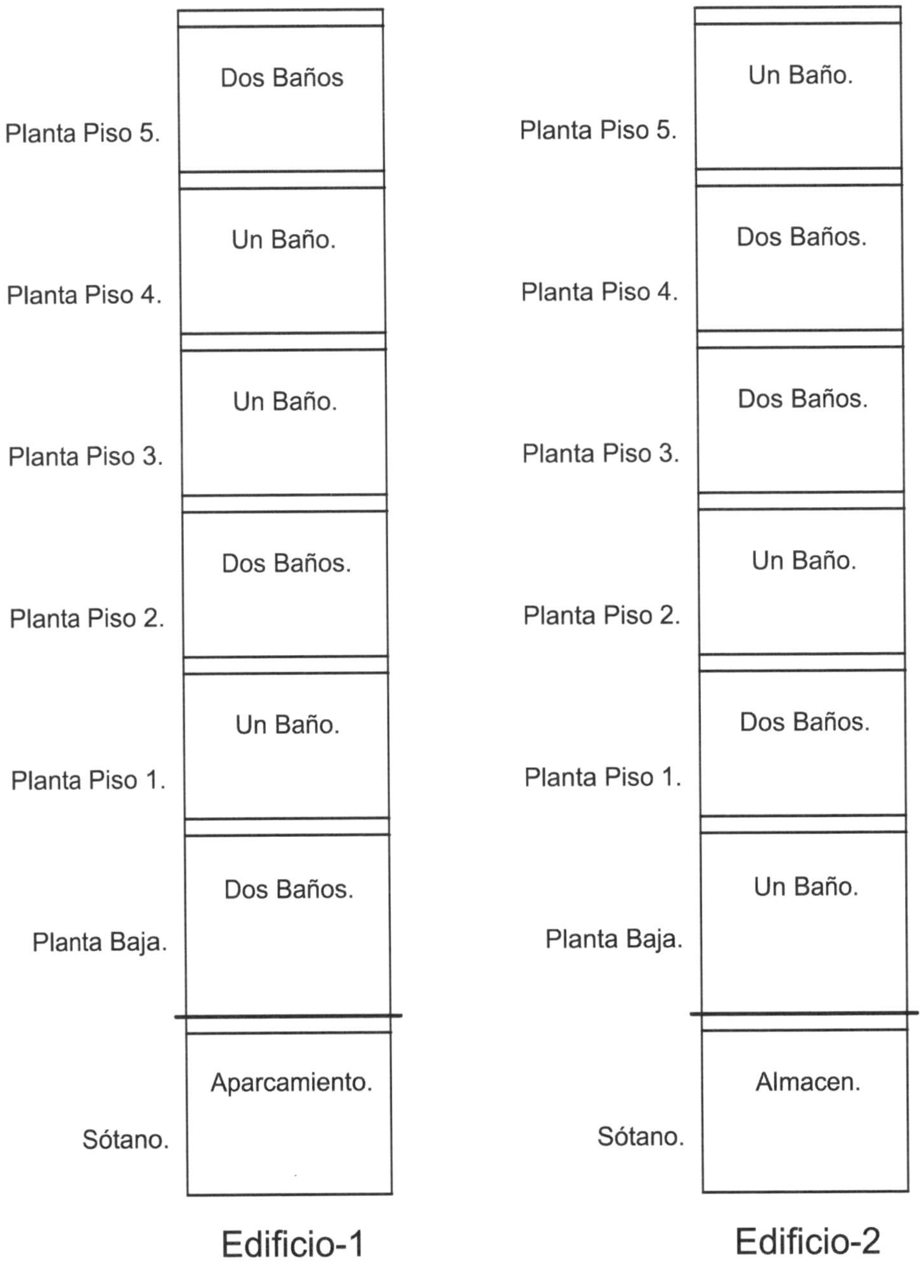

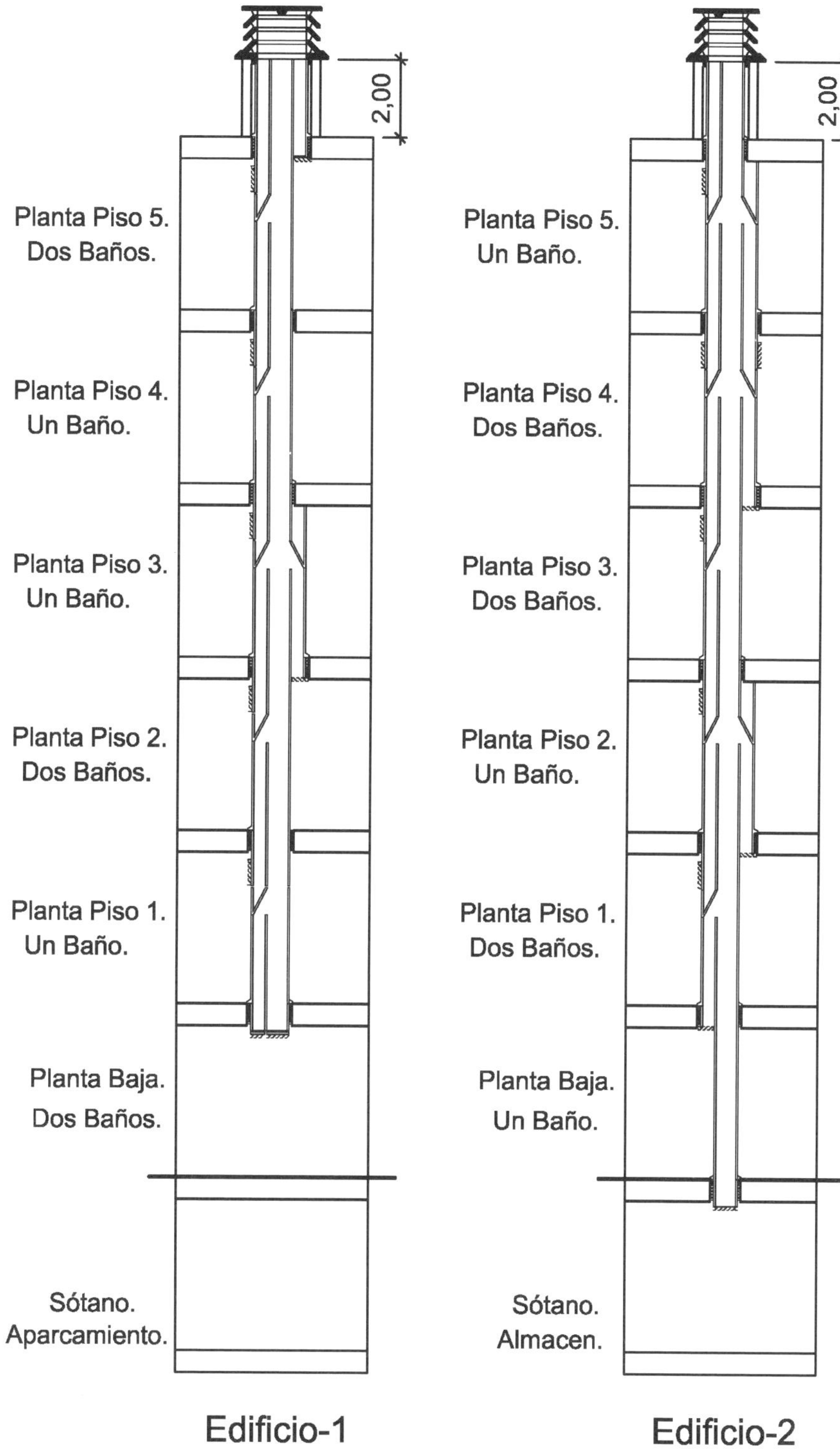
2,00
Planta Piso 5.
Dos Baños.
Planta Piso 4.
Un Baño.
Planta Piso 3.
Un Baño.
Planta Piso 2.
Dos Baños.
Planta Piso 1.
Un Baño.
Planta Baja.
Dos Baños.
Sótano.
Aparcamiento.
Edificio-1
2,00
Planta Piso 5.
Un Baño.
Planta Piso 4.
Dos Baños.
Planta Piso 3.
Dos Baños.
Planta Piso 2.
Un Baño.
Planta Piso 1.
Dos Baños.
Planta Baja.
Un Baño.
Sótano.
Almacen.
Edificio-2

EJERCICIO Nº 8

El croquis que se adjunta corresponde a un edificio de dos plantas de altura, construidos con muros de fábrica de tierra.

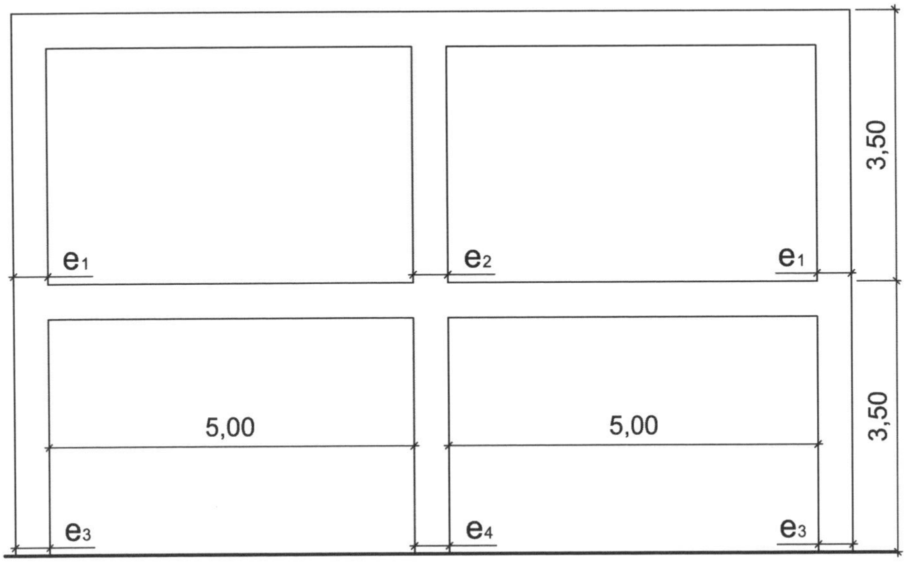

Conociendo que:

- La carga permanente es de 5 kN/m². (No se incluye el peso de los muros de carga).
- El coeficiente de mayoración de la carga permanente es de γ_G=1,5.
- La carga variable (sobrecarga) es de 3 kN/m².
- El coeficiente de mayoración de sobrecargas es de γ_Q=1,6.
- La resistencia característica de la fábrica de tierra es de 0,6 N/mm² (600 kN/m²).
- El coeficiente de minoración de resistencias es de γ_m=3.
- El peso propio de la fábrica de tierra es de 18 kN/m³.

Calcular:

a) El espesor teórico de los muros de fábrica de tierra.

b) En el muro central de la planta baja, la sobrecarga con la que la tensión de trabajo sería igual a la resistencia característica del material.

c) La sobrecarga mínima que provocaría la rotura del muro.

Resolución.

a) El espesor teórico de los muros de fábrica de tierra.

- Espesor del muro de los lados de arriba "e_1":
  Carga del forjado mayorada:
  $[(5 \times 1) / 2] \times (5 \times 1,5 + 3 \times 1,6) = 30,75$ kN.
  Peso del muro mayorado:
  $1 \times 3,5 \times e_1 \times 18 \times 1,5 = 94,50 \times e_1$
  $30,75 + 94,50 \times e_1 = 1 \times e_1 \times 0,6 \times 1.000 / 3$
  $30,75 = 105,50 \times e_1 \quad \rightarrow \quad$ **$e_1 = 0,29$ m.**
- Espesor del muro del centro arriba "e_2":
  Carga del forjado mayorada:
  $(5 \times 1) \times (5 \times 1,5 + 3 \times 1,6) = 61,50$ kN.
  Peso del muro mayorado:
  $1 \times 3,5 \times e_2 \times 18 \times 1,5 = 94,50 \times e_2$
  $61,50 + 94,50 \times e_2 = 1 \times e_2 \times 0,6 \times 1.000 / 3$
  $61,50 = 105,50 \times e_2 \quad \rightarrow \quad$ **$e_2 = 0,58$ m.**
- Espesor de los muros de los lados de abajo "e_3":
  Carga del forjado mayorada:
  $[2 \times (5 \times 1) / 2] \times (5 \times 1,5 + 3 \times 1,6) = 61,50$ kN.
  Peso del muro mayorado:
  $(1 \times 3,5 \times 18 \times 1,5) \times (0,29 + e_3) = 27,41 + 94,50 \times e_3$
  $61,50 + 27,41 + 94,50 \times e_3 = 1 \times e_3 \times 0,6 \times 1.000 / 3$
  $88,91 = 105,50 \times e_3 \quad \rightarrow \quad$ **$e_3 = 0,84$ m.**
- Espesor del muro del centro de abajo "e_4":
  Carga del forjado mayorada:
  $2 \times (5 \times 1) \times (5 \times 1,5 + 3 \times 1,6) = 123,00$ kN.
  Peso del muro mayorado:
  $(1 \times 3,5 \times 18 \times 1,5) \times (0,58 + e_4) = 54,81 + 94,50 \times e_4$
  $123,00 + 54,81 + 94,50 \times e_4 = 1 \times e_4 \times 0,6 \times 1.000 / 3$
  $177,81 = 105,50 \times e_4 \quad \rightarrow \quad$ **$e_4 = 1,68$ m.**

b) En la sección e_4, la sobrecarga con la que la tensión de trabajo sería igual a la resistencia característica.

Para ello igualamos la carga total con el producto resultante de la resistencia característica por la superficie.

$(2 \times 5 \times 1) \times (5 + Sc) + (3,5 \times 1 \times 18) \times (0,58 + 1,68) = 1,68 \times 1 \times 0,6 \times 1.000$
$50,00 + 10 \times Sc + 36,54 + 105,84 = 1.008,00$
$10 \times Sc = 815,62 \quad \rightarrow \quad$ **$Sc = 81,56$ kN/m^2.**

c) La sobrecarga mínima que provocará la rotura del muro.

No se sabe al desconocer la tensión o la carga de rotura.

EJERCICIO Nº 9

El croquis que se adjunta corresponde a un edificio de una planta de altura, construidos con muros de fábrica de piedra.

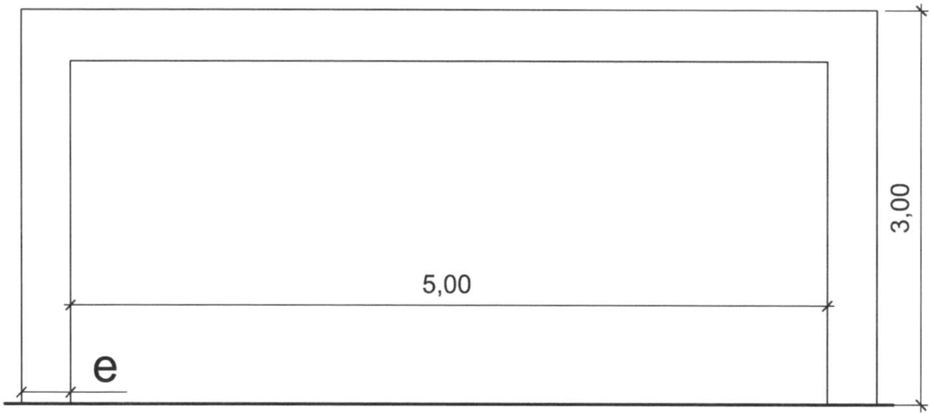

Conociendo que:

- **La carga permanente es de 5,5 kN/m². (No se incluye el peso de los muros de carga).**
- **El coeficiente de mayoración de la carga permanente es de γ_G=1,5.**
- **La carga variable (sobrecarga) es de 3 kN/m².**
- **El coeficiente de mayoración de sobrecargas es de γ_Q=1,6.**
- **La resistencia característica de la fábrica de piedra es de 1,8 N/mm² (1.800 kN/m²).**
- **El coeficiente de minoración de resistencias es de γ_m=3.**
- **El peso propio de la fábrica de piedra es de 20 kN/m³.**

Calcular:

a) **El espesor teórico de los muros "e".**
b) **La máxima tensión de trabajo de las fábricas considerando todo el edificio con una sobrecarga de 3 kN/m².**
c) **La máxima sobrecarga sin riesgo de rotura.**
d) **La tensión de rotura.**

Resolución.

a) Espesor teórico de los muros “e”.

Carga del forjado mayorada:
$[(5 \times 1) / 2] \times (5,5 \times 1,5 + 3 \times 1,6) = 32,63$ kN.

Peso del muro mayorado:
$1 \times 3 \times e \times 20 \times 1,5 = 90,00 \times e$

$Q = S \times \sigma$
$32,63 + 90,00 \times e = 1 \times e \times 1,8 \times 1.000 / 3$
$32,63 = 510,00 \times e$
e = 0,064 m. = 6,4 cm.

b) La máxima tensión de trabajo de las fábricas considerando todo el edificio con una sobrecarga de 3 kN/m^2.

Carga del forjado sin mayorar
$[(5 \times 1) / 2] \times (5,5 + 3) = 21,25$ kN.

Peso del muro sin mayorar
$1 \times 3 \times 0,064 \times 20 = 3,84$ kN.

$\sigma_t = (21,25 + 3,84) / (1 \times 0,064) = 392$ kN/m^2.

σ_t = 0,39 N/mm^2.

c) La máxima sobrecarga sin riesgo de rotura.
3 kN/m^2.

d) La tensión de rotura.
Para conocer la tensión de rotura, se necesitaría saber la carga de rotura y dividirla entre la superficie, al desconocer la carga de rotura, no se puede calcular la tensión de rotura.

EJERCICIO Nº 10

El croquis que se adjunta corresponde a un edificio de seis plantas de altura, construidos con muros de fábrica de ladrillo cerámico.

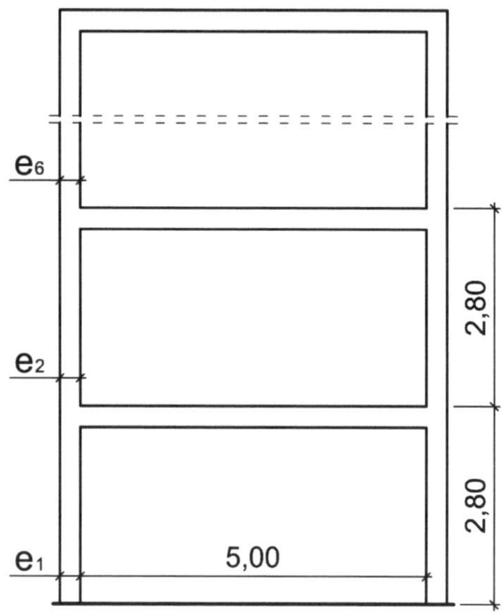

Conociendo que:

- La carga permanente es de 5,5 kN/m². (No se incluye el peso de los muros de carga).
- El coeficiente de mayoración de la carga permanente es de γ_G=1,5.
- La carga variable (sobrecarga) es de 3,5 kN/m².
- El coeficiente de mayoración de sobrecargas es de γ_Q=1,6.
- La resistencia característica de la fábrica de ladrillo es de 1,4 N/mm² (1.400 kN/m²).
- El coeficiente de minoración de resistencias es de γ_m=2.
- El peso propio de la fábrica de ladrillo cerámico es de 11,5 kN/m³.
- Las dimensiones del ladrillo son 12 x 25 cm.

Calcular:

a) Los espesores de las fábricas de ladrillo "e_1" a "e_6".
b) La tensión de trabajo de la fábrica de ladrillo en la planta baja "e_1", considerando el edificio recién terminado sin habitar.
c) La tensión de trabajo de la fábrica de ladrillo en la planta baja "e_1", considerando el edificio con su carga total.

Resolución.

a) Los espesores de las fábricas de ladrillo.

Peso propio de los muros:

Fábrica ½ asta = (0,12 x 2,8 x 1) x 11,5 = 3,86 x 1,5 = 5,80 kN.
Fábrica 1 asta = (0,25 x 2,8 x 1) x 11,5 = 8,05 x 1.5 = 12,08 kN.
Fábrica 1½ asta = (0,38 x 2,8 x 1) x 11,5 = 12,24 x 1,5 = 18,35 kN.
Fábrica 2 astas = (0,51 x 2,8 x 1) x 11,5 = 16,42 x 1,5 = 24,63 kN.

El forjado transmite al muro en cada planta:

[(5 x 1) / 2] x (5,5 x 1,5 + 3,5 x 1,6) = 34,63 kN.

La resistencia que soportarían los muros:

Fabrica ½ asta = (1,4 x 1.000 / 2) x 0,12 x 1 = 84,00 kN.
Fabrica 1 asta = (1,4 x 1.000 / 2) x 0,25 x 1 = 175,00 kN.
Fabrica 1½ asta = (1,4 x 1.000 / 2) x 0,38 x 1 = 266,00 kN.
Fabrica 2 astas = (1,4 x 1.000 / 2) x 0,51 x 1 = 357,00 kN.

- Espesor de las fábricas:

e_6 = 5,80 + 34,63 = 40,43 < 84,00 kN → ½ asta.
e_5 = 2 x 5,80 + 2 x 34,63 = 80,86 < 84,00 kN → ½ asta.
e_4 = 2 x 5,80 + 1 x 12,08 + 3 x 34,63 = 127,57 < 175,00 kN → 1 asta.
e_3 = 2 x (5,80 + 12,08) + 4 x 34,63 = 174,28 < 175,00 kN → 1 asta.
e_2 = 2 x (5,80 + 12,08) + 1 x 18,35 + 5 x 34,63 = 227,26 < 266,00 kN → 1½ asta.
e_1 = 2 x (5,80 + 12,08) + 2 x 18,35 + 6 x 34,63 = 280,24 > 266,00 kN → 2 astas.

b) Tensión de trabajo de las fábricas de ladrillo en la planta baja "e_1", con el edificio sin habitar.

Peso de los muros:

2 x 3,86 + 2 x 8,05 + 1 x 12,24 + 1 x 16,42 = 52,48 kN.

La carga que transmite la carga permanente:

6 x 2,5 x 1 x 5,5 = 82,50 kN.

σ_t = (52,48 + 82,50) / (1 x 0,51) = 265 kN/m². **σ_t = 0,265 N/mm².**

c) Tensión de trabajo de la fábrica de ladrillo en la planta baja "e_1", con la carga total.

Peso de los muros:

2 x 3,86 + 2 x 8,05 + 1 x 12,24 + 1 x 16,42 = 52,48 kN.

La carga que transmite la carga permanente y la sobrecarga:

6 x 2,5 x 1 x (5,5 + 3,5) = 135,00 kN.

σ_t = (52,48 + 135,00) / (1 x 0,51) = 368 kN/m². **σ_t = 0,368 N/mm².**

EJERCICIO Nº 11

¿Puede ser:

La Tensión de trabajo superior a la Tensión de rotura?
NO.
La Tensión de trabajo superior a la Resistencia característica?
SI.
La Tensión de Trabajo superior a la Tensión admisible?
SI.
La Tensión de Trabajo inferior a la Tensión de rotura?
SI.
La Tensión de Trabajo inferior a la Resistencia característica?
SI.
La Tensión de Trabajo inferior a la Tensión admisible?
SI.

La Resistencia característica superior a la Tensión de rotura?
SI.
La Resistencia característica superior a la Tensión admisible?
SI.
La Resistencia característica inferior a la Tensión de rotura?
SI.
La Resistencia característica inferior a la Tensión admisible?
NO.

La Tensión de rotura superior a la Resistencia característica?
SI.
La Tensión de rotura superior a la Tensión admisible?
SI.
La Tensión de rotura inferior a la Resistencia característica?
SI.
La Tensión de rotura inferior a la Tensión admisible?
SI.

La Tensión admisible superior a la Resistencia característica?
NO.
La Tensión admisible superior a la Tensión de rotura?
SI.
La Tensión admisible inferior a la Resistencia característica?
SI.
La Tensión admisible inferior a la Tensión de rotura?
SI.

EJERCICIO Nº 12

¿Debe ser:

La Tensión de trabajo superior a la Tensión de rotura?
NO.
La Tensión de trabajo superior a la Resistencia característica?
NO.
La Tensión de trabajo superior a la Tensión admisible?
NO.
La Tensión de trabajo inferior a la Tensión de rotura?
SI.
La Tensión de trabajo inferior a la Resistencia característica?
SI.
La Tensión de trabajo inferior a la Tensión admisible?
SI.

La Resistencia característica superior a la Tensión de rotura?
NO.
La Resistencia característica superior a la Tensión admisible?
SI.
La Resistencia característica inferior a la Tensión de rotura?
SI.
La Resistencia característica inferior a la Tensión admisible?
NO.

La Tensión de rotura superior a la Resistencia característica?
SI.
La Tensión de rotura superior a la Tensión admisible?
SI.
La Tensión de rotura inferior a la Resistencia característica?
NO.
La Tensión de rotura inferior a la Tensión admisible?
NO.

La Tensión admisible superior a la Resistencia característica?
NO.
La Tensión admisible superior a la Tensión de rotura?
NO.
La Tensión admisible inferior a la Resistencia característica?
SI.
La Tensión admisible inferior a la Tensión de rotura?
SI.

EJERCICIO Nº 13

En un soporte de hormigón armado.

Conociendo que:

- **La resistencia característica es de 25 N/mm^2.**
- **El peso específico del hormigón armado es de 20 kN/m^3.**
- **El coeficiente de minoración de resistencias es de γ_m=2.**

Calcular:

a) **Que altura deberá alcanzar el soporte para que en su base la tensión debida a su peso propio sea igual a la tensión admisible.**

b) **A que altura se produciría el colapso del mismo por esfuerzos de compresión.**

c) **Que altura deberá alcanzar para que en su base la tensión debida a su peso propio sea igual a la resistencia característica.**

d) **Cual será la máxima altura de cálculo.**

Para las siguientes situaciones:

Caso 1:

- **El coeficiente de mayoración de acciones es γ=1.**
- **Las dimensiones del soporte son 40x30 cm.**

Caso 2:

- **El coeficiente de mayoración de acciones es γ=1.**
- **Las dimensiones del soporte son 40x60 cm.**

Caso 3:

- **El coeficiente de mayoración de acciones es γ=1,6.**
- **Las dimensiones del soporte son 40x30 cm.**

Caso 4:

- **El coeficiente de mayoración de acciones es γ=1,6.**
- **Las dimensiones del soporte son 40x60 cm.**

Resolución.

Caso 1: $\gamma = 1$; 40 x 30 cm.

a) H x 0,40 x 0,30 x 20 = 0,40 x 0,30 x (25 x 1.000 / 2)
   H = 625 m.
b) No se sabe.
c) H x 0,40 x 0,30 x 20 = 0,40 x 0,30 x 25 x 1.000
   H = 1.250 m.
d) H x 0,40 x 0,30 x 20 x 1 = 0,40 x 0,30 x (25 x 1.000 / 2)
   H = 625 m.

Caso 2: $\gamma = 1$; 40 x 60 cm.

a) H x 0,40 x 0,60 x 20 = 0,40 x 0,60 x (25 x 1.000 / 2)
   H = 625 m.
b) No se sabe.
c) H x 0,40 x 0,60 x 20 = 0,40 x 0,60 x 25 x 1.000
   H = 1.250 m.
d) H x 0,40 x 0,60 x 20 x 1 = 0,40 x 0,60 x (25 x 1.000 / 2)
   H = 625 m.

Caso 3: $\gamma = 1,6$; 40 x 30 cm.

a) H x 0,40 x 0,30 x 20 = 0,40 x 0,30 x (25 x 1.000 / 2)
   H = 625 m.
b) No se sabe.
c) H x 0,40 x 0,30 x 200 = 0,40 x 0,30 x 25 x 1.000
   H = 1.250 m.
d) H x 0,40 x 0,30 x 20 x 1,6 = 0,40 x 0,30 x (25 x 1.000 / 2)
   H = 390,62 m.

Caso 4: $\gamma = 1,6$; 40 x 60 cm.

a) H x 0,40 x 0,60 x 20 = 0,40 x 0,60 x (25 x 1.000 / 2)
   H = 625 m.
b) No se sabe.
c) H x 0,40 x 0,60 x 20 = 0,40 x 0,60 x 25 x 1.000
   H = 1.250 m.
d) H x 0,40 x 0,60 x 20 x 1,6 = 0,40 x 0,60 x (25 x 1.000 / 2)
   H = 390,62 m.

EJERCICIO Nº 14

En una probeta cilíndrica de hormigón en masa, de 30 cm de altura y 15 cm de diámetro, se sabe que el hormigón empleado para su fabricación tiene una tensión admisible de 20 N/mm² y que el coeficiente de seguridad empleado ha sido 1,3.

Se pide hallar:

a) **La tensión de rotura de la probeta.**
b) **A que carga se rompe.**
c) **La resistencia característica.**
d) **La tensión de trabajo de la misma.**

Resolución.

a) Tensión de rotura: NO SE SABE
b) A que carga se rompe: NO SE SABE
c) Resistencia característica: 20 x 1,3 = 26 N/mm².
d) Tensión de trabajo: NO SE SABE

EJERCICIO Nº 15

Se fabrica una probeta de hormigón de 15 cm de diámetro con hormigón de resistencia característica 22 N/mm². Si el coeficiente de minoración de resistencias es de 1,5 y al romper la probeta en la prensa la carga de rotura ha sido de 300 kN, se pide:

a) **Hallar la tensión admisible del hormigón.**
b) **Hallar la tensión de trabajo del material en el momento de la rotura.**
c) **Una vez analizado el resultado de la tensión de rotura de la probeta, que comentario te merece. (Razona la respuesta).**
d) **Cuál sería tu opinión si el diámetro de la probeta en lugar de 15 cm hubiese sido 10 cm. (Razona la respuesta).**

Resolución.

a) Tensión admisible del hormigón.

σ_{adm} = 22 / 1,5 = **14,67 N/mm²**.

b) Tensión de trabajo en el momento de la rotura.

σ_{rot} = (300 x 1.000) / (π x 75²)= **16,98 N/mm²**.

c) El hormigón no es aceptable ya que la tensión en el momento de la rotura, es inferior a la resistencia característica del material.

d) Con diámetro de probeta de 10 cm.

σ_{rot} = (300 x 1.000) / (π x 50²)= **38,20 N/mm²**.

El hormigón es aceptable ya que en este caso la tensión de rotura es superior a la resistencia característica del material.

EJERCICIO Nº 16

Al analizar la estructura y el proyecto de un edificio construido, obtenemos los siguientes datos:

- **Todos los pilares de la estructura son de 0,35 x 0,35 m y las luces entre ellos son de 5 m en ambas direcciones.**
- **La estructura consta de 3 forjados.**
- **El hormigón tiene una resistencia característica de 25 N/mm^2.**
- **El coeficiente de minoración de resistencias es de γ_m=1,5.**
- **La carga permanente en cada planta es de 4,5 kN/m^2.**
- **El coeficiente de mayoración de cargas permanentes es γ_G=1,5.**
- **La carga variable en cada planta es de 3,5 kN/m^2.**
- **El coeficiente de mayoración de sobrecargas es de γ_Q=1,6.**

El propietario quiere construir cuatro forjados más. Se pide que estudiemos:

a) **Si existe algún problema estructural para realizar las obras.**
b) **Cual sería la solución si los forjados se realizaran con bovedillas de poliestireno expandido, con lo cual reducimos la carga permanente en 1 kN/m^2.**

Resolución.

a) Determinar si existe algún problema estructural para realizar las obras.

Calculamos la carga que puede soportar el pilar:

Q = 0,35 x 0,35 x (25 x 1.000 / 1,5) = 2.041,67 kN.

Calculamos la carga que tendría el pilar más cargado:

7 x [5 x 5 x (3,5 x 1,6 + 4,5 x 1,5)] = 2.161,25 kN.

Dado que la carga que puede soportar el pilar es menor que la que actuaría teniendo la ampliación, no se podrían realizar las obras.

b) Si los forjados se realizaran con bovedillas de poliestireno expandido.

7 x (5 x 5 x 3,5 x 1,6) + [5 x 5 x 1,5 x (3 x 4,5 + 4 x 3,5)] = 2.011,25 kN.

Los pilares si resistirían el aumento de la estructura, con esos cuatro nuevos forjados.

EJERCICIO Nº 17

Calcula el volumen de tierras (V) a extraer de un pozo, si se desea llenar un hueco de 250 m^3, sabiendo que:

- **El coeficiente de esponjamiento es del 13%.**
- **El coeficiente de asentamiento es del 13%.**

Resolución.

V x 1,13 x 0,87 = 250

V = 250 / (1,13 x 0,87) $\rightarrow$ **V = 254,30 m^3.**

Ejercicio nº 18

Calcular la profundidad (H) de un pozo cuadrado de 4 m. de lado, excavado en un terreno con coeficiente de esponjamiento del 15%, si parte de las tierras extraídas se han usado para rellenar un hueco de 1x1x1,5 m. con coeficiente de asentamiento del 10% y además se transportan a vertedero 6 m^3.

Resolución.

[(4 x 4 x H x 1,15) – 6] x 0,9 = 1 x 1 x 1,5

18,40 x H = 7,67

H = 0,42 m.

Ejercicio nº 19

En la parcela del croquis que se adjunta se quiere enrasar a cota +0,50 y construir una piscina de 12 x 6 x h metros.

Conociendo que:

- **Se transportan a vertedero 360 camiones de 6 m^3 cada uno.**
- **El coeficiente de asentamiento es del 12 %.**
- **El coeficiente de esponjamiento es del 15 %.**

Calcular la altura de la piscina (h).

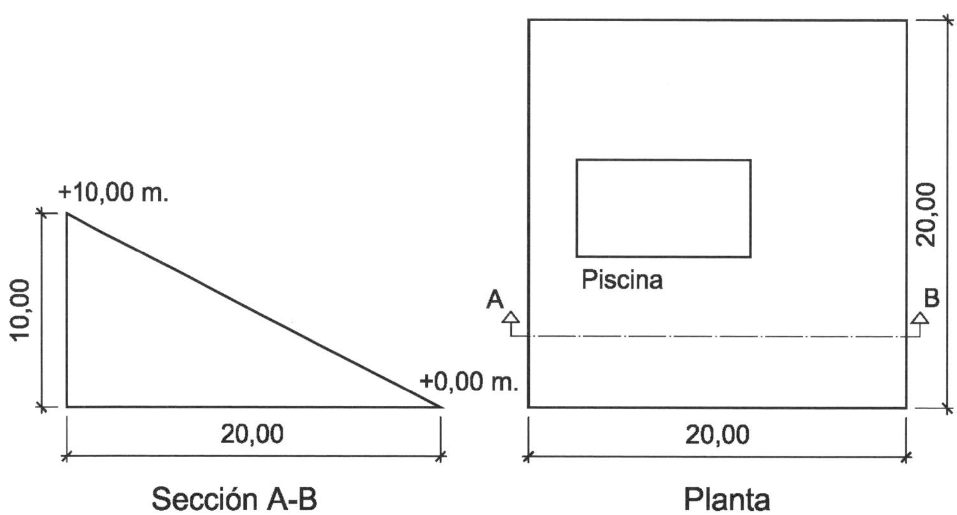

Resolución.

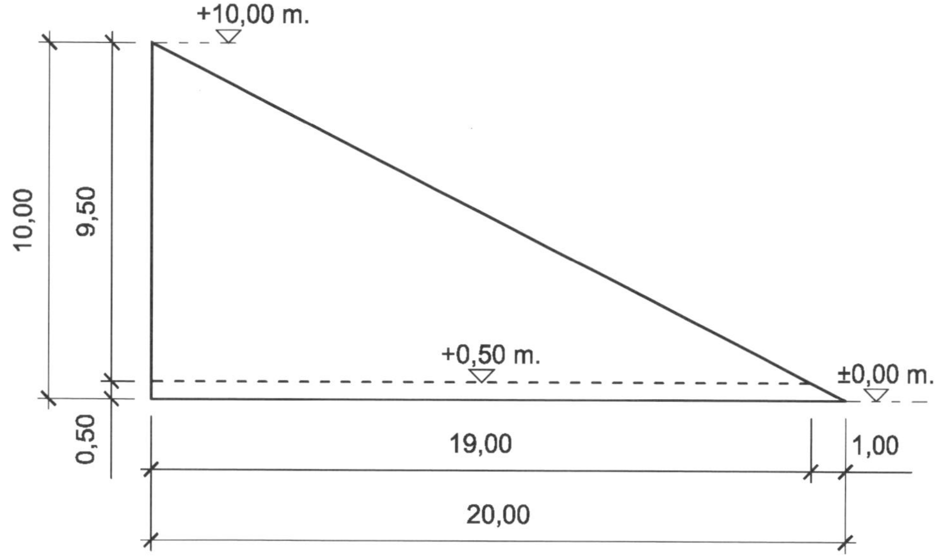

Sección A-B

Se transportan a vertedero:
360 x 6 = 2.160 m^3.

Se excava un volumen de tierras esponjadas de:

$$\frac{19 \times 9,5}{2} \times 20 \times 1,15 = 2.075,75\,m^3.$$

Se necesita un volumen de tierras para el relleno de:

$$V_R \times 0,88 = \frac{1 \times 0,5}{2} \times 20$$

V_R = 5,68 m^3.

Por lo tanto sobra un volumen de tierras de:
2.075,75 – 5,68 = 2.070,07 m^3.

Así calculamos el volumen de tierras de la excavación de la piscina:
2.160 – 2.070,07 = 89,93 m^3.

La altura de la piscina es de:
12 x 6 x h x 1,15 = 89,93
h = 1,09 m.

Ejercicio nº 20

Del croquis de la parcela que se adjunta, conociendo que:

- **El coeficiente de esponjamiento es del 12%.**
- **El coeficiente de asentamiento es del 8%**

Calcular:

a) **El volumen de tierras a transportar considerando como enrase la cota + 412 m.**

b) **La cota de enrase de la parcela para que no tengamos que transportar tierras.**

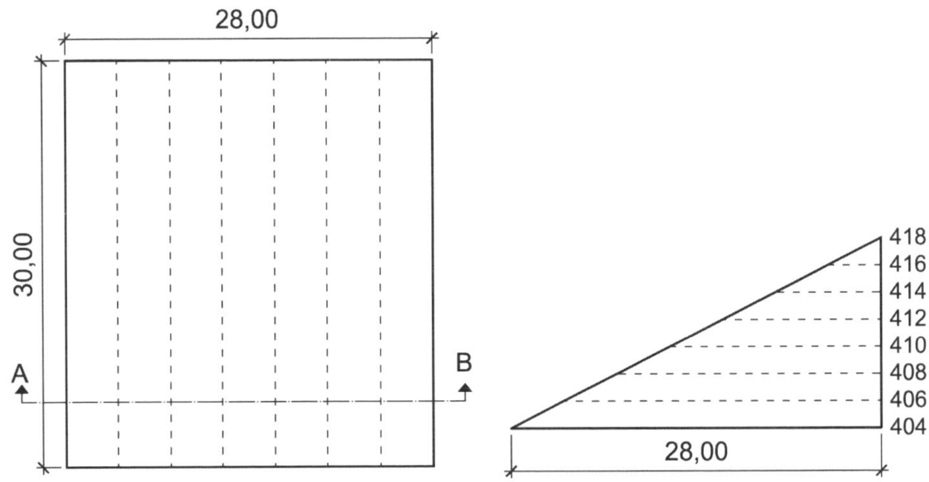

Planta | Sección A-B

Resolución.

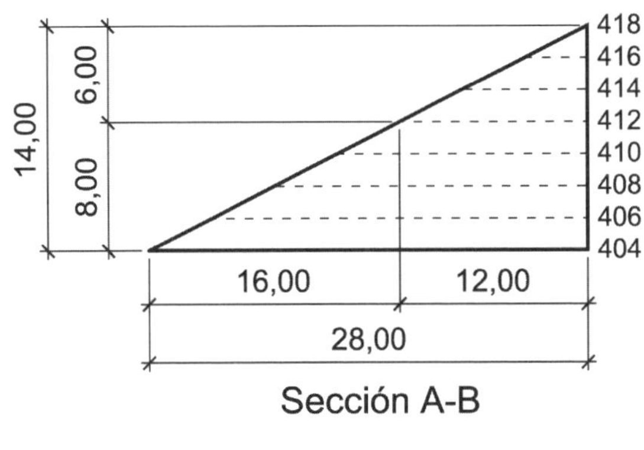

Sección A-B

a) El volumen de tierras a transportar con cota de enrase + 412 m.
Tierras a excavar esponjadas:
(12 x 6 / 2) x 30 x 1,12 = 1.209,60 m^3.

Tierras esponjadas que necesito para llenar el hueco:
V_h x 0,92 = (16 x 8 / 2) x 30
V_h = 2.086,96 m^3.

Tengo que traer a la obra un volumen de tierras esponjadas de:
2.086,96 – 1.209,60 = **877,36 m³.**

b) Cota de enrase de la parcela para no transportar tierras.

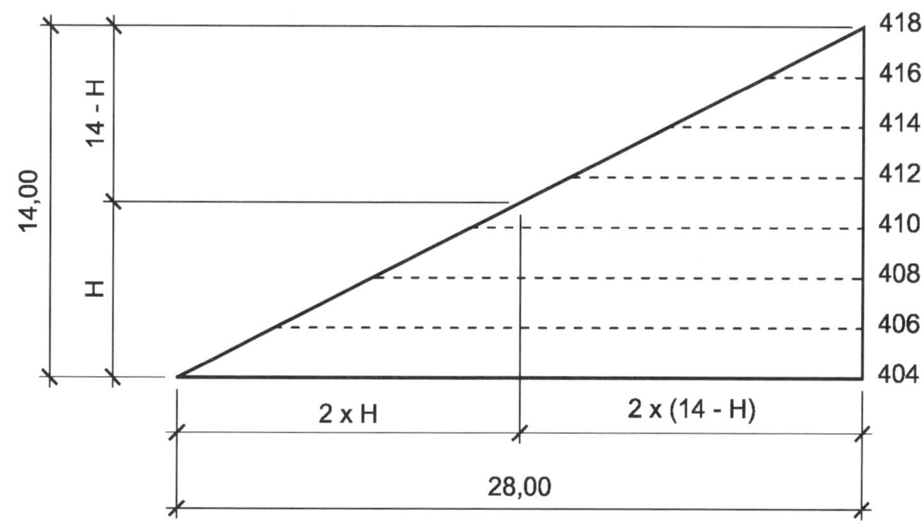

Sección A-B

Igualamos ambos volúmenes en la ecuación siguiente:

$$\frac{2\times H\times H}{2}\times 30=\frac{2\times(14-H)\times(14-H)}{2}\times 30\times 1{,}12\times 0{,}92$$

Despejando y ordenando los valores:
0,0304 x H^2 – 28,8512 x H + 201,9584 = 0
Resolviendo la ecuación de segundo grado:
H = 7,0524 m. (Adoptamos el único valor válido de los dos obtenidos).

La cota de enrase es + 411,05 m.

EJERCICIO Nº 21

En un terreno, con coeficiente de esponjamiento de tierras del 14% y del asentamiento del 8%, se realiza una zanja de 180 m. de longitud, 0,80 m. de profundidad y 0,60 m. de anchura. En el interior se vierte una capa de arena compactada de 0,18 m. de altura y sobre ésta se coloca un tubo de desagüe de 0,25 m. de diámetro.

Se rellena la zanja restante con parte de la tierra extraída. La tierra sobrante se vierte a un pozo de 6 m. de diámetro y 3 m. de altura. Se terminará de llenar el pozo con tierra de una parcela próxima cuya superficie es de 125 m² y con un coeficiente de esponjamiento del 14% y el de asentamiento del 8%.

Calcular que altura (H) se tendrá que rebajar la parcela para enrasar el pozo. Detallar en el cálculo los pasos seguidos para la obtención del resultado final.

Resolución.

Determinamos el volumen que extraemos y el que ocupamos:

$V_{e,\ zanja} = 180 \times 0{,}80 \times 0{,}60 \times 1{,}14 = 98{,}50\ m^3.$

$V_{arena} = 180 \times 0{,}60 \times 0{,}18 = 19{,}44\ m^3.$

$V_{tubo} = \pi \times 0{,}125^2 \times 180 = 8{,}84\ m^3.$

El volumen necesario para rellenar la zanja es de:

$V_{a,\ relleno\ zanja} = (\ 180 \times 0{,}80 \times 0{,}60\ ) - 19{,}44 - 8{,}84 = 58{,}12\ m^3.$

Hacen falta para rellenar la zanja un volumen de tierras de:

$V_{e,\ relleno\ zanja} = 58{,}12 / 0{,}92 = 63{,}17\ m^3.$

Por lo que sobran $98{,}50 - 63{,}17 = 35{,}33\ m^3$ de tierras.

Determinamos la tierra necesaria para rellenar el pozo:

$V_{pozo} = \pi \times 3^2 \times 3 = 84{,}82\ m^3.$

Con el sobrante anterior rellenamos un volumen del pozo de:

$35{,}33 \times 0{,}92 = 32{,}50\ m^3.$

Hacen falta $84{,}82 - 32{,}50 = 52{,}32\ m^3$ de tierras que traeremos de la parcela próxima.

La altura a excavar en la parcela será:

$125 \times H \times 1{,}14 \times 0{,}92 = 52{,}32$

H = 0,40 m.

Ejercicio nº 22

Dada la siguiente sección estratigráfica de un terreno y suponiendo un ángulo de transmisión de cargas de 45°.

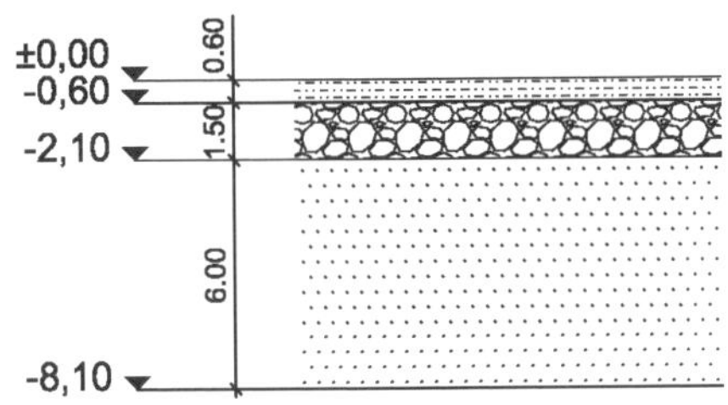

Calcular:

a) Las dimensiones de una zapata para un soporte central con carga de Q = 1.500 kN.

b) La cota de la profundidad activa medida desde la rasante del terreno.

c) La carga máxima del soporte si la dimensión de la zapata fuese de 2,20 m. de lado.

Resolución.

a) Las dimensiones de una zapata con carga de Q = 1.500 kN.

La cimentación ha de penetrar 30 cm en el estrato de apoyo y el lecho de cimentación como mínimo a 1 metro de profundidad.

Dimensiones de la zapata apoyada en la roca:

S = 1.500 / 1.000 = 1,50 m^2 → **lado = 1,23 m.**

Comprobamos que la arcilla resista la tensión transmitida:

S = (1,10 + 1,23 + 1,10 $)^2$ = 11,76 m^2.

σ = 1.500 / 11,76 = 127 kN/m^2 (< 200 kN/m^2 cumple).

b) La cota de la profundidad activa.

La profundidad activa es el punto en que la tensión transmitida es menor que el 20% de la tensión de cálculo del lecho de cimentación.

S = 1.500 / (1.000 x 20%) = 7,50 m^2 → lado = 2,74 m.

Determinamos la distancia donde se encuentra la profundidad activa:

1,00 + (2,74 – 1,23) / 2 = **1,76 m.**

c) La carga máxima si la zapata fuese de 2,20 m. de lado.

Q = 2,20 x 2,20 x 1.000 = 4.840 kN.

Hay que comprobar si la arcilla resiste dicha carga:

σ = 4.840 / (1,10 + 2,20 + 1,10 $)^2$ = 250 kN/m^2 > 200 kN/m^2.

Como la arcilla no resiste, calculamos la carga que sí lo haría:

Q = (1,10 + 2,20 + 1,10 $)^2$ x 200 = **3.872 kN.**

EJERCICIO Nº 23

El croquis que se adjunta pertenece a la solera de un edificio industrial.

Sabiendo que la distancia entre soportes es de 5 m, dibujar la planta con todas las juntas necesarias para el correcto funcionamiento del elemento constructivo, así como un alzado sección de la solera.

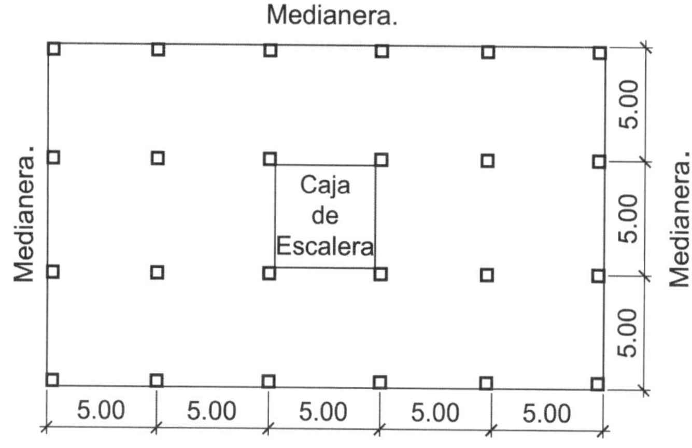

Resolución.

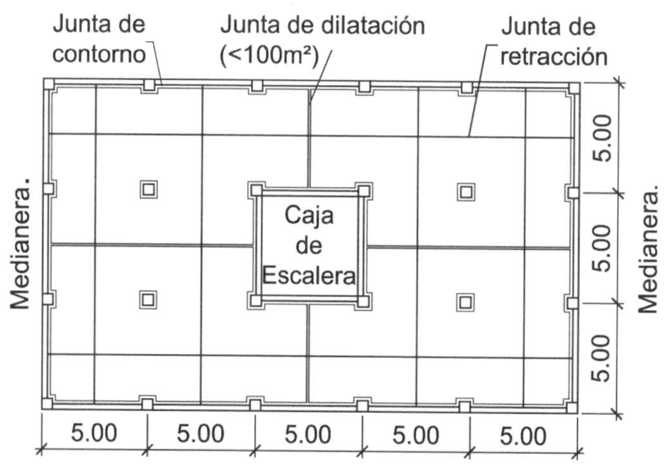

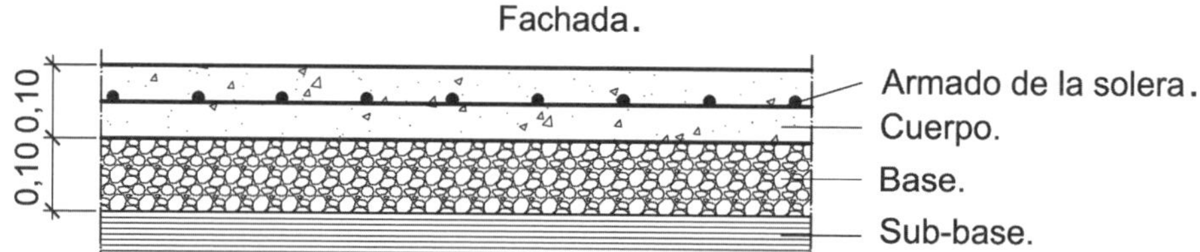

EJERCICIO Nº 24

Indica que tipos de revestimiento utilizarías en los siguientes supuestos:

a) **Interior con alto contenido en humedad:** Alicatado.
b) **Interior con tráfico y peligro de golpes:** Enfoscado, revoco y pintura.
c) **Exterior con mucha presencia de humedad y sin soleamiento:** Aplacado de piedra.
d) **Exterior con posibilidad de humedad y soleamiento:** Mortero monocapa.

EJERCICIO Nº 25

Se quiere construir una pista de tenis en un terreno con arcillas expansivas con empuje de 120 kN/m² (0,12 N/mm²), sobre una solera de hormigón de peso 23 kN/m³.

Calcular el espesor mínimo que debe tener la solera para que sea capaz de contrarrestar los empujes del terreno.

Resolución.

Un metro cuadrado del terreno empujará:

$1,00 \times 1,00 \times 120 = 120$ kN.

Se contrarrestará con un peso de hormigón de 120 kN/m².

Altura de la solera de hormigón:

$1,00 \times 1,00 \times H \times 23 = 120 \quad \rightarrow \quad \mathbf{H = 5,22\ m.}$

La solera deberá tener 5,22 metros de espesor.

EJERCICIO Nº 26

En un terreno de arcillas expansivas se pretende construir un edificio de 5 plantas de altura, de 200 m² por planta.

En el edificio, la carga permanente prevista es de 5,5 kN/m², y la carga variable (sobrecarga) de 3,5 kN/m². Las arcillas tienen una fuerza de expansión de 200 kN/m² (0,2 N/mm²).

Calcular la superficie máxima a ocupar por la cimentación.

Resolución.

Peso del edificio vacío:

$5 \times 200 \times 5,5 = 5.500$ kN.

La superficie con la que empujan las arcillas 5.500 kN:

$5.500 / 200 =$ **27,50 m².**

La superficie máxima a ocupar por la cimentación son 27,50 m².

EJERCICIO Nº 27

Indicar si es posible realizar un arco catenario plano. Razonar la repuesta.

Resolución.

En el arco catenario la resultante y la directriz coinciden y son horizontales, al descomponer la resultante en una horizontal y una vertical y ser esta horizontal el valor de la componente vertical será cero, por lo que el arco no existe.

EJERCICIO Nº 28

Del arco del croquis que se adjunta.

Sabiendo:

- **Que el tirante es de acero con una superficie de 450 mm².**
- **La Resistencia característica del acero es de 240 N/mm².**
- **El coeficiente de minoración de resistencias es de γ_m =1,2.**
- **El coeficiente de mayoración de acciones es de γ_f=1,5.**

Calcular la carga máxima total (Q) por metro lineal.

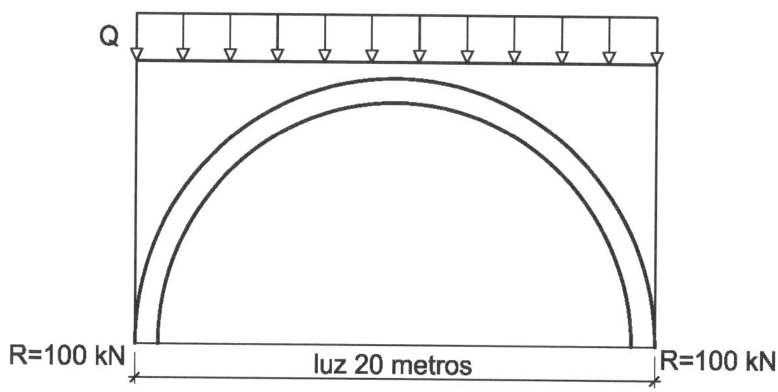

Resolución.

Calculamos el esfuerzo horizontal E_h que soportaría el tirante de acero:

$E_h \times 1{,}5 = 450 \times 240 / 1{,}2 \quad \rightarrow \quad E_h = 60.000$ N (60 kN).

Sustituyendo en el teorema de Pitágoras y despejando obtenemos C_v:

$C_v = \sqrt{100^2 - 60^2} = 80$ kN.

La carga por metro lineal del arco es:

Q = 80 / 10 = **8 kN/ml.**

EJERCICIO Nº 29

Del arco del croquis construido con piedra.

Sabiendo que:

- **La carga uniformemente repartida sobre el arco es de 8 kN/ml.**
- **La resistencia característica de la piedra 600 kN/m².**
- **El coeficiente de minoración de resistencias es de γ_m =2.**
- **El coeficiente de mayoración de acciones es de γ_f =1,6.**
- **La superficie de contacto entre dovelas = 0,1730 m². (canto x profundidad).**
- **El empuje horizontal del medio arco es de E_h = 16,38 kN.**

Calcular la tensión de trabajo de la dovela que aparece sombreada.

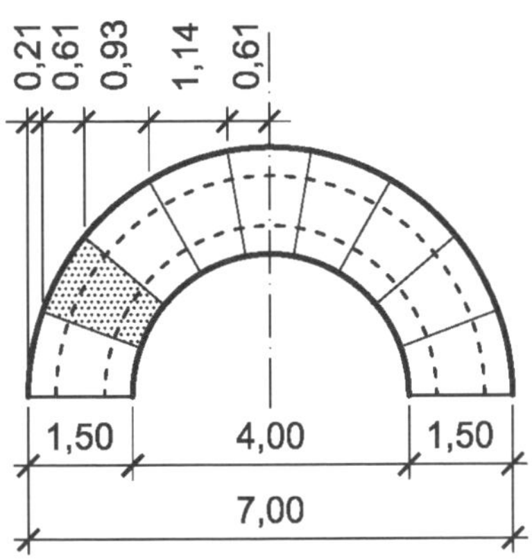

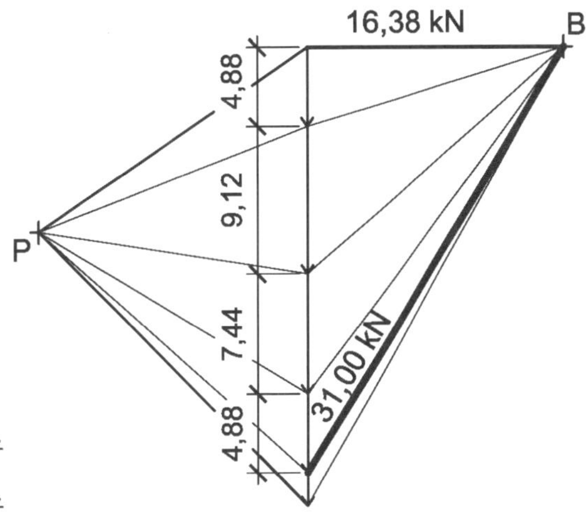

Resolución.

Calculamos la componente vertical (C_v) que transmiten las dovelas, sin mayorar:

8 x (0,61 + 1,14 + 0,93 + 0,61) = 26,32 kN.

La resultante sin mayorar (R_{dovela}) que actúa sobre la dovela estudiada se obtiene sustituyendo en el teorema de Pitágoras:

$$R_{dovela} = \sqrt{26,32^2 + 16,38^2} = 31,00 \text{ kN}.$$

La tensión de trabajo se obtiene dividiendo la carga entre la superficie:

σ_t = 31,00 / 0,1730 = **179 kN/m² (0,179 N/mm²)**.

EJERCICIO Nº 30

Dibujar dos arcos con la misma carga y la misma luz, uno plano y otro peraltado, con una carga Q por metro lineal y una luz de L metros.

Representar los núcleos centrales y las líneas de presiones en ambos arcos.

Indicar en cual de ellos los empujes horizontales son mayores y a que es debido.

Decir en cual de ellos la resultante es mayor y porqué.

Explicar si en alguno de ellos la componente vertical es mayor, razonar la respuesta.

Proponer las medidas que adoptaríais para resistir los esfuerzos horizontales.

Resolución.

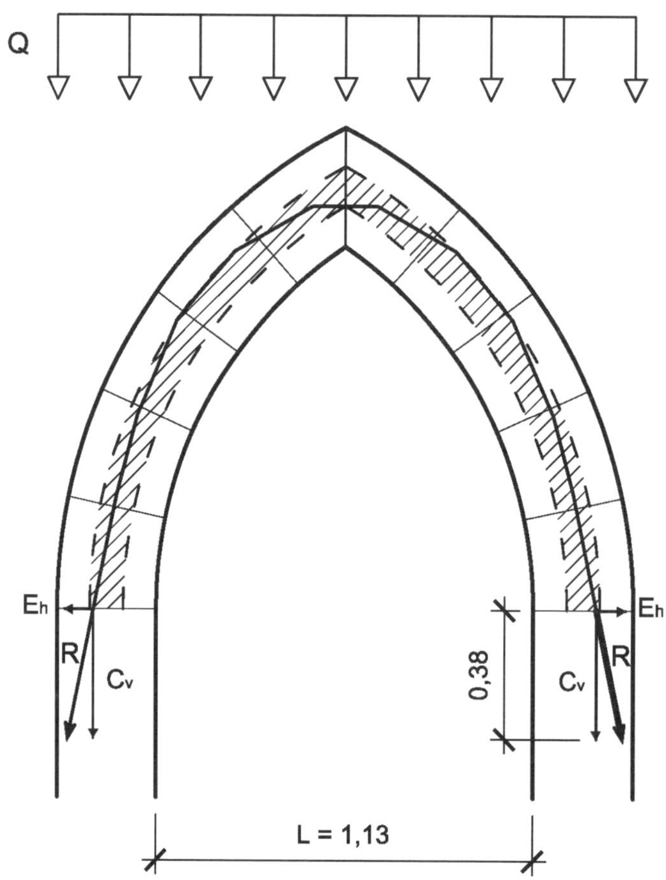

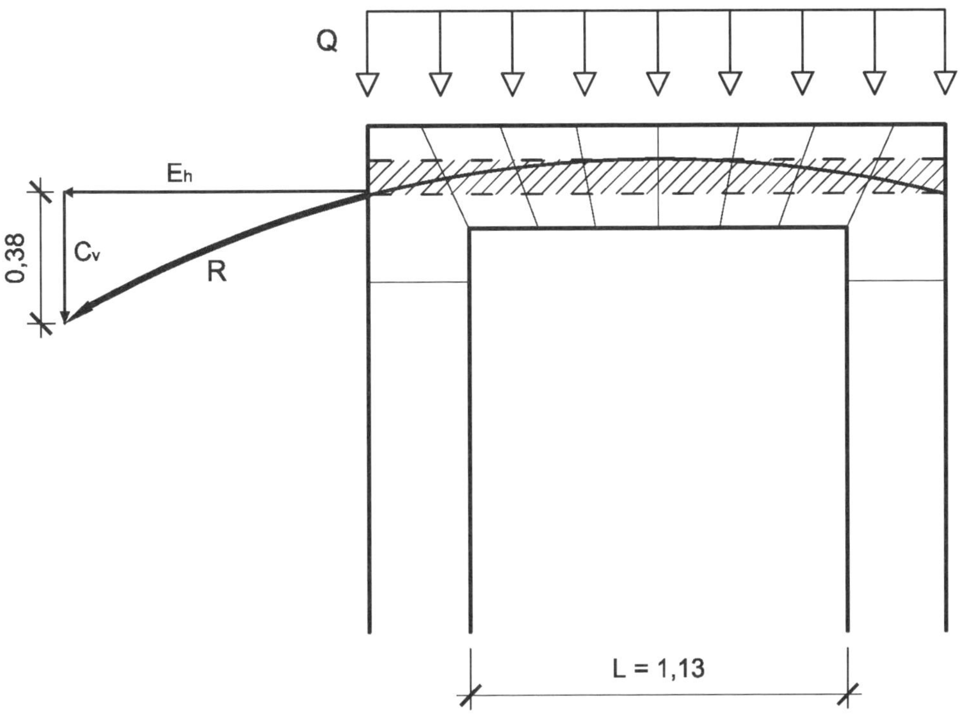

En el dibujo observamos que la resultante R que se transmite al apoyo, siempre será oblicuo y puede descomponerse en un esfuerzo vertical C_v y otro horizontal E_h.

El ángulo de la resultante será diferente por tener la misma luz y carga pero diferente flecha, es por ello que el valor de la resultante R y la componente horizontal E_h serán mayores en el arco de menor flecha.

En arcos de igual luz y carga, pero diferente flecha, las resultantes verticales C_v serán iguales y su valor será la mitad de la carga total sobre el arco Q/2.

Para absorber los esfuerzos horizontales se puede colocar tirantes, contrafuertes o arbotantes.

EJERCICIO Nº 31

Dado el esquema del arco siguiente, considerando que es de fábrica de piedra y conociendo los siguientes datos:

- Que está sometido a una carga uniformemente repartida de 20 kN/ml.
- El Coeficiente de mayoración de cargas es de γ_f =1,6.
- La Resistencia característica del tirante de acero es de 250.000 kN/m^2 (250 N/mm^2).
- La Resistencia característica de la fábrica de piedra es de 350 kN/m^2 (0,35 N/mm^2).
- El coeficiente de minoración de resistencias es de γ_m =1,2.

Se pide dibujar la línea de presiones y calcular:

a) Las reacciones en los apoyos del arco.
b) La profundidad mínima de las dovelas a efectos de cálculo.
c) La tensión de trabajo máxima de las dovelas.
d) El diámetro de un tirante de acero que soporte los empujes horizontales del arco.

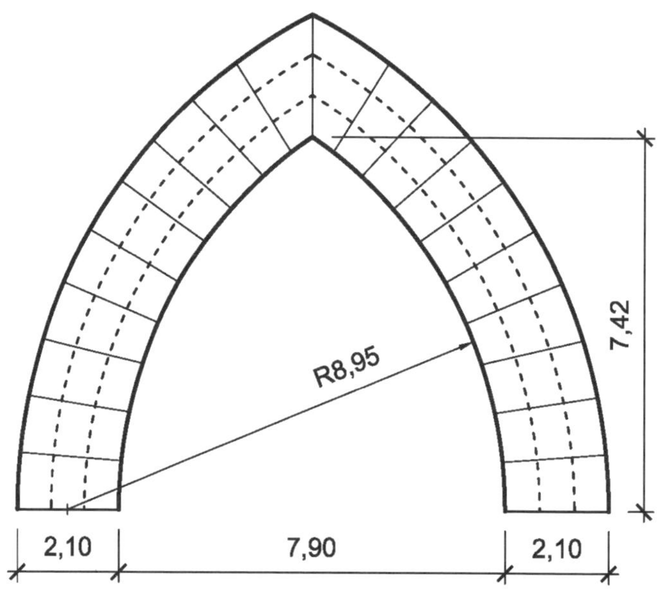

Resolución.

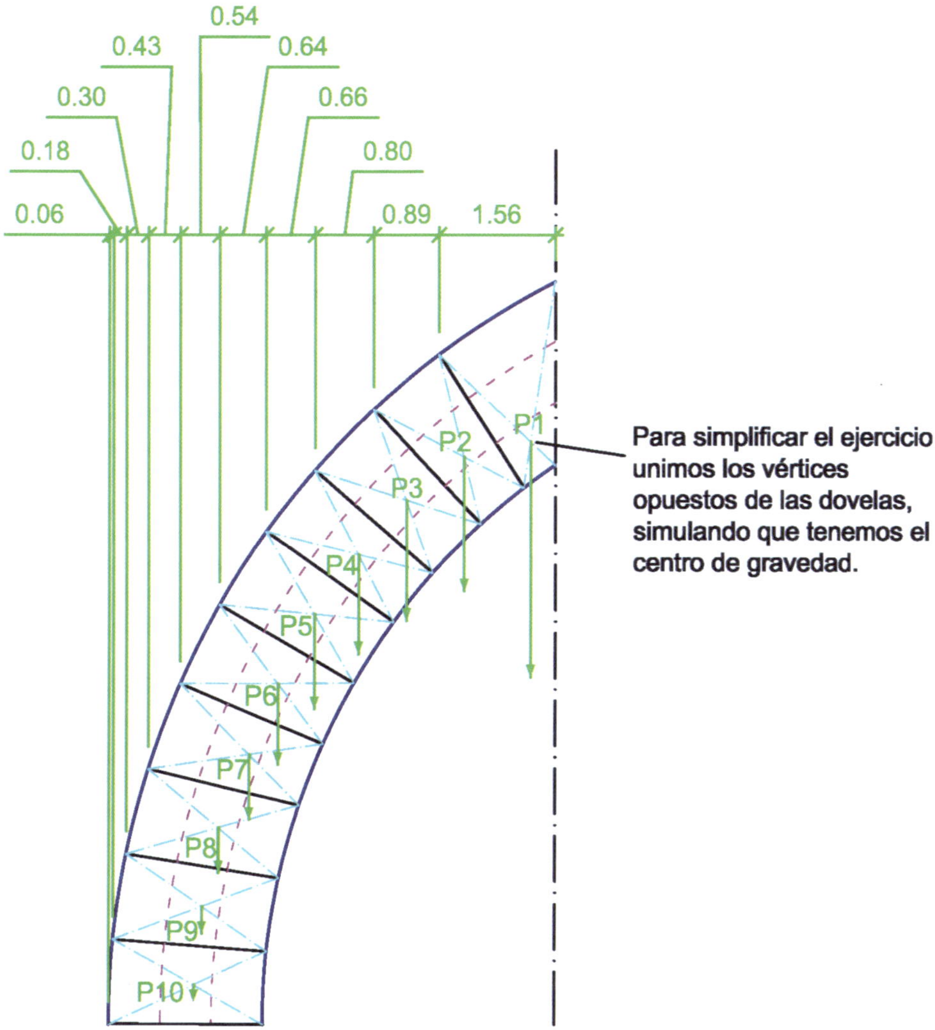

P1 = 20 x 1,56 = 31,20 kN.
P2 = 20 x 0,89 = 17,80 kN.
P3 = 20 x 0,80 = 16,00 kN.
P4 = 20 x 0,66 = 13,20 kN.
P5 = 20 x 0,64 = 12,80 kN.
P6 = 20 x 0,54 = 10,80 kN.
P7 = 20 x 0,43 = 8,60 kN.
P8 = 20 x 0,30 = 6,00 kN.
P9 = 20 x 0,18 = 3,60 kN.
P10 = 20 x 0,06 = 1,20 kN.

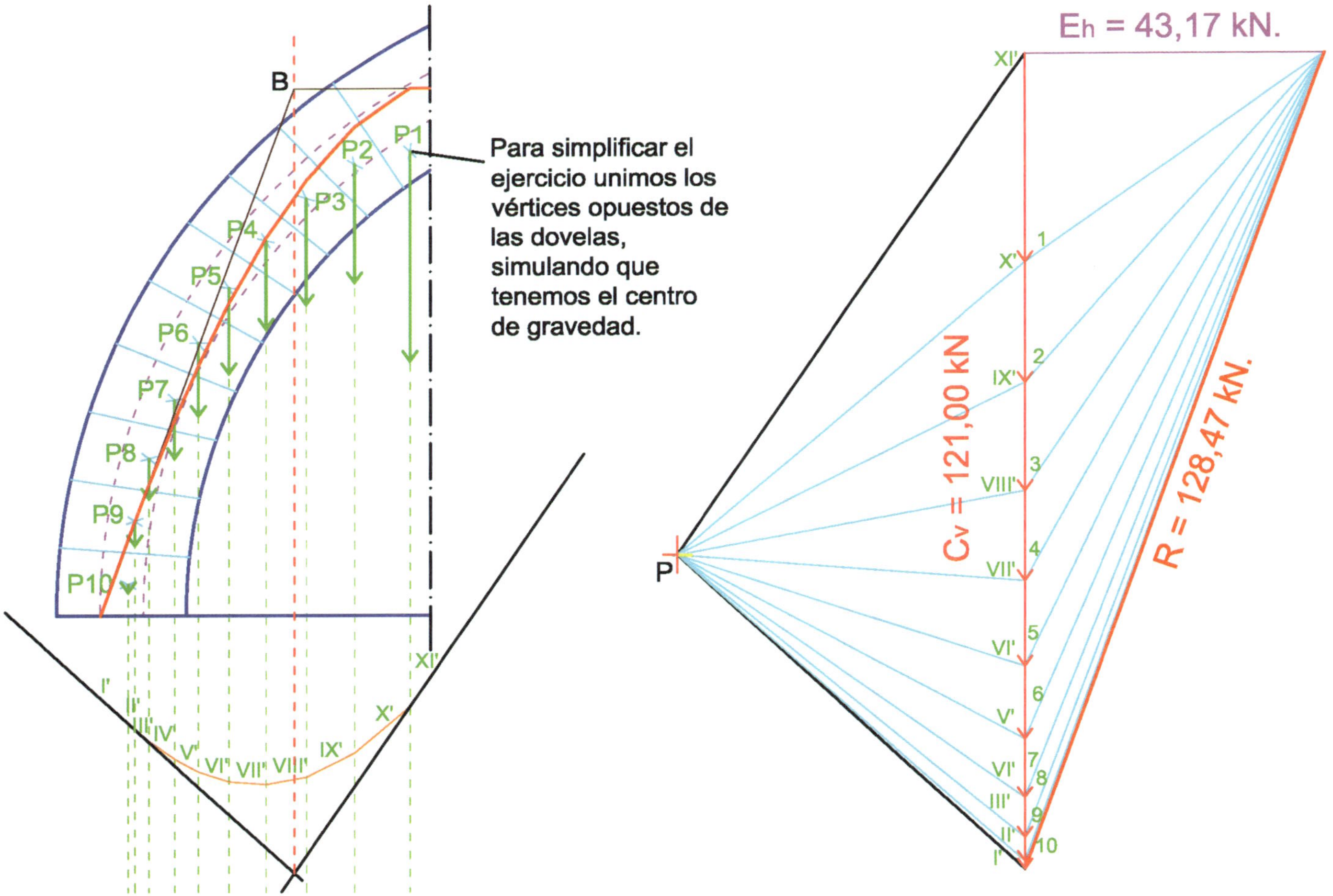

B
P1
P2
P3
P4
P5
P6
P7
P8
P9
P10
Para simplificar el ejercicio unimos los vértices opuestos de las dovelas, simulando que tenemos el centro de gravedad.
I'
II'
III'
IV'
V'
VI'
VII'
VIII'
IX'
X'
XI'
Eh = 43,17 kN.
B
P
Cv = 121,00 kN
R = 128,47 kN.
1
2
3
4
5
6
7
8
9
10

a) Las reacciones en los apoyos del arco.

E_h = 43,17 kN.
C_v = 121,00 kN.
R = 128,47 kN.

b) La profundidad mínima (P) de las dovelas a efectos de cálculo.

$S = Q / \sigma = (128,47 \times 1,6) / (350 / 1,2) = 0,49 \text{ m}^2$.
$P = 0,49 / 2,10 = 0,23$ m.

c) La tensión de trabajo máxima de las dovelas.

$\sigma_t = Q / S = 128,47 / 0,49 = 262 \text{ kN/m}^2$. ($< 350 \text{ kN/m}^2$).

d) El diámetro de un tirante de acero que soporte los empujes horizontales del arco.

$S = Q / \sigma = (43,17 \times 1.000 \times 1,6) / (250 / 1,2) = 332 \text{ mm}^2$.

$$r = \sqrt{\frac{332}{\pi}} = 10,28 \text{ mm.}$$

$D = 2 \times 10,28 = 20,56$ mm.

Ejercicio nº 32

Dibujar el alzado y la sección de un muro de contención de tierras con puntera, tacón y talón, suponiendo que el hormigón es transparente para ver todo el despiece de armaduras.

Resolución.

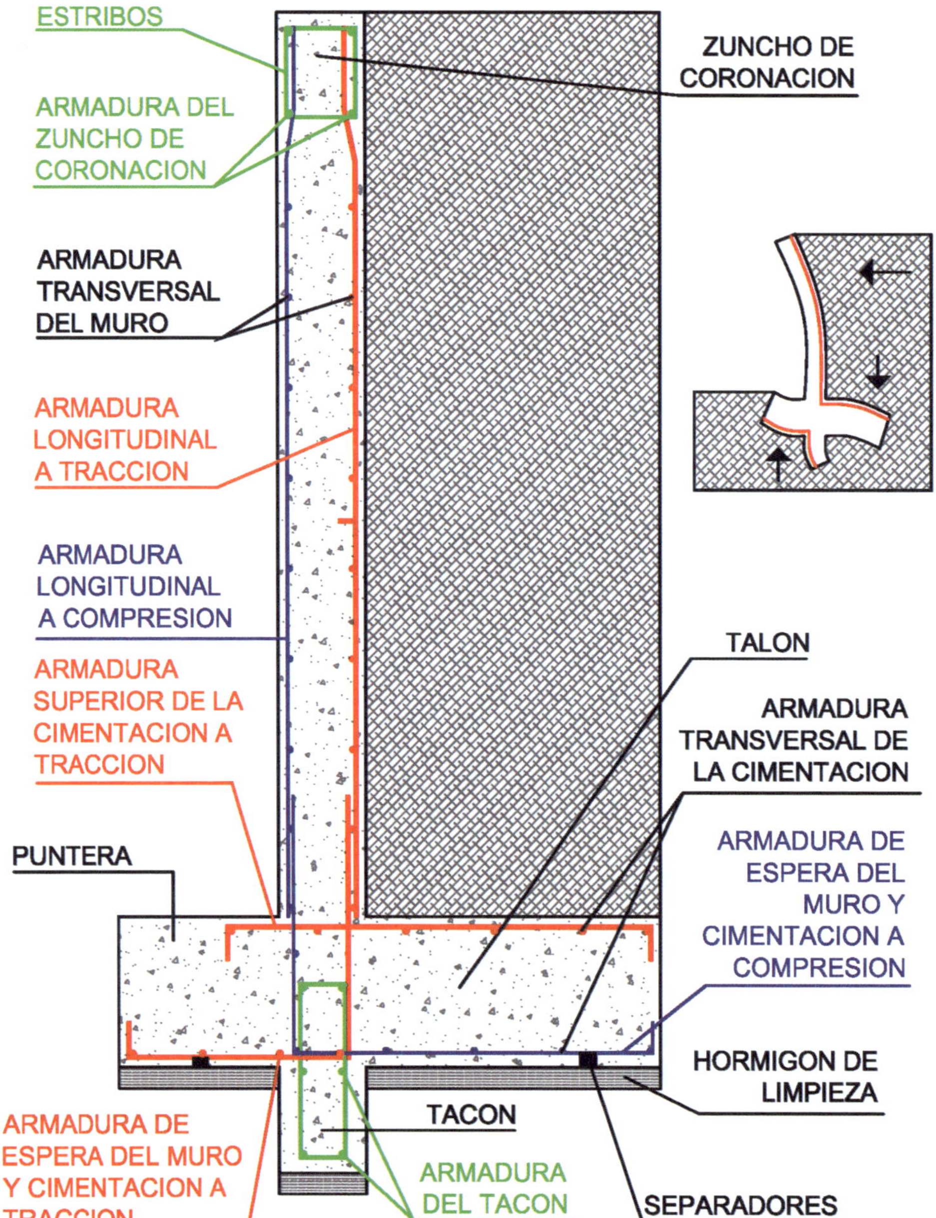

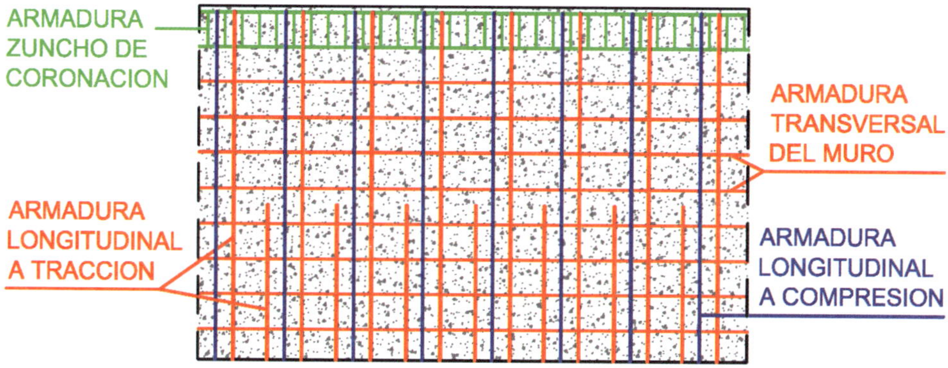

Alzado del muro.

Ejercicio nº 33

Se pretende construir una solera para una cámara frigorífica en un terreno con un nivel freático alto. Sabiendo que las cargas estimadas son de 12 kN/m^2, dibujar en alzado sección las capas que forman la solera, indicando las cotas necesarias de cada una así como los elementos componentes de la misma.

Resolución.

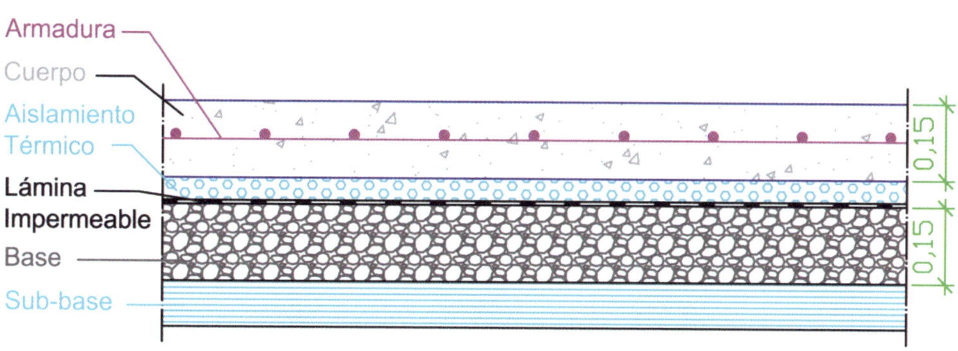

EJERCICIO Nº 34

Para la construcción del edificio de la planta adjunta se quiere realizar una cimentación superficial a base de zapatas.

Sabiendo que:

- Las luces son todas de 5 metros.
- El peso propio del muro es de 16 kN/m³, y el espesor de 0,25 m.
- Altura entre plantas de 3 m.
- Tensión admisible del terreno 200 kN/m² (0,2 N/mm²).
- Carga total 7 kN/m².
- Número total de plantas 5.

Se pide:

a) Calcular la zapatas que componen la cimentación.
b) Dibujar la planta de cimentación con todos sus elementos.
c) Dibujar la sección A-B de la cimentación.

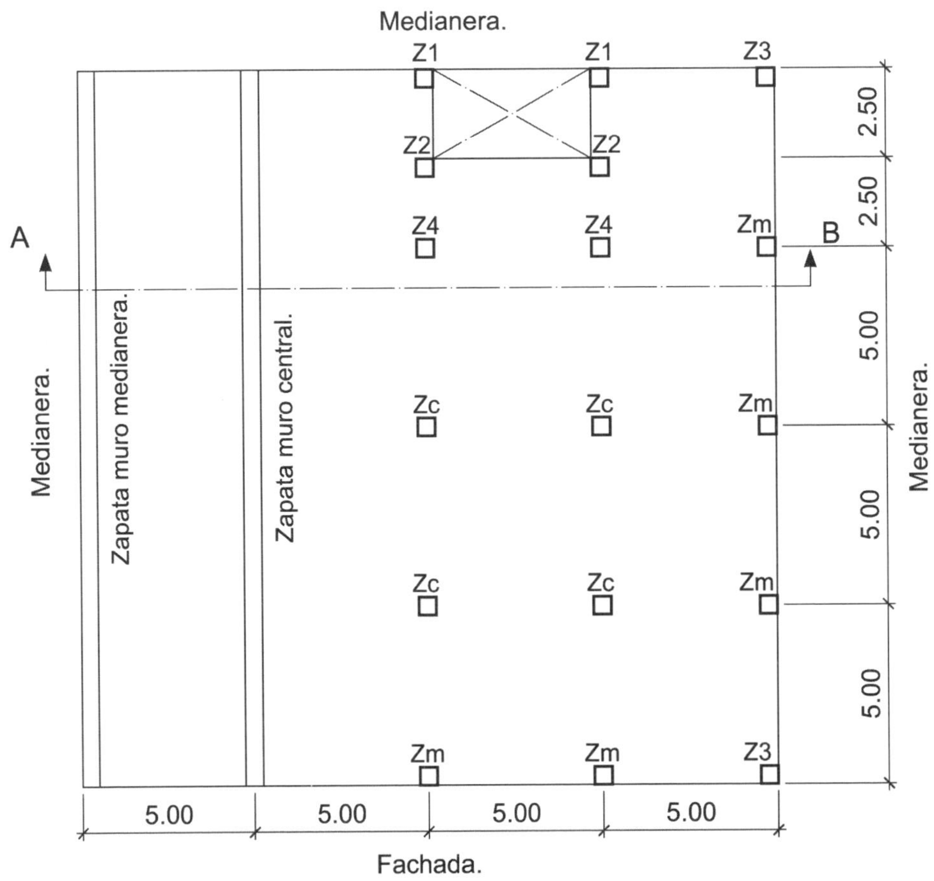

Resolución.

Primero calculamos la zapata menos cargada (Z1) para determinar sus dimensiones. Como la dimensión por cálculo es menor que la zapata mínima por diseño adoptamos ésta última. De manera que determinamos a que tensión está trabajando la zapata, para adoptarla como tensión en el resto de zapatas.

Cuando obtenemos las dimensiones de todas las zapatas procedemos a redondear de 5 en 5 centímetros.

Zapata Z1 (medianera menos cargada):

Q = 5 x 2,50 x 1,25 x 7 = 109,38 kN.

S = 109,38 / 200 = 0,55 m^2.

Lado A = $\sqrt{0,55/2} = 0,52$ m. (mínimo 0,70 m).

Dimensiones = 0,70 x 1,40 = 0,98 m^2. → **Z1 = 0,70 x 1,40 m.**

Nueva tensión = 109,38 / 0,98 = 111 kN/m^2.

Zapata Z2 (central menos cargada):

Q = 5 x (1,25 x 5,00 + 1,25 x 2,50) x 7 = 328,13 kN.

S = 328,13 / 111 = 2,96 m^2.

Lado A = $\sqrt{2,96} = 1,72$ m. → **Z2 = 1,75 x 1,75 m.**

Zapata Z3 (de esquina):

Q = 5 x 2,50 x 2,50 x 7 = 218,75 kN.

S = 218,75 / 111 = 1,97 m^2.

Lado A = $\sqrt{1,97} = 1,40$ m. → **Z3 = 1,40 x 1,40 m.**

Zapata de medianera rectangular (Zm), doble carga, doble superficie:

→ **Zm = 1,40 x 2,80 m.**

Zapata central cuadrada (Zc), doble carga, doble superficie:

→ **Zc = 2,80 x 2,80 m.**

Zapata muro de medianera (M_{med}):

Q = 5 x 1,00 x 2,50 x 7 + 15 x 0,25 x 1,00 x 16 = 147,50 kN.

S = 147,50 / 111 = 1,33 m^2.

Lado A = 1,33 / 1,00 = 1,33 m. → **M_{med} = 1,35 m.**

Zapata muro central (M_{cen}):

Q = 5 x 1,0 x 5,00 x 7 + 15 x 0,25 x 1,00 x 16 = 235,00 kN.

S = 235,00 / 111 = 2,12 m^2.

Lado A = 2,12 / 1,00 = 2,12 m. → **M_{cen} = 2,15 m.**

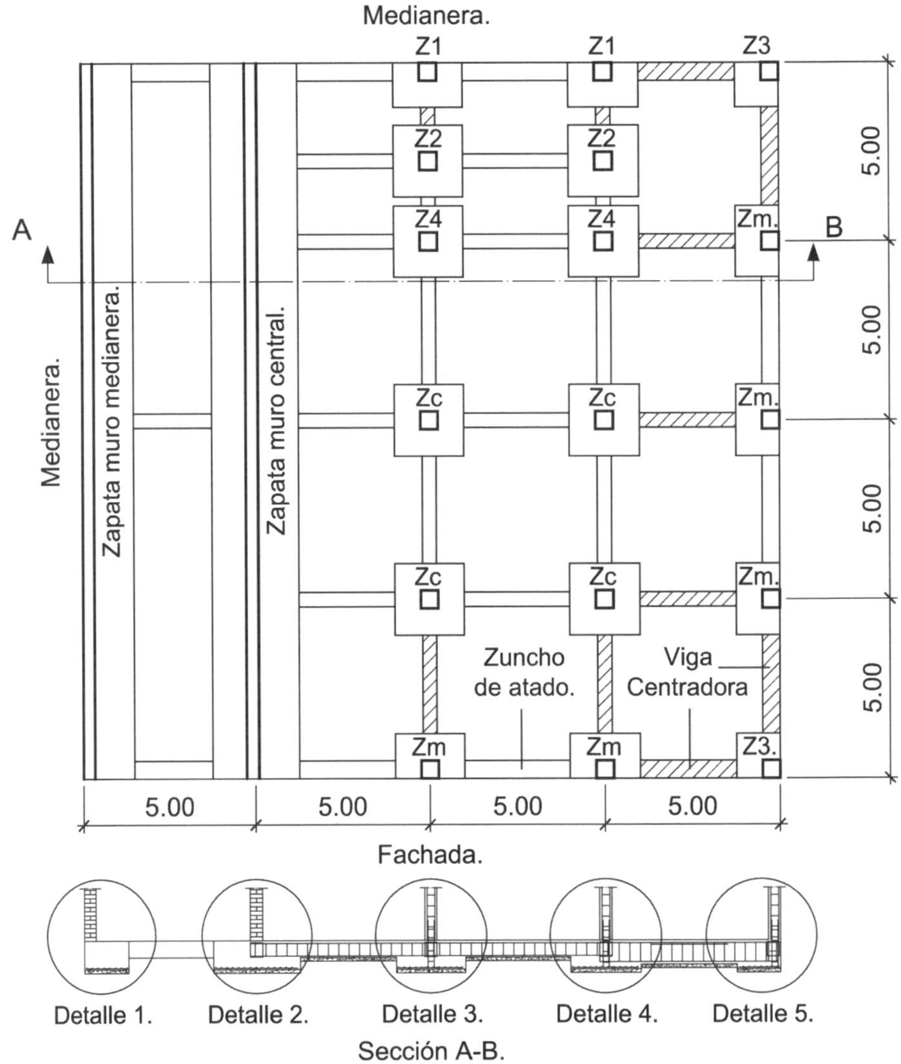

Medianera.
Z1
Z1
Z3
Z2
Z2
A
Z4
Z4
Zm.
B
Zapata muro medianera.
Zapata muro central.
Medianera.
Zc
Zc
Zm.
Medianera.
Zc
Zc
Zm.
Zuncho
de atado.
Viga
Centradora
Zm
Zm
Z3.
5.00
5.00
5.00
5.00
5.00
5.00
5.00
5.00
Fachada.
Detalle 1.
Detalle 2.
Detalle 3.
Detalle 4.
Detalle 5.
Sección A-B.

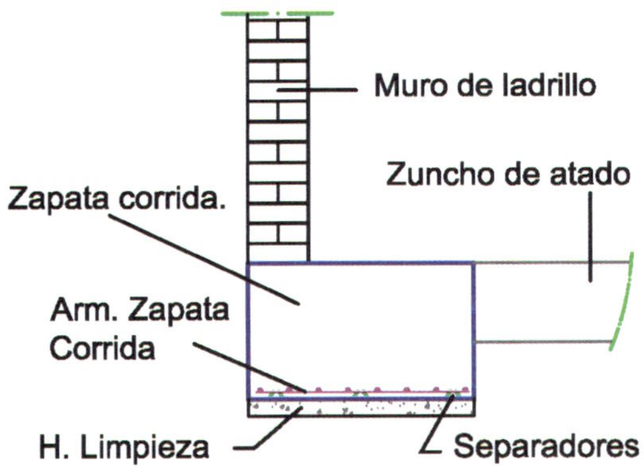

Detalle 1.

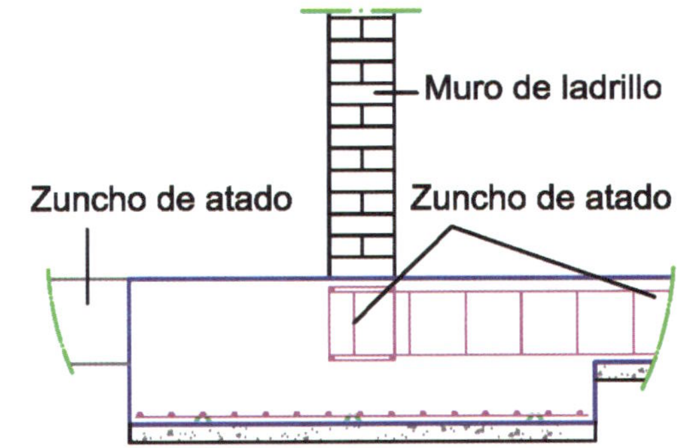

Detalle 2.

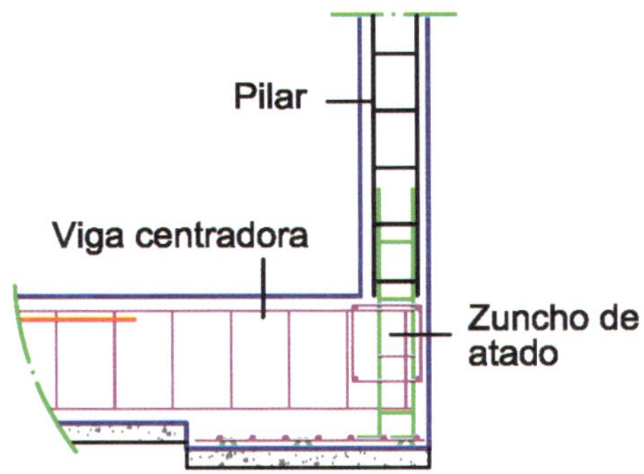

Detalle 5.

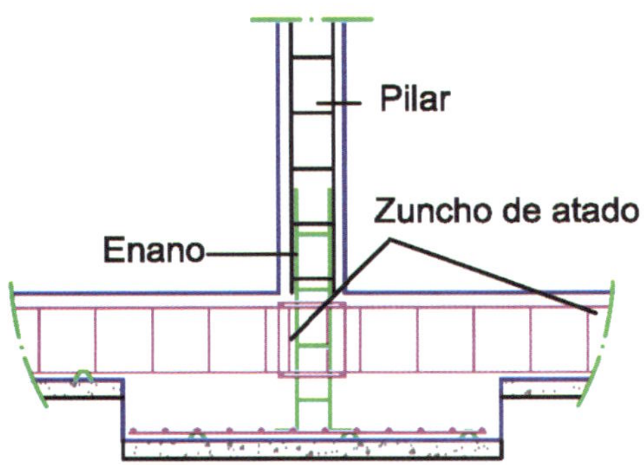

Detalle 3.

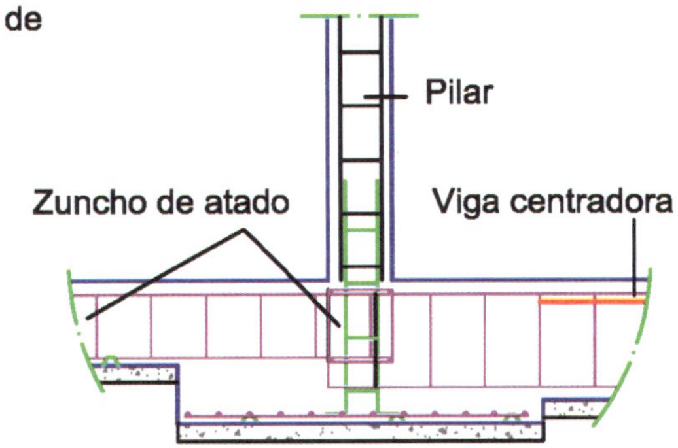

Detalle 4.

Sección A-B.

EJERCICIO Nº 35

El croquis que se adjunta corresponde a un edificio entre medianeras.

Conociendo que:

- Es un edificio con un sótano.
- La cimentación de los soportes centrales se realiza por pilotes, con cuatro pilotes por encepado.
- En el perímetro se realiza un muro pantalla autoportante.

Se pide:

a) Explicar el proceso constructivo.
b) Dibujar la planta de la cimentación.
c) Dibujar la sección A-B de la cimentación.

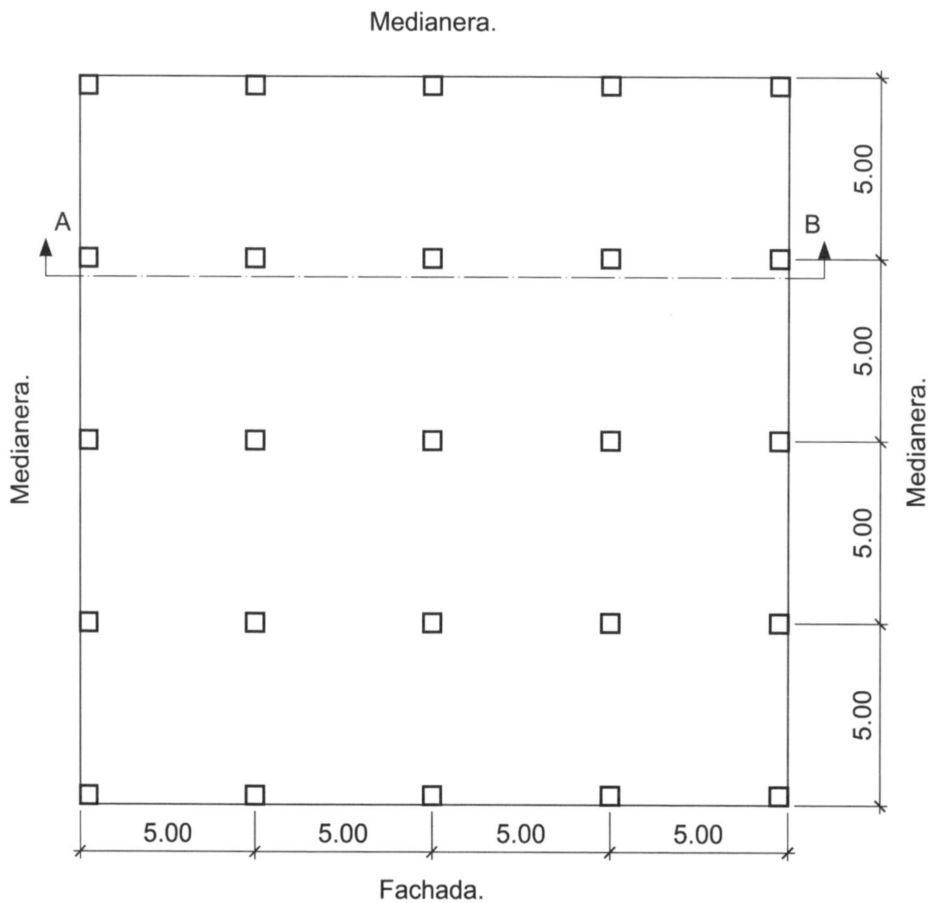

Resolución.

a) Explicar el proceso constructivo.

Se construye primero el muro pantalla, a continuación se realiza el vaciado del solar y por último los pilotes.

Muro pantalla:

- Se limpia la capa vegetal del solar.
- Se construyen los muretes guías, en el perímetro del muro pantalla.
- Se excava mediante una cuchara bivalva los bataches alternos de 2 a 4 metros de ancho en función del terreno.
- Se colocan las juntas.
- Se colocan las armaduras.
- Se hormigona con precaución para que no se disgregue.
- Se quitan las juntas, una vez ha finalizado el fraguado (entre 2 y 8 horas).
- Se pica el hormigón superior y el murete guía exterior.
- Se colocan las armaduras de la viga de coronación y se hormigona.
- Se excava y destruye el murete guía interior.

Se procede a la excavación del terreno y se colocan anclajes a los muros pantalla, si lo requieren.

Suponiendo que los pilotes sean excavados sin entubación:

- Se excava mediante una barrena introducida en el terreno a rotación, o con cuchara.
- Se colocan las armaduras.
- Se hormigona con la trompa (tubo tremix).
- Se desmocha la parte superior y se encofra el encepado si fuera necesario.
- Se excavan los zunchos de atado.
- Se colocan las armaduras del encepado y de los zunchos.
- Se hormigonan los zunchos y el encepado.

b) La planta de la cimentación.

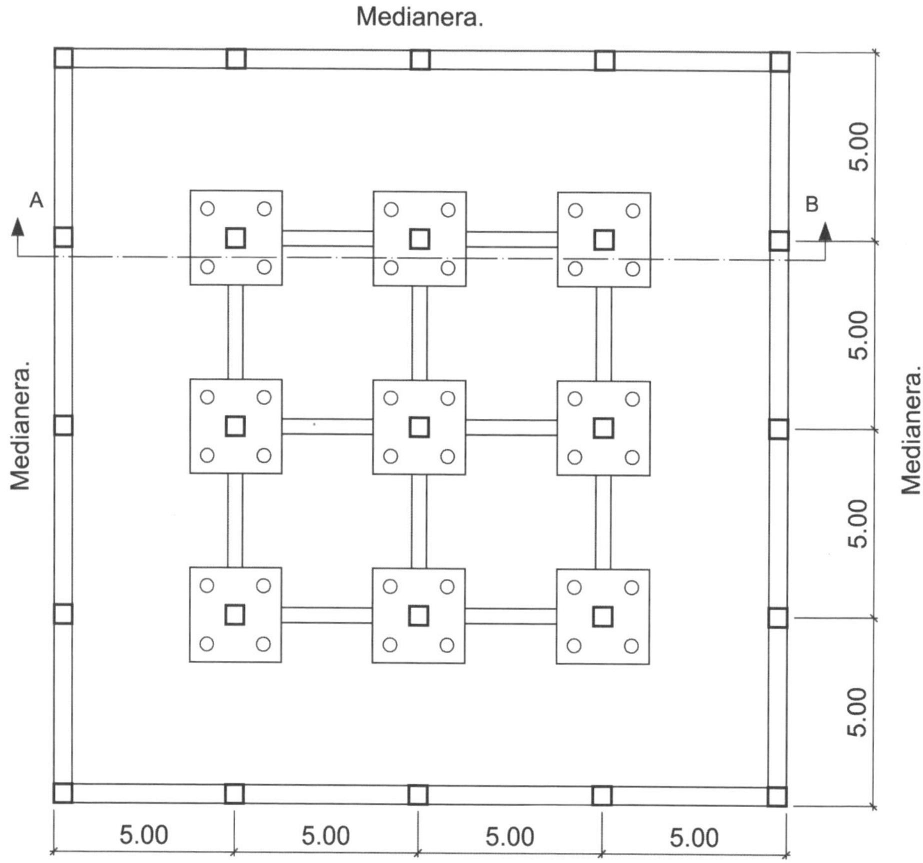

Fachada.

c) La sección A-B de la cimentación.

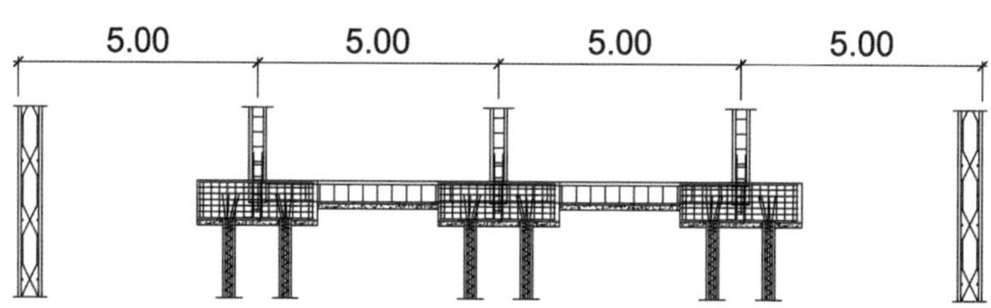

Sección A-B

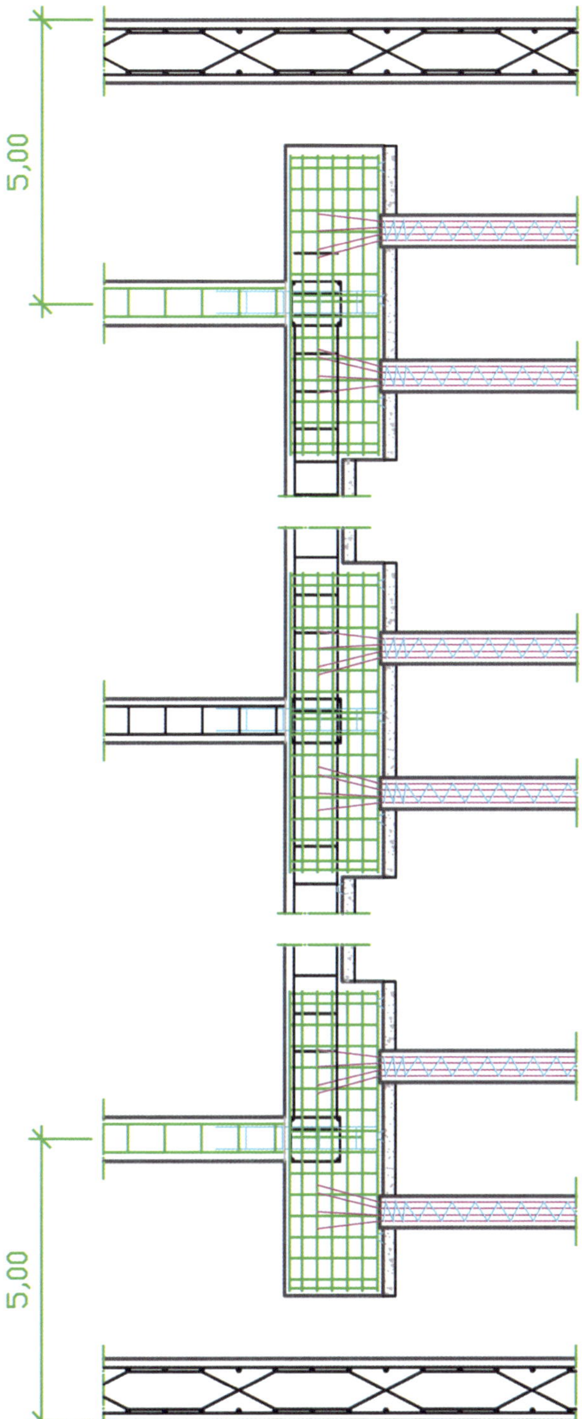

Detalle de la zapata central.

EJERCICIO Nº 36

Del croquis de la losa que se adjunta dibujar la planta de armaduras de la cimentación y la sección A-B.

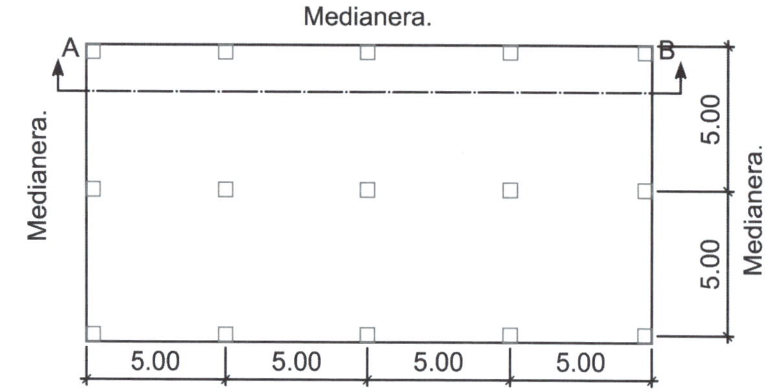

Resolución.

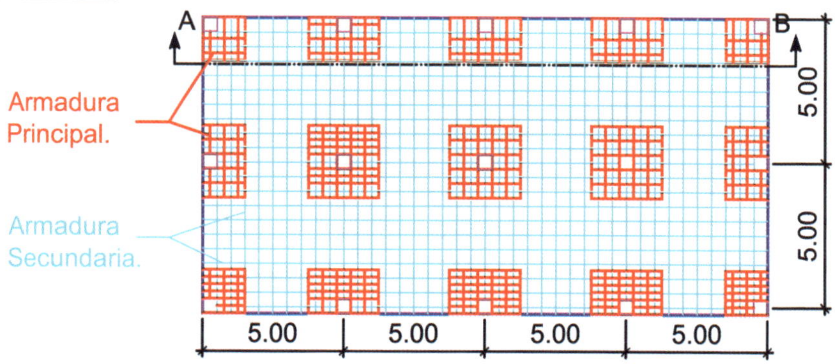

Armadura de positivos o inferior.

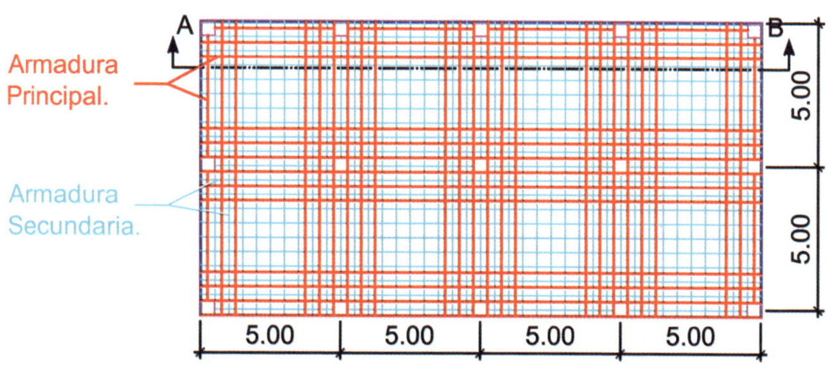

Armadura de negativos o superior.

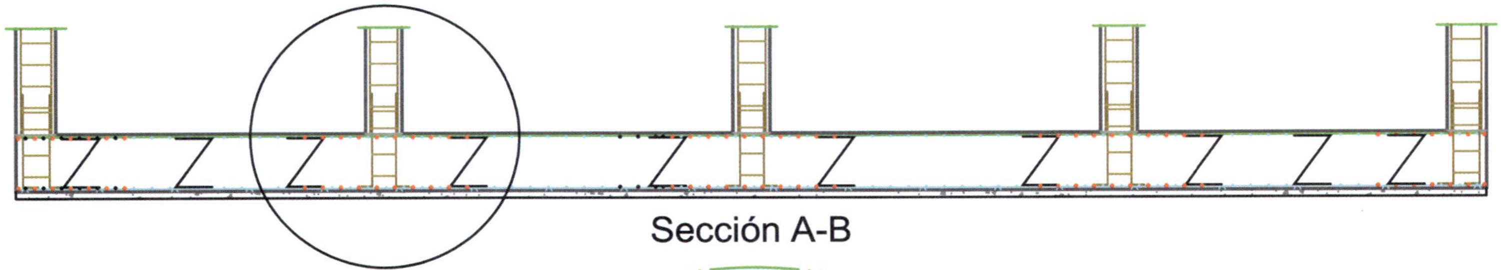

Sección A-B

Detalle 1.

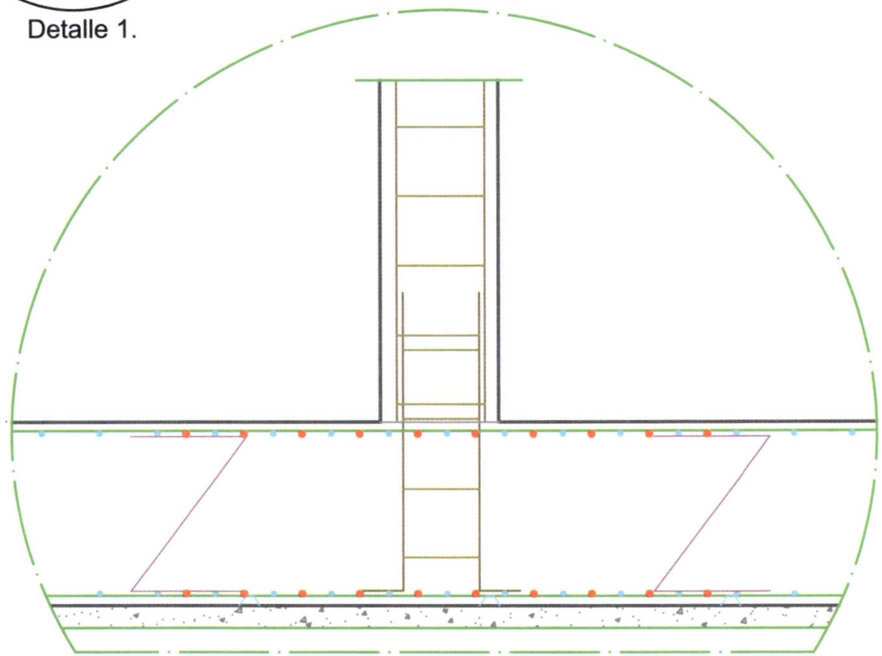

EJERCICIO Nº 37

Del croquis que se adjunta se sabe que:

- **El edificio es de planta baja y tres pisos.**
- **La cimentación se realiza por losa.**
- **La carga total por planta es de 8,5 kN/m², **
- **La tensión admisible del terreno es σ_{adm} = 150 kN/m².**
- **El ángulo de transmisión de cargas de 45°.**

Calcular la profundidad activa de la losa medida desde el lecho de cimentación.

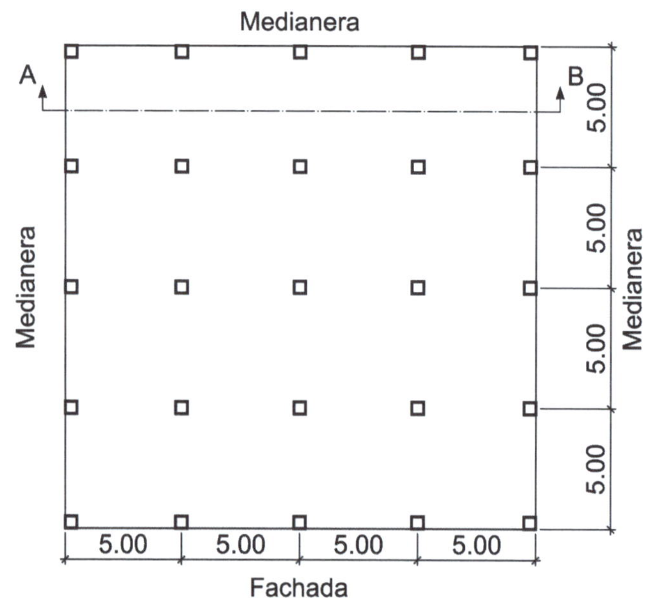

Resolución.

Calculamos la tensión de la losa en el lecho de cimentación y a la cota de la profundidad activa (20%):

Carga = 4 x 20 x 20 x 8,5 = 13.600 kN.

Tensión = 13.600 / (20 x 20) = 34 kN/m².

Tensión en la profundidad activa = 34 x 20% = 6,8 kN/m².

Determinamos la superficie en la profundidad activa:

S = 13.600 / 6,8 = 2.000 m².

Lado A = $\sqrt{2000} = \mathbf{44{,}72}$ **m.**

La profundidad activa desde el lecho de cimentación:

(44,72 – 20) / 2 = **12,36 m.**

EJERCICIO Nº 38

Se pretende construir un edificio en un terreno cuya resistencia es prácticamente nula.

El edificio en cuestión tendrá 4 sótanos de 2,50 m. de altura cada uno y varios pisos, apoyará sobre una losa de cimentación de 1,00 m. de profundidad.

Conociendo que:

- **El peso específico del terreno es de 20 kN/m³.**
- **El peso del hormigón es de 24 kN/m³.**
- **La carga permanente prevista para todas las plantas del edificio es de 5 kN/m² y la carga variable de 3 kN/m².**

Calcular el número máximo de plantas que se podrán construir sobre la rasante para que la máxima carga sobre el lecho de cimentación sea igual después de construido el edificio que antes de excavar.

Resolución.

Calculamos el peso de la tierra excavada en 1 m² de parcela:

(4 x 2,50 + 1,00) x 1,00 x 1,00 x 20 = 220 kN.

Determinamos el peso de 1 m² de cimentación:

1,00 x 1,00 x 1,00 x 24 = 24 kN.

Restamos ambos valores y obtenemos el posible peso del edificio:

220 – 24 = 196 kN.

El peso de 1 m² de una planta piso es de:

5 + 3 = 8 kN.

El número de plantas sería:

196 / 8 = 24,5 plantas.

24,5 plantas - 4 sótanos = 20,5 = **20 plantas.**

EJERCICIO Nº 39

Tenemos una cimentación formada por dos pilares, de los que sabemos que:

- **El pilar 1 recibe una carga Q_1 de 2.200 kN.**
- **El pilar 2 recibe una carga Q_2 de 600 kN.**
- **La distancia entre sus ejes es de 3,40 m.**
- **La zapata del pilar 1 es cuadrada y tiene unas dimensiones de 1,80 x 1,80 m.**
- **La zapata del pilar 2 también es cuadrada y tiene unas dimensiones de 1,00 x 1,00 m.**
- **El terreno se considera uniforme a todos los efectos.**
- **El ángulo de transmisión de cargas de 45°.**

Calcular:

a) **La tensión de trabajo en la base de las zapatas.**
b) **La tensión máxima a que trabaja el terreno y el punto donde se produce.**

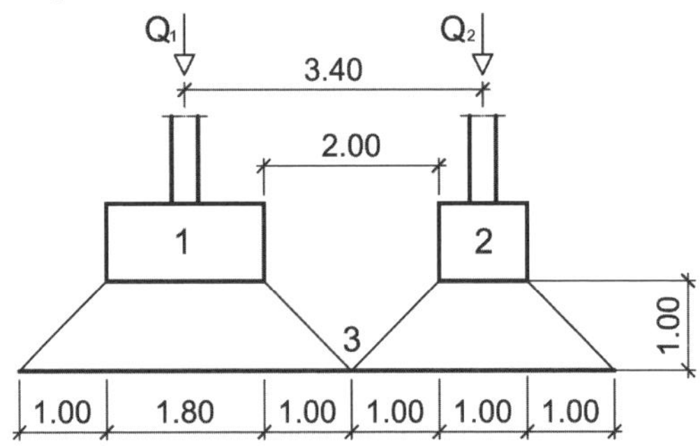

Detalle zapatas

Resolución.

a) La tensión de trabajo en la base de las zapatas.
Calculamos la tensión de trabajo en la base de la zapata 1:

σ_t = 2.200 / (1,80 x 1,80) = 679 kN/m^2.

Calculamos la tensión de trabajo en la base de la zapata 2:

σ_t = 600 / (1,00 x 1,00) = 600 kN/m^2.

b) La tensión máxima del terreno y el punto donde se produce.
Calculamos la tensión de trabajo en el punto 3:

2.200 / (3,80 x 3,80) + 600 / (3,00 x 3,00) = 219 kN/m^2.

La máxima tensión de trabajo se produce en la base de la zapata 1.

<u>EJERCICIO Nº 40</u>

Calcular el número de peldaños y la dimensión de la contrahuella en la escalera de un edificio de tres plantas de altura.

Conociendo que las alturas son:

- **Planta primera 3,13 m.**
- **Planta segunda 2,80 m.**
- **Planta tercera 3,13 m.**

<u>Resolución.</u>

Se empieza por la:

a) Planta tercera:

313 / 18,5 = 16,9 serán 17 peldaños.

313 / 17 = 18,41 cm de contrahuella.

b) Planta segunda:

280 / 18,41 = 15,21 probaremos con 15.

280 / 15 = 18,66 incumple la norma al ser superior a 18,5 cm.

280 / 16 = 17,5 cm.

c) La planta primera se hará como la segunda:

313 / 17,5 = 17,88 peldaños pondremos 17 y el resto como peldaño de calle.

17 x 17,5 = 297,50 cm.

d) Peldaño de calle.

313 - 297,50 = 15,50 cm.

EJERCICIO Nº 41

En el croquis de la caja de escalera que se adjunta se encuentra dibujada la planta de la escalera y sus dimensiones. Conociendo que la diferencia de altura entre las plantas es de 3,17 m.

Calcular:

a) El número de peldaños.

b) La dimensión de la huella y la contrahuella.

Dibujar:

c) La planta del peldañeado acotada.

d) El desarrollo de la barandilla por el ojo de la escalera.

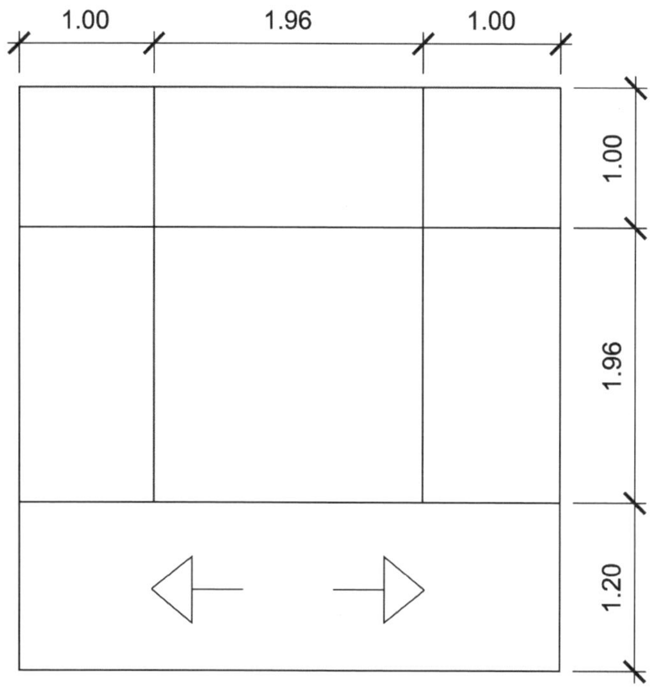

Resolución.

En principio como tenemos una losa de 196 cm / 28 cm de huella = 7 peldaños en cada una de las losas.

7 + 7 + 7 = 21 peldaños. 317 / 21 = 15,09 cm de contrahuella.

Comprobación = 2 x 15,09 + 28 = 58,19 NO CUMPLE.

Luego probamos con 6 peldaños por losa 196 / 6 = 32,66

6 + 6 + 6 = 18 peldaños. 317 / 18 = 17,61 cm de contrahuella.

Comprobación = 2 x 17,61 + 32,66 = 67,88 CUMPLE.

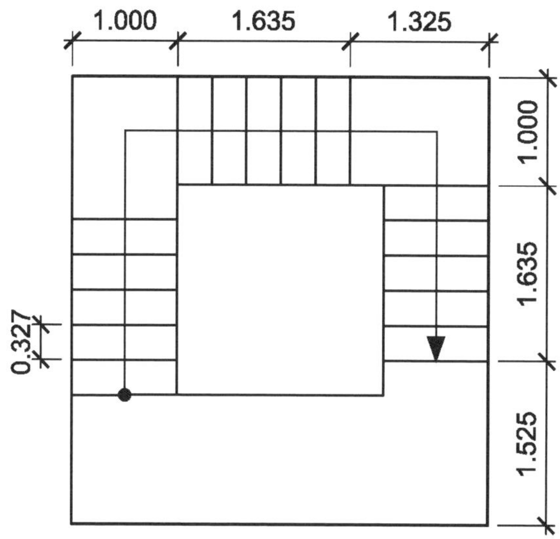

Planta de peldañeado.

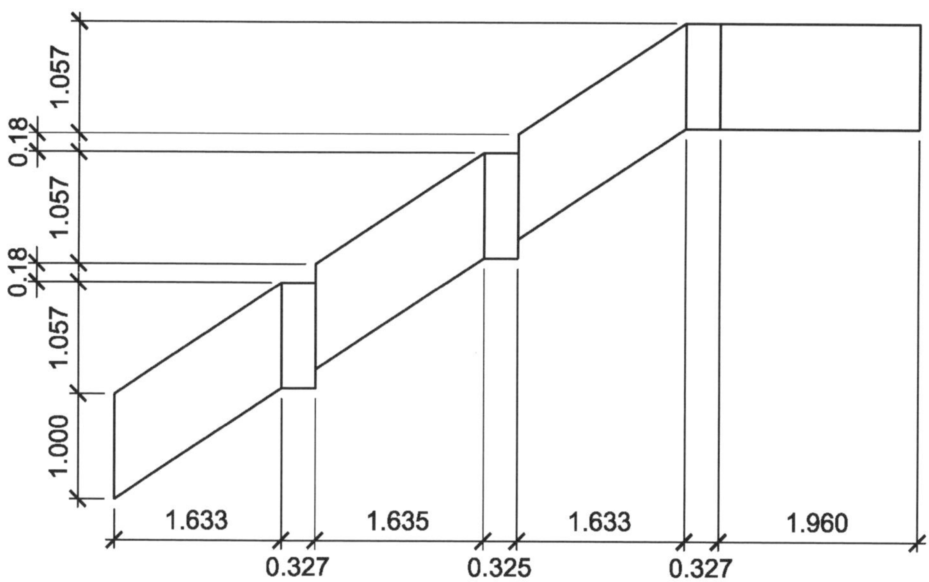

Desarrollo de la barandilla.

EJERCICIO Nº 42

De la caja de escalera del croquis que se adjunta hay que subir del primer piso al segundo con una diferencia de cota de 4,06 m.

Dibujar:

a) La planta de las losas acotada.

b) La planta de peldañeado acotada.

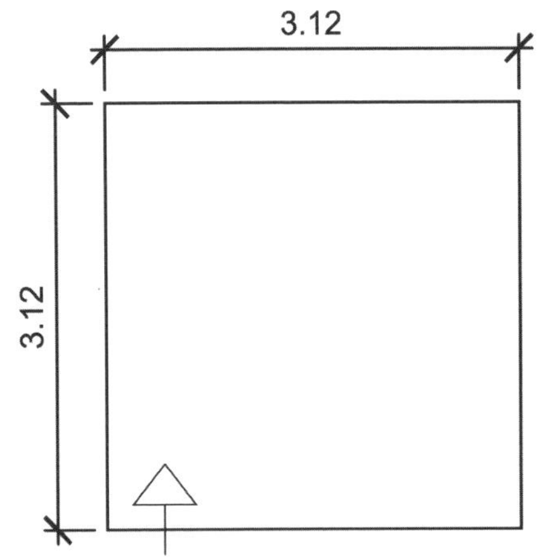

Planta Piso 1.

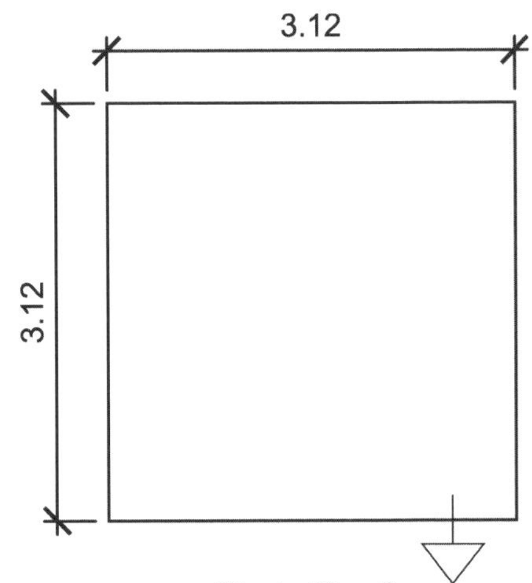

Planta Piso 2.

Resolución.

Tenemos que salvar una altura de 4,06 m de altura, por lo que vamos a probar con una tabica de 0,185 m.

De forma que: $\frac{4,06}{0,185} = 21,945$ peldaños.

Eso implica que $\frac{4,06}{22} = 0,1845\,\text{m}$ de tabica.

Probamos con una huella de 0,28 m., como debemos cumplir que 0,59 > H + (2 x T) > 0,68, con esto sacamos la huella que debemos tener para dicha tabica.

0,28 + (2 x 0,1845) = 0,649 → CUMPLE.

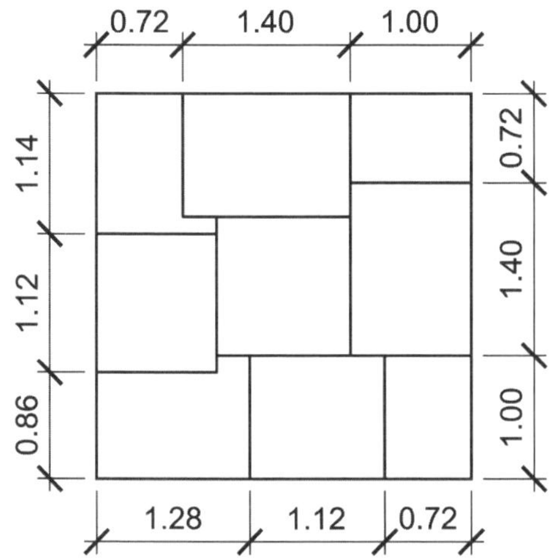

Planta Piso 1.

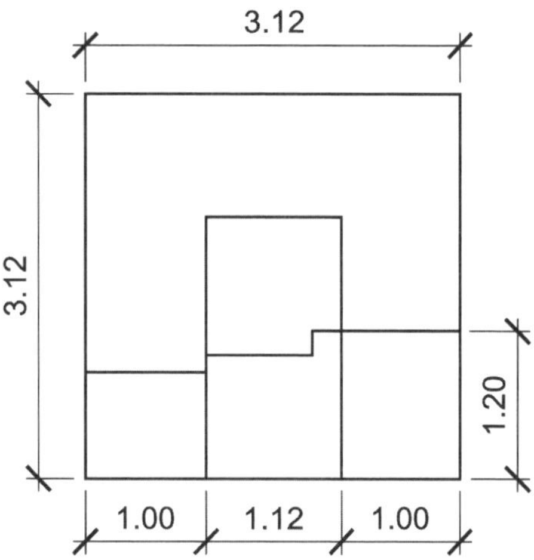

Planta Piso 2.

Plantas de losa.

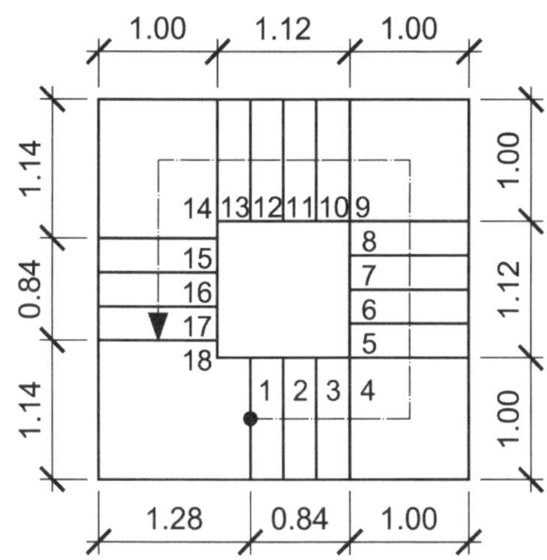

Planta Piso 1.

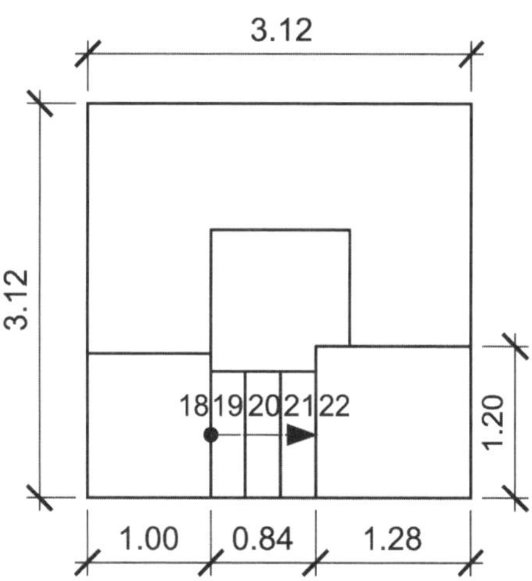

Planta Piso 2.

Plantas de peldañeado.

EJERCICIO Nº 43

Con las dimensiones y alturas entre plantas del croquis de la caja de escalera adjunto, para un edificio de planta baja y 2 plantas pisos se pide:

Calcular:

a) **El número de peldaños.**
b) **Las dimensiones de huella y contrahuella.**

Dibujar:

c) **Las plantas del peldañeado.**
d) **Las plantas de las losas.**

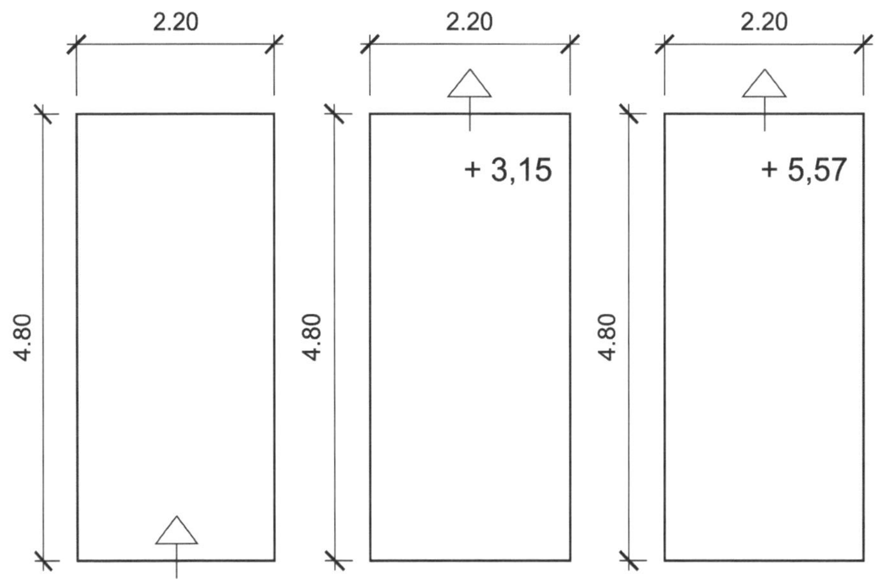

Planta Piso 1. Planta Piso 2. Planta Piso 3.

Resolución.

Tenemos que salvar en el primer tramo una altura de 3,15 m. de altura, por lo que vamos a probar con una tabica de 0,185 m.

De forma que: $\frac{3,15}{0,185} = 17,027$ peldaños.

Eso implica que $\frac{3,15}{18} = 0,175\,\text{m}$ de tabica.

Probamos con una huella de 0,28 m, como debemos cumplir que 0,59>H+(2xT)>0,68, con esto sacamos la huella que debemos tener para dicha tabica.

0,28 + (2 x 0,175) = 0,63 → CUMPLE.

En el segundo tramo tenemos una altura de (5,57-3,15) = 2,42 m, por lo que vamos a probar con una tabica de 0,185 m.

De forma que: $\frac{2,42}{0,185} = \mathbf{13,081}$ peldaños.

Eso implica que $\frac{2,42}{14} = \mathbf{0,173}\,\text{m}$ de tabica.

Probamos con una huella de 0,28 m:

$0,28 + (2 \times 0,173) = 0,626 \quad \rightarrow \quad$ CUMPLE.

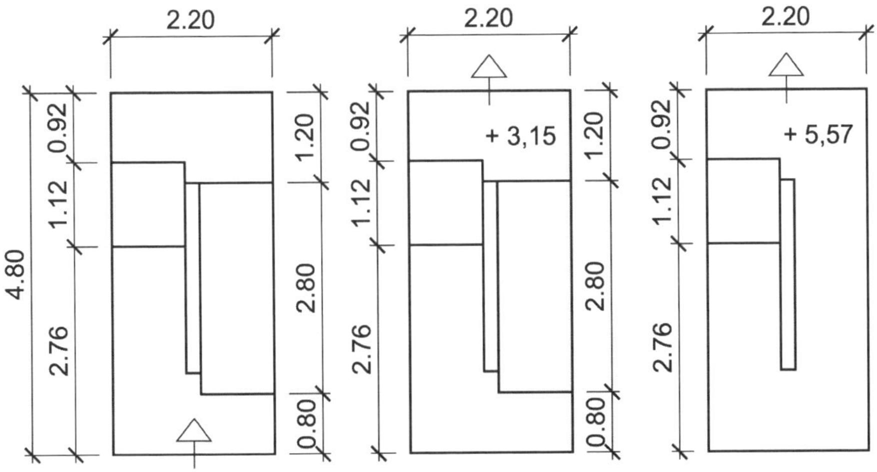

Planta Piso 1. Planta Piso 2. Planta Piso 3.

Plantas de losa.

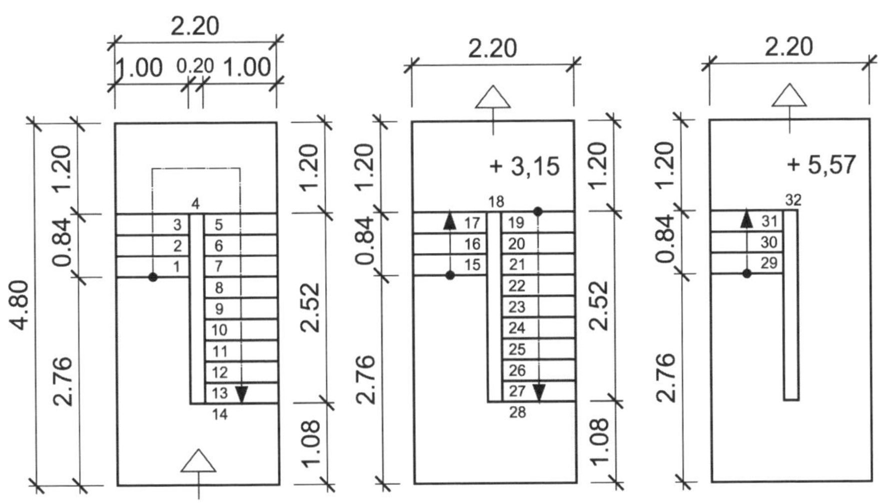

Planta Piso 1. Planta Piso 2. Planta Piso 3.

Plantas de peldañeado.

EJERCICIO Nº 44

De la caja de escalera del croquis que se adjunta, sabemos que:

- **La planta piso 1º se encuentra a +3,24 m.**
- **La planta piso 2º se encuentra a +6,12 m.**
- **La planta piso 3º se encuentra a +9,18 m.**

Calcular y dibujar:

a) Las plantas del peldañeado.
b) Las plantas de las losas.
c) El desarrollo de la barandilla por el ojo de la escalera

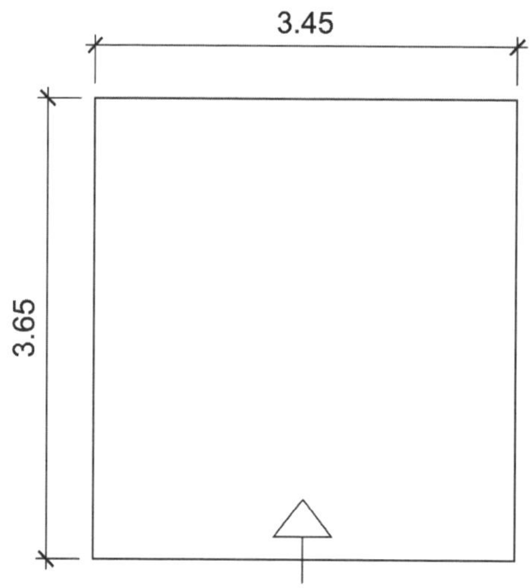

Planta Piso 1.

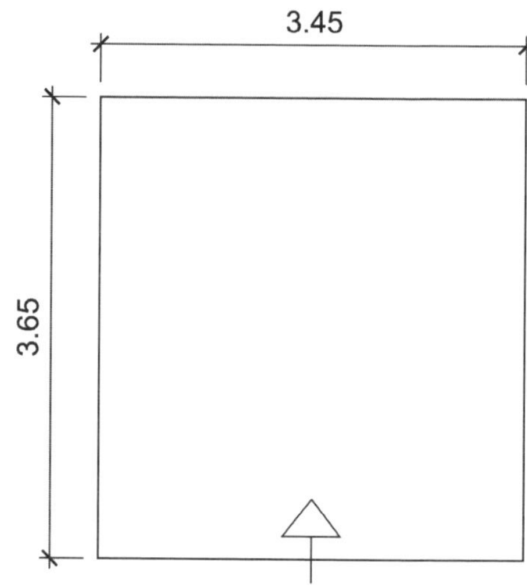

Planta Piso 1, 2 y 3.

Resolución.

Del 1º al 2º piso hay una diferencia de altura de: 6,12 – 3,24 = 2,88 m.
Del 2º al 3º piso hay una diferencia de altura de: 9,18 – 6,12 = 3,06 m.
De la planta baja al piso 1º hay que subir 324 / 18 = 18 peldaños.
Luego del 1º al 2º tengo que subir 288 / 18 = 16 peldaños de 18 cm.
Y del 2º al 3º tengo que subir 306 / 18 = 17 peldaños de 18 cm.

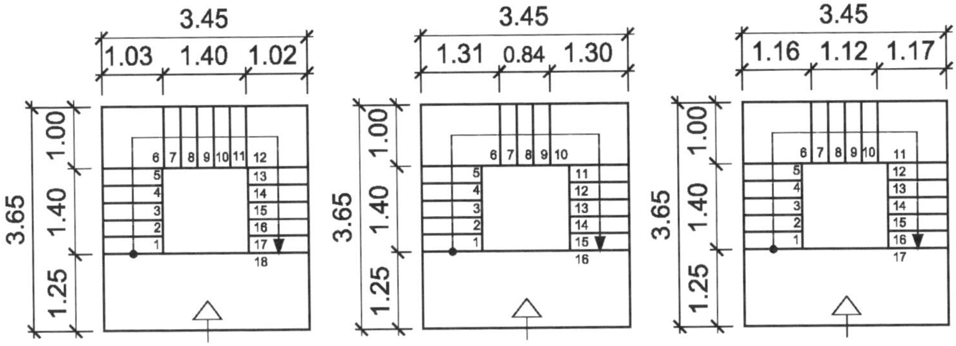

Planta Piso 1. Planta Piso 2. Planta Piso 3.

Plantas de peldañeado.

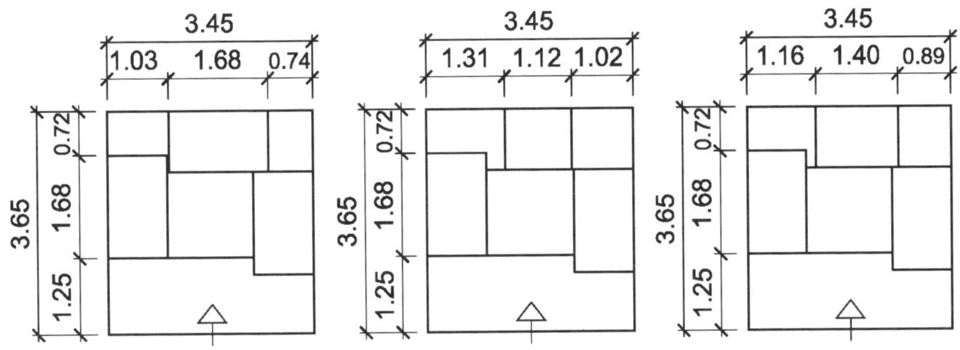

Planta Piso 1. Planta Piso 2. Planta Piso 3.

Plantas de losa.

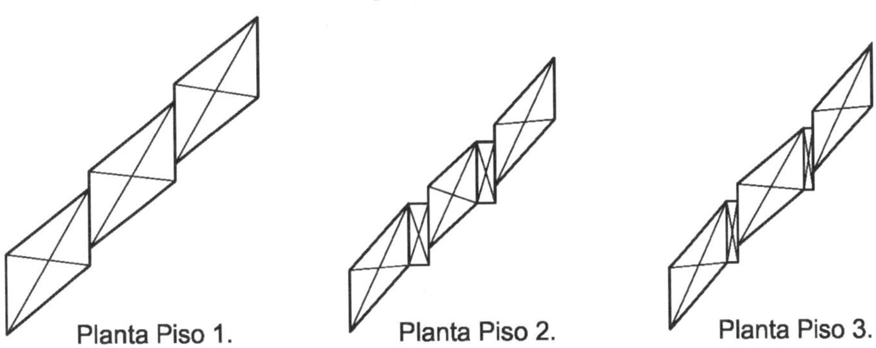

Planta Piso 1. Planta Piso 2. Planta Piso 3.

Desarrollo de las barandillas

Ejercicio nº 45

El esquema adjunto corresponde a la caja de escalera de un edificio.

Sabiendo que la altura a salvar desde la planta segunda a la tercera es de +10,08 m y la contrahuella de 18 cm.

Dibujar:

a) La planta del peldañeado y losa.

b) El desarrollo interior de la barandilla.

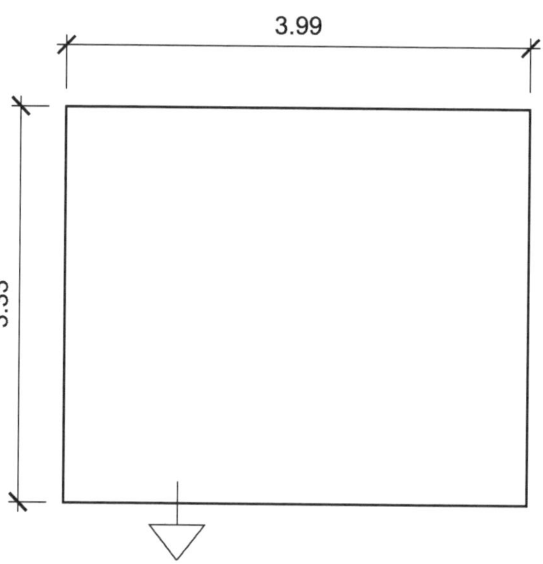

Planta Piso 2 y 3.

Resolución.

El número de peldaños será:

10,08 / 0,18 = 56 peldaños.

Los peldaños los repartiremos en los siguientes tramos:

(5 + 4 + 5) x 4 = 56 peldaños.

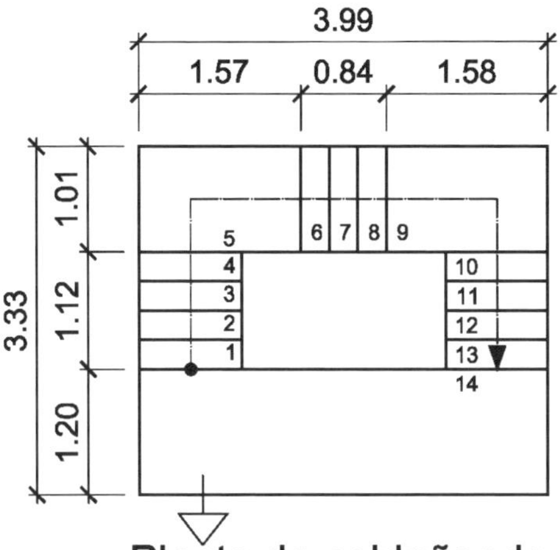

Planta de peldañeado.

Pisos 2 y 3 (4 tramos iguales).

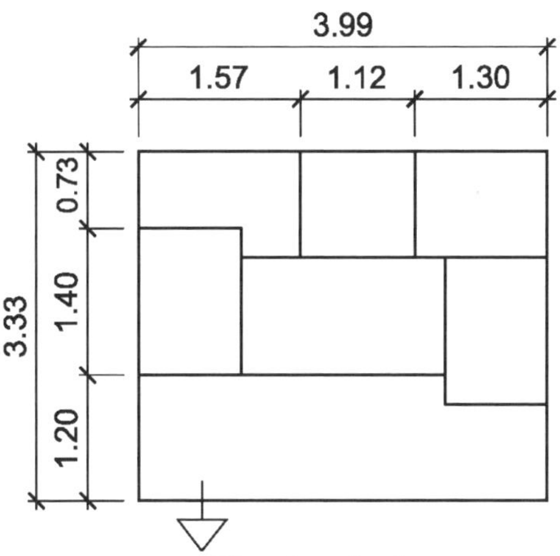

Planta de losa.

Pisos 2 y 3 (4 tramos iguales).

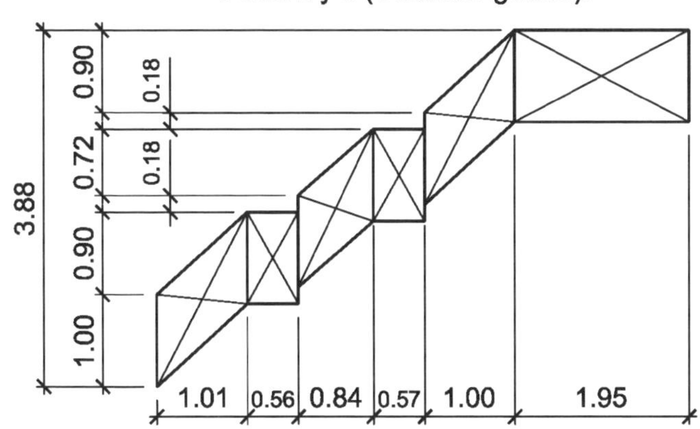

Desarrollo de la barandilla.

EJERCICIO Nº 46

Del croquis de la losa de la escalera que se adjunta se pide:

Calcular:

a) **El número de peldaños.**

b) **Las dimensiones de huella y contrahuella.**

Dibujar:

c) **Las plantas de las losas.**

d) **Las plantas del peldañeado.**

e) **El desarrollo de la barandilla por el ojo de la escalera.**

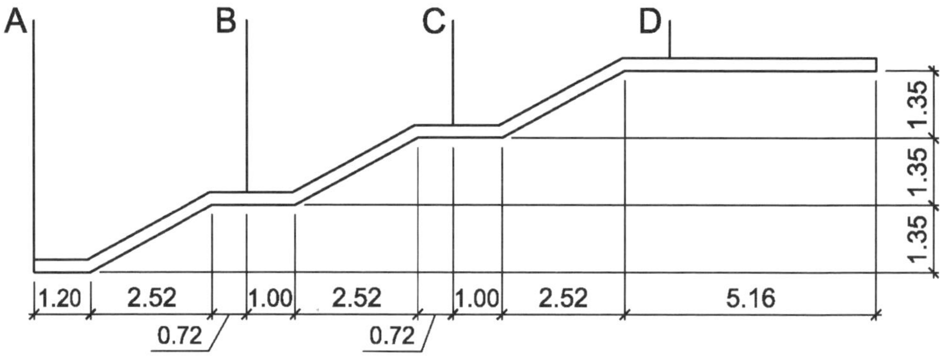

Resolución.

Huella = 100 – 72 = 28 cm de huella.

252 / 28 = 9 peldaños.

9 + 9 + 9 = 27 peldaños.

135 + 135 + 135 = 405 cm.

405 / 27 = 15 cm de contrahuella.

Comprobación = 2x15 contrahuella + 28 huella = 58 NO CUMPLE

Para que cumpla la suma de 1 huella y 2 contrahuellas tiene que estar entre 59 y 68 cm.

Luego pruebo con menos peldaños por tramo.

252 / 8 = 31,5 de huella.

8 + 8 + 8 = 24 peldaños.

405 / 24 = 16,875 cm de contrahuella.

Comprobación = 2 x 16,875 + 31,5 = 65,25 CUMPLE

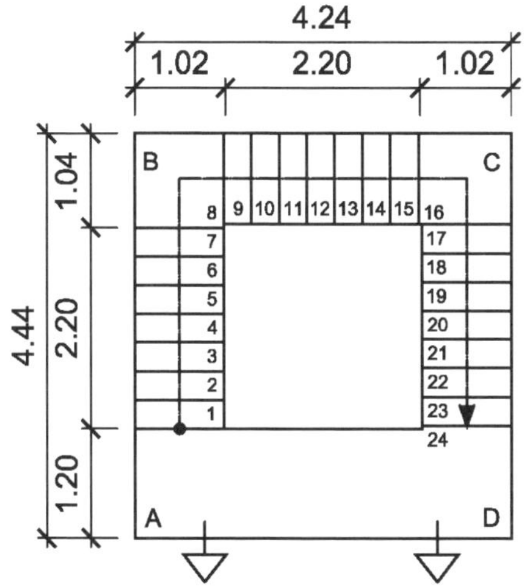

Planta Piso 1 y 2.

Planta de peldañeado.

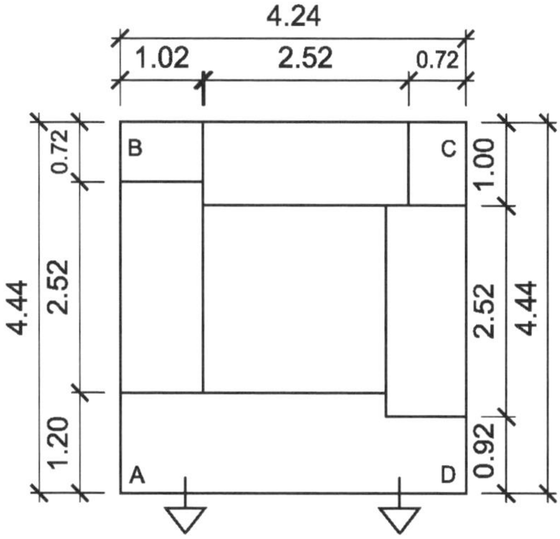

Planta Piso 1 y 2.

Planta de losa.

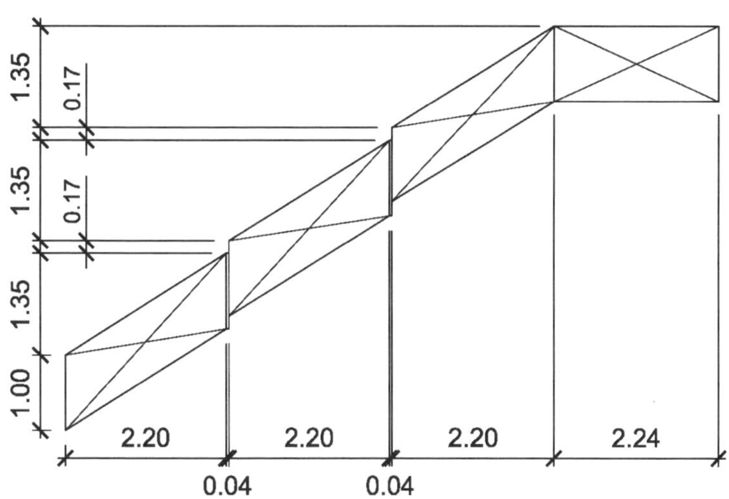

Desarrollo de la barandilla.

EJERCICIO Nº 47

Del croquis de la caja de escalera que se adjunta calcular la distancia de A y B para que la superficie de la caja de la escalera sea la mínima posible.

Dibujar la planta del peldañeado acotadas.

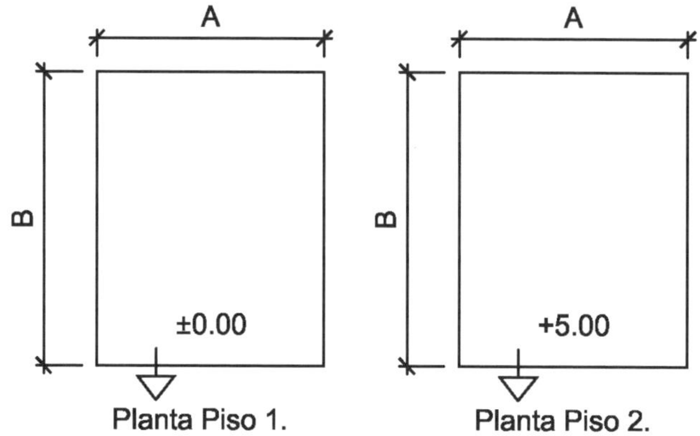

Esquemas.

Resolución.

Hay que subir en dos vueltas para que la caja sea más pequeña y para evitar la cabezada tendré que subir 28 peldaños.

Si colocamos 7 – 7 – 7 – 7 tendremos una caja de 3,88 x 2,20, cuya superficie es de 8,54 m^2.

Si colocamos 3 – 4 – 3 – 4 tendremos una caja de 2,76 x 3,04, con una superficie de 8,39 m^2.

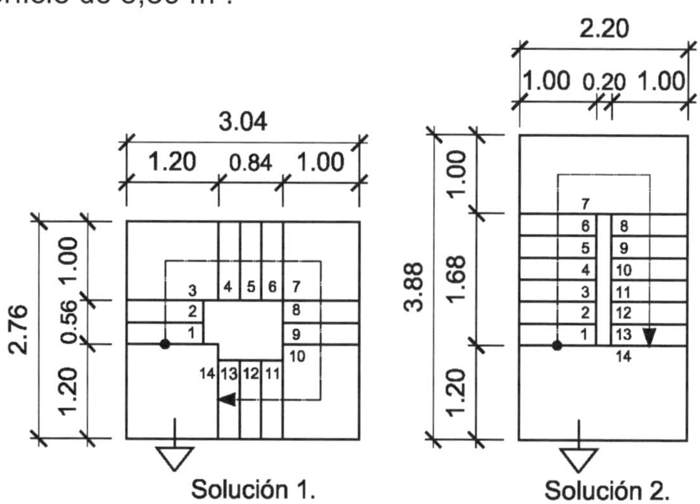

Plantas de peldañeado.

EJERCICIO Nº 48

El dibujo siguiente corresponde a la planta de un edificio que se quiere cubrir con bóvedas.

Se plantean las siguientes soluciones:

Apartado A:

Bóvedas de cañón que se cortan a distinta altura, siendo la nave central más alta que las otras, sin producirse en la intersección una bóveda de arista.

Apartado B.

Bóvedas de cañón que se cortan a la misma altura produciéndose en la intersección una bóveda de aristas.

Apartado C.

Bóvedas de cañón que se cortan a la misma altura y en la intersección de ambas una cúpula sobre pechinas

Dibujar la planta de todas las soluciones de bóvedas, y los elementos necesarios para absorber los esfuerzos horizontales.

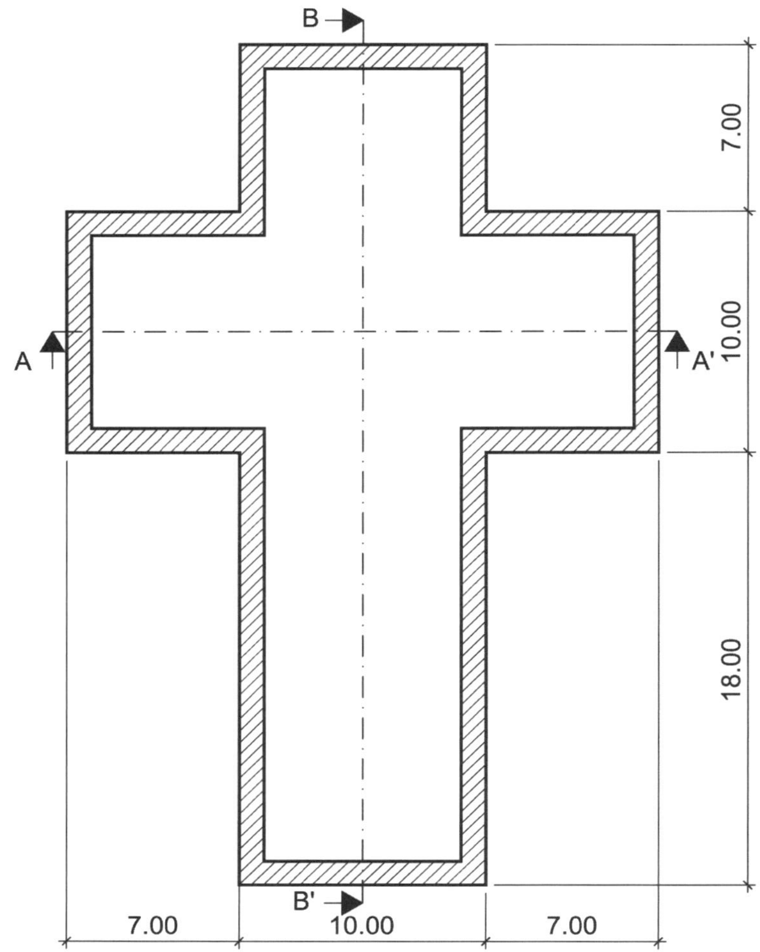

Resolución.

Apartado A.

Bóvedas de cañón a distinta altura: nave central más alta.

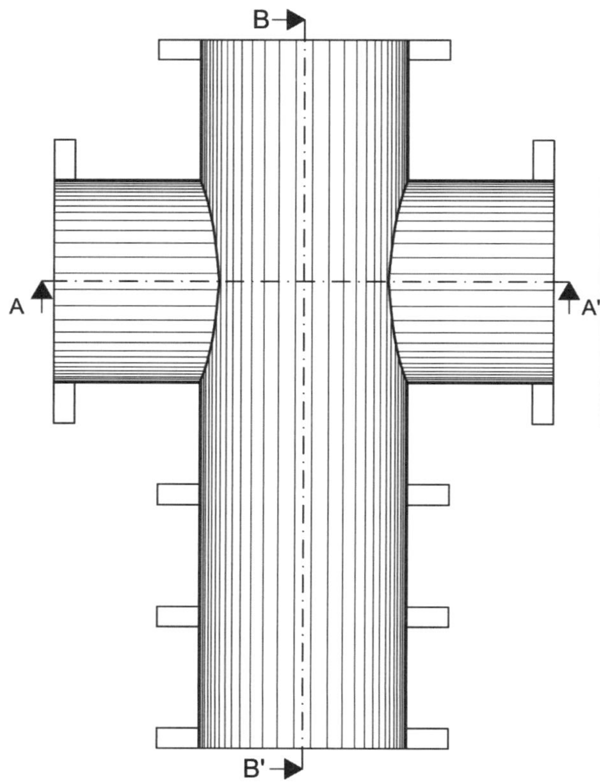

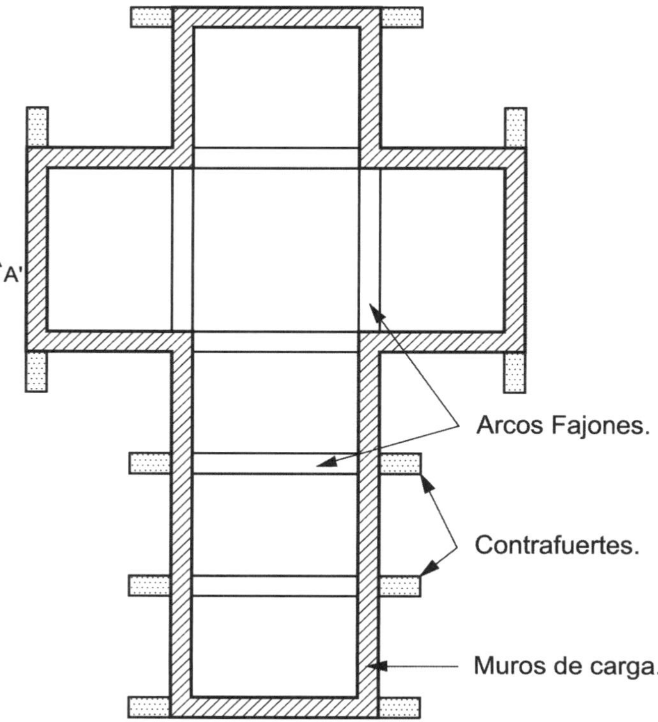

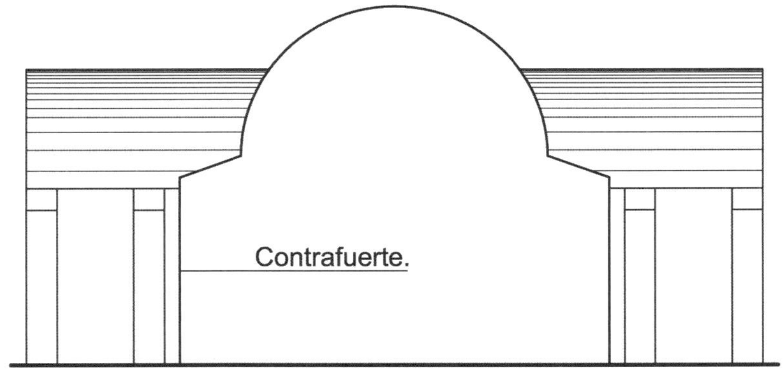

Alzado frontal.

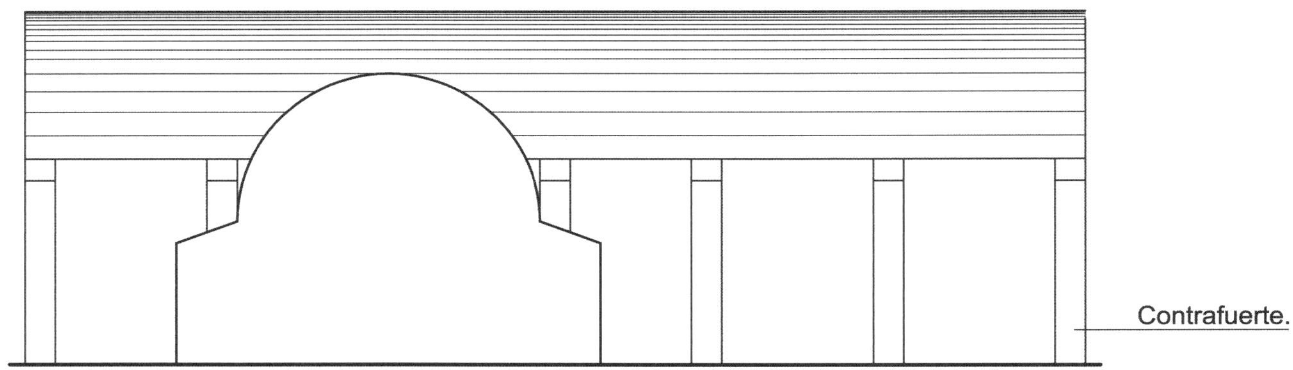

Alzado lateral.

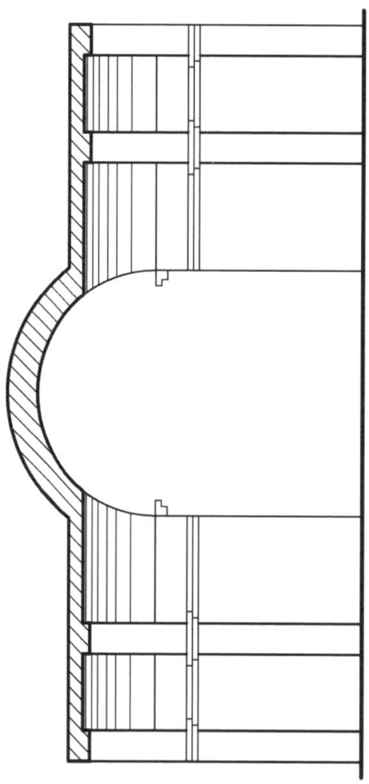

Sección A-A'.

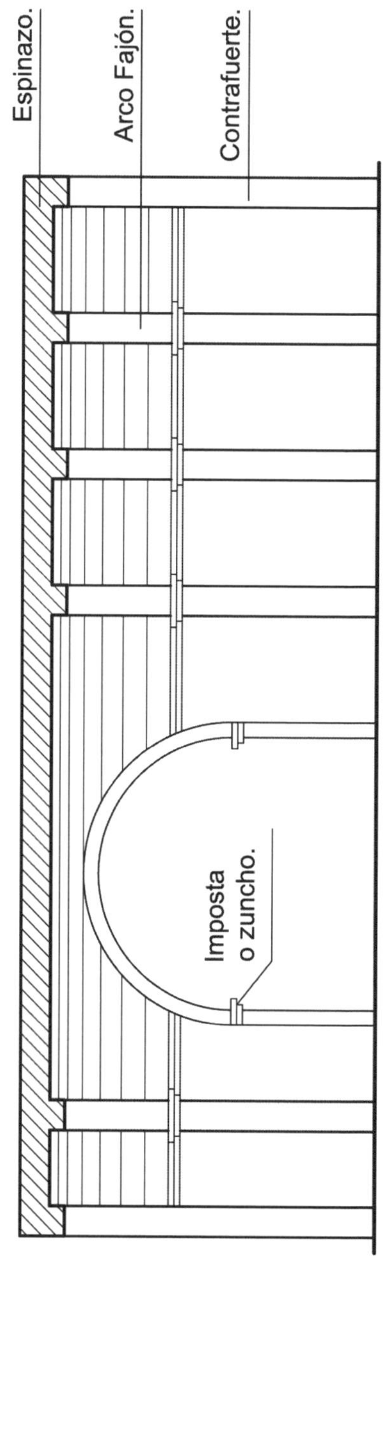

Sección B-B'.

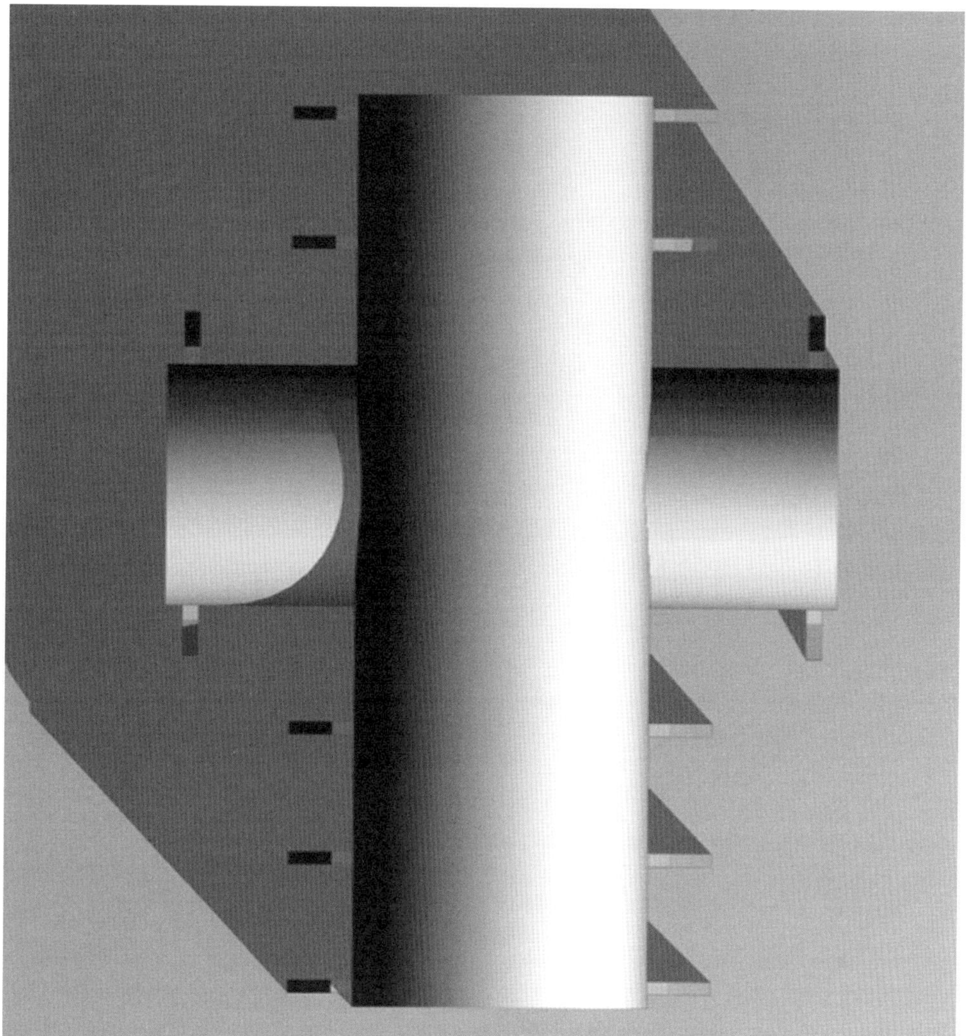

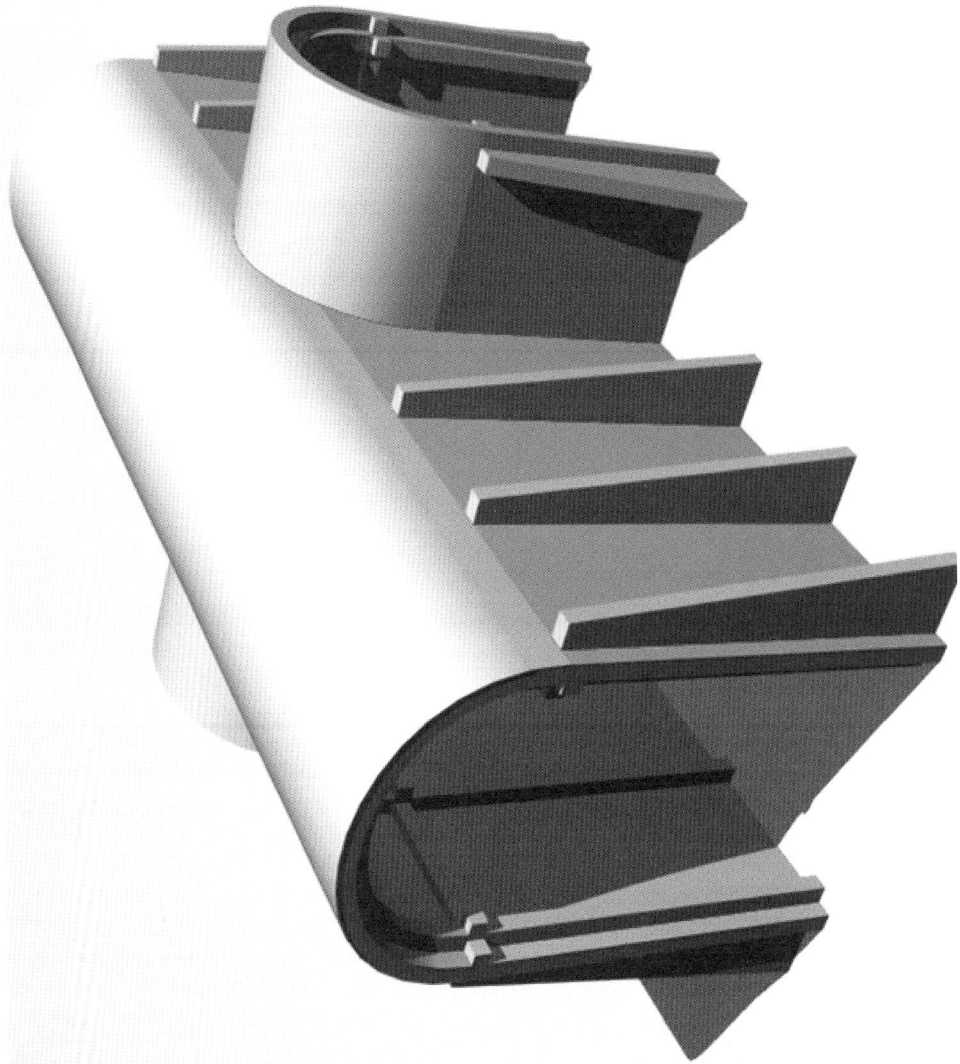

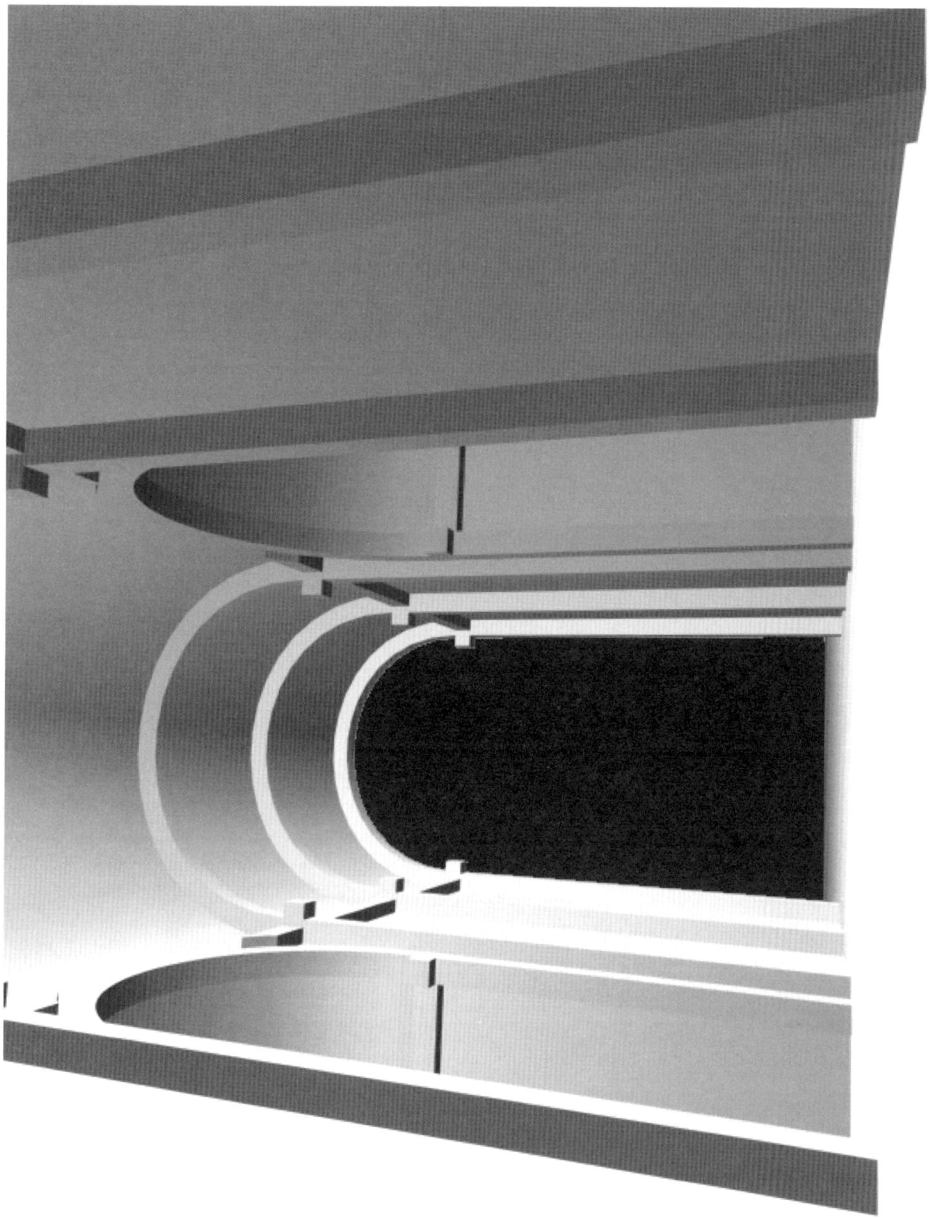

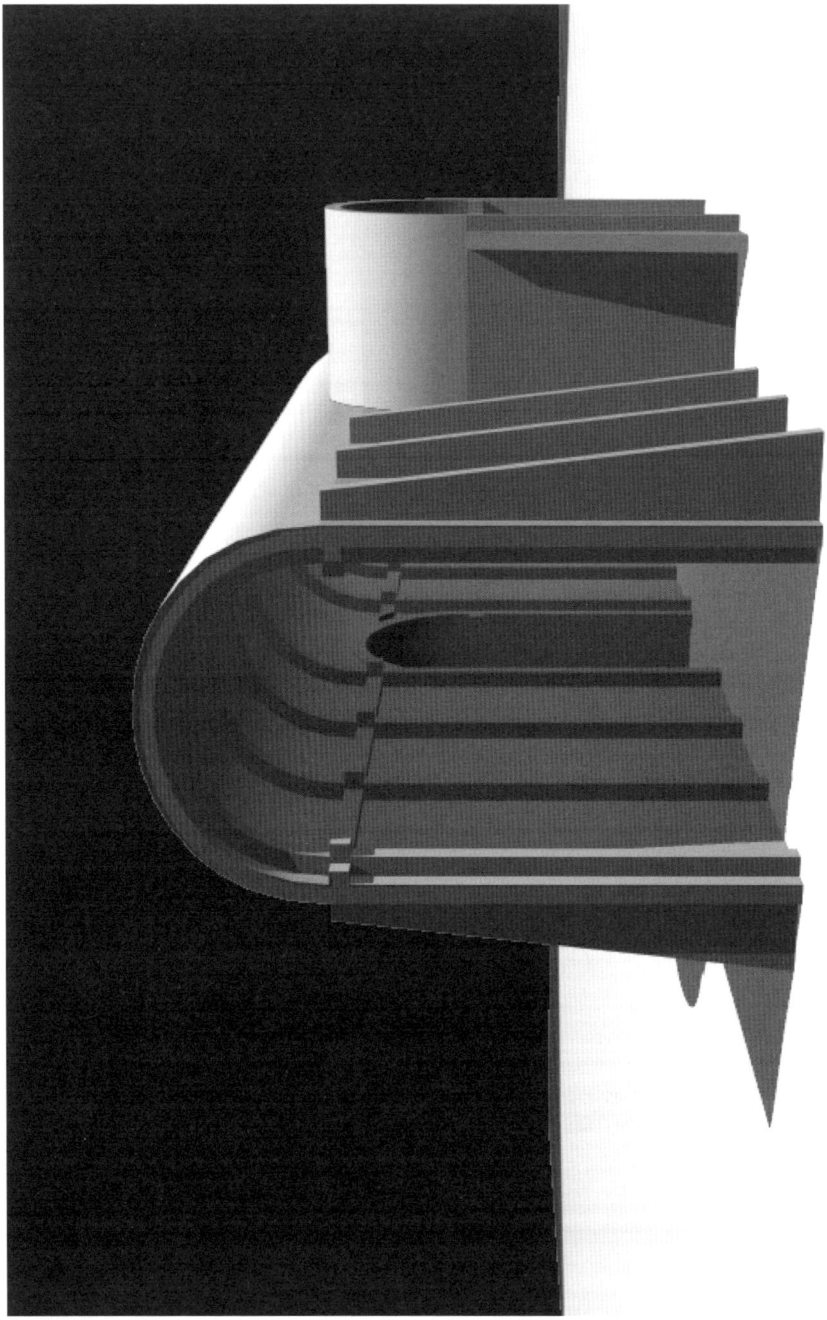

Apartado B.

Bóvedas de cañón a la misma altura.

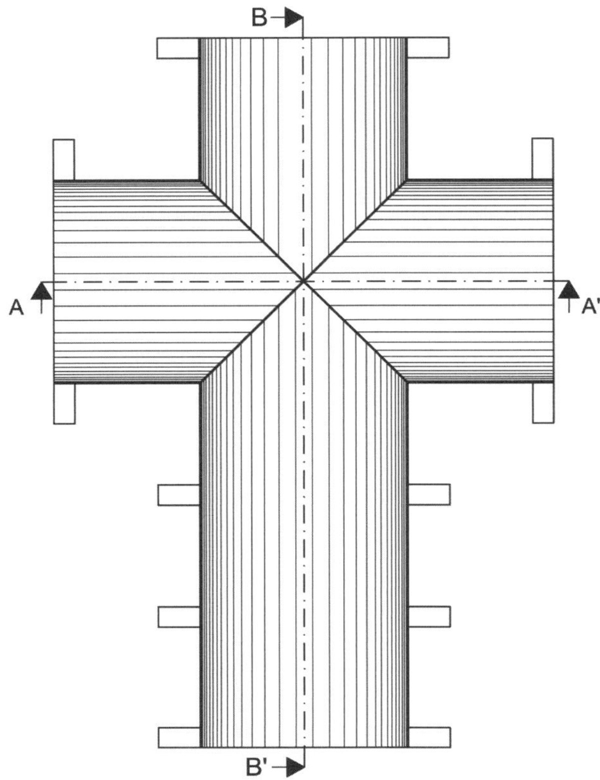

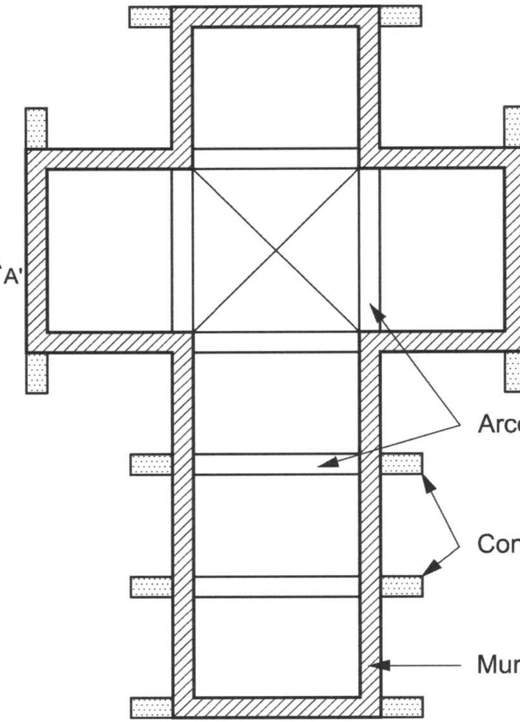

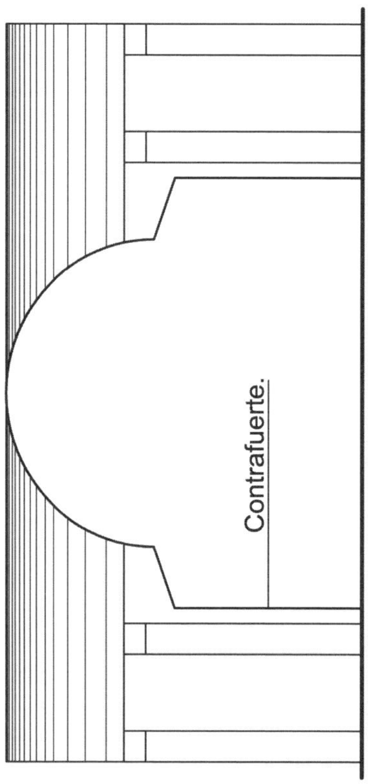

Alzado frontal.

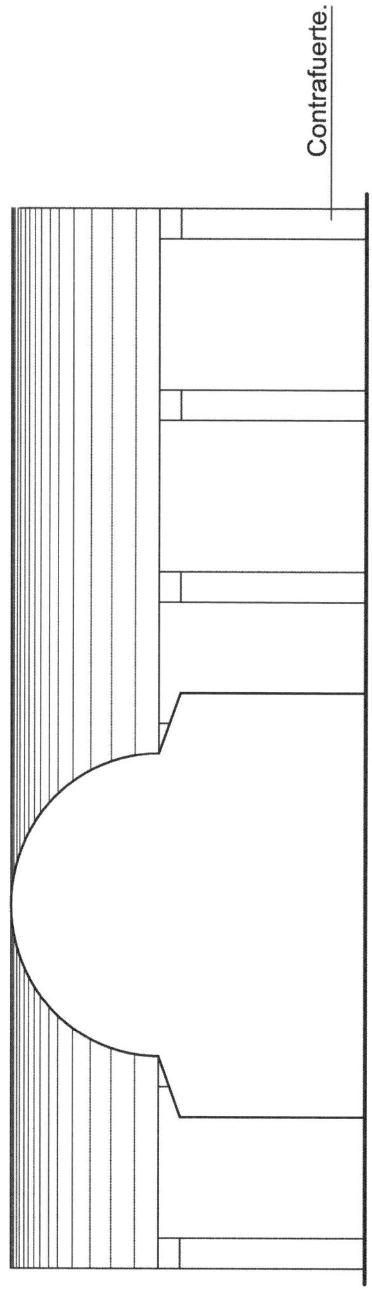

Alzado lateral.

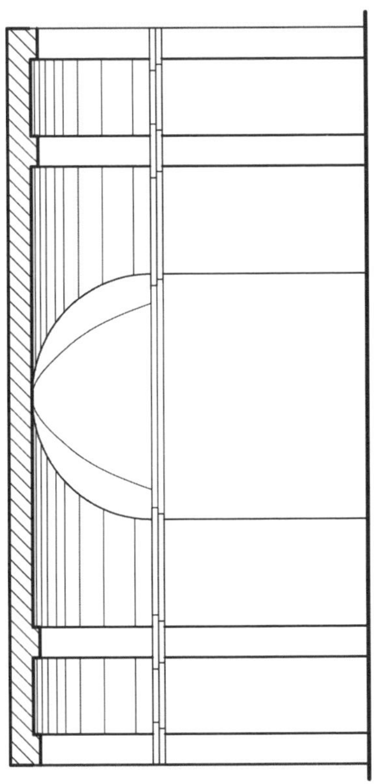

Sección A-A'.

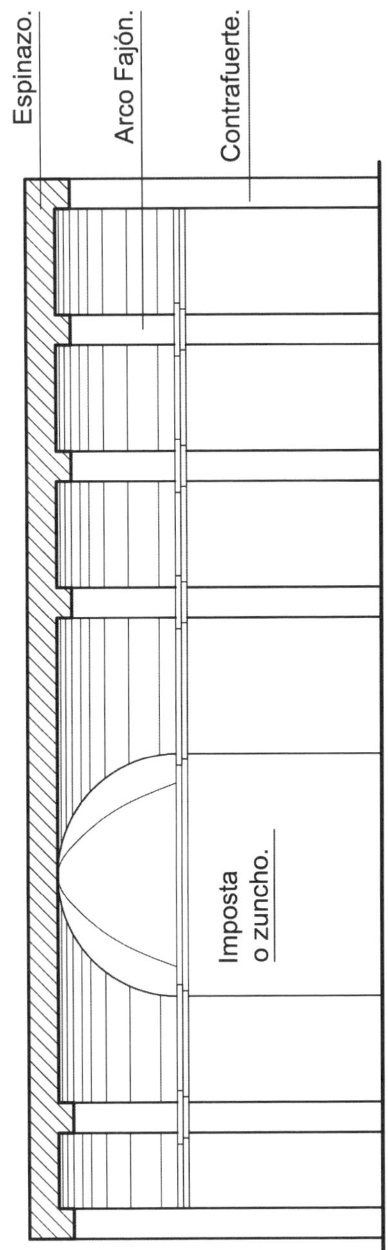

Sección B-B'.

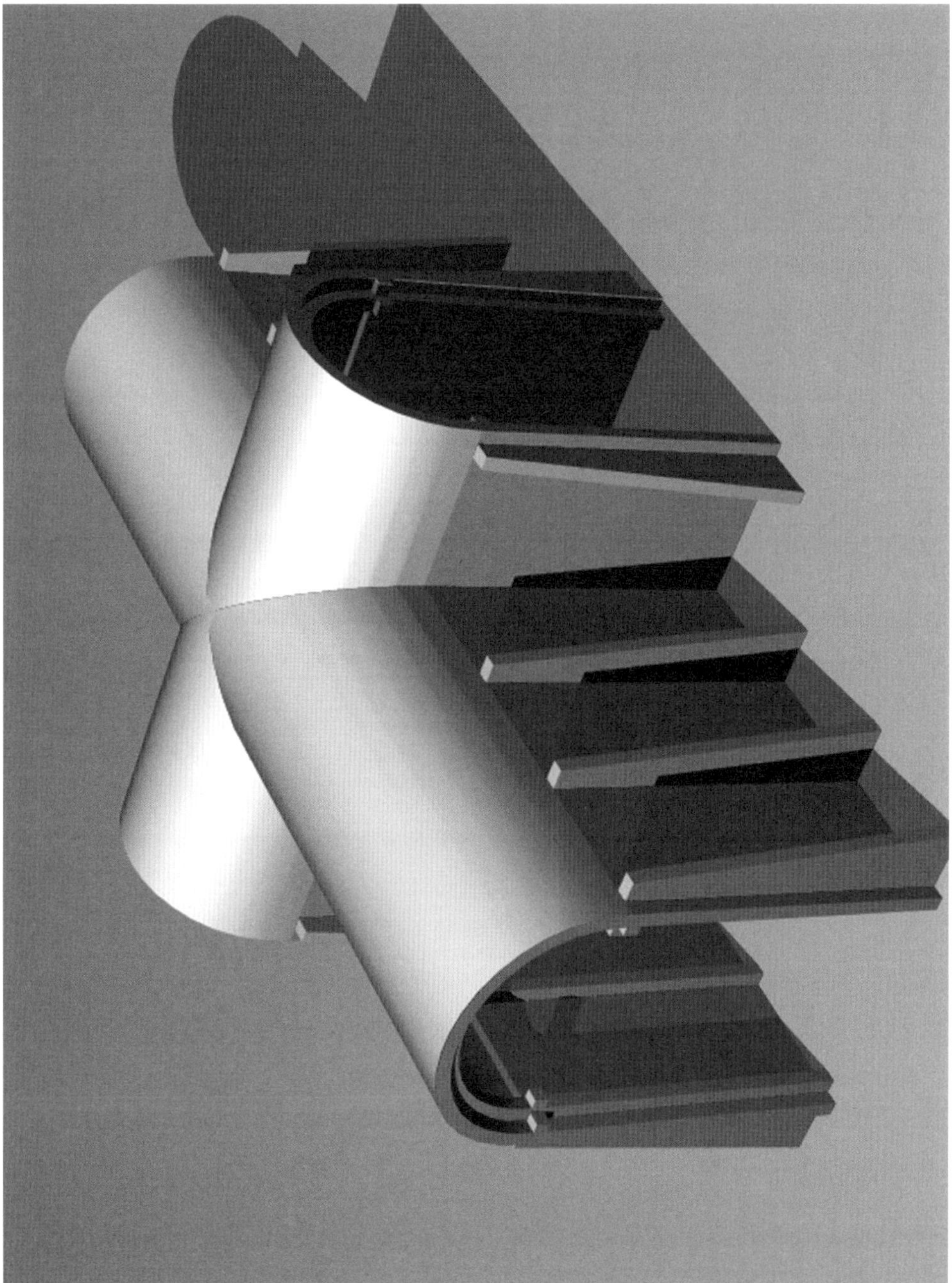

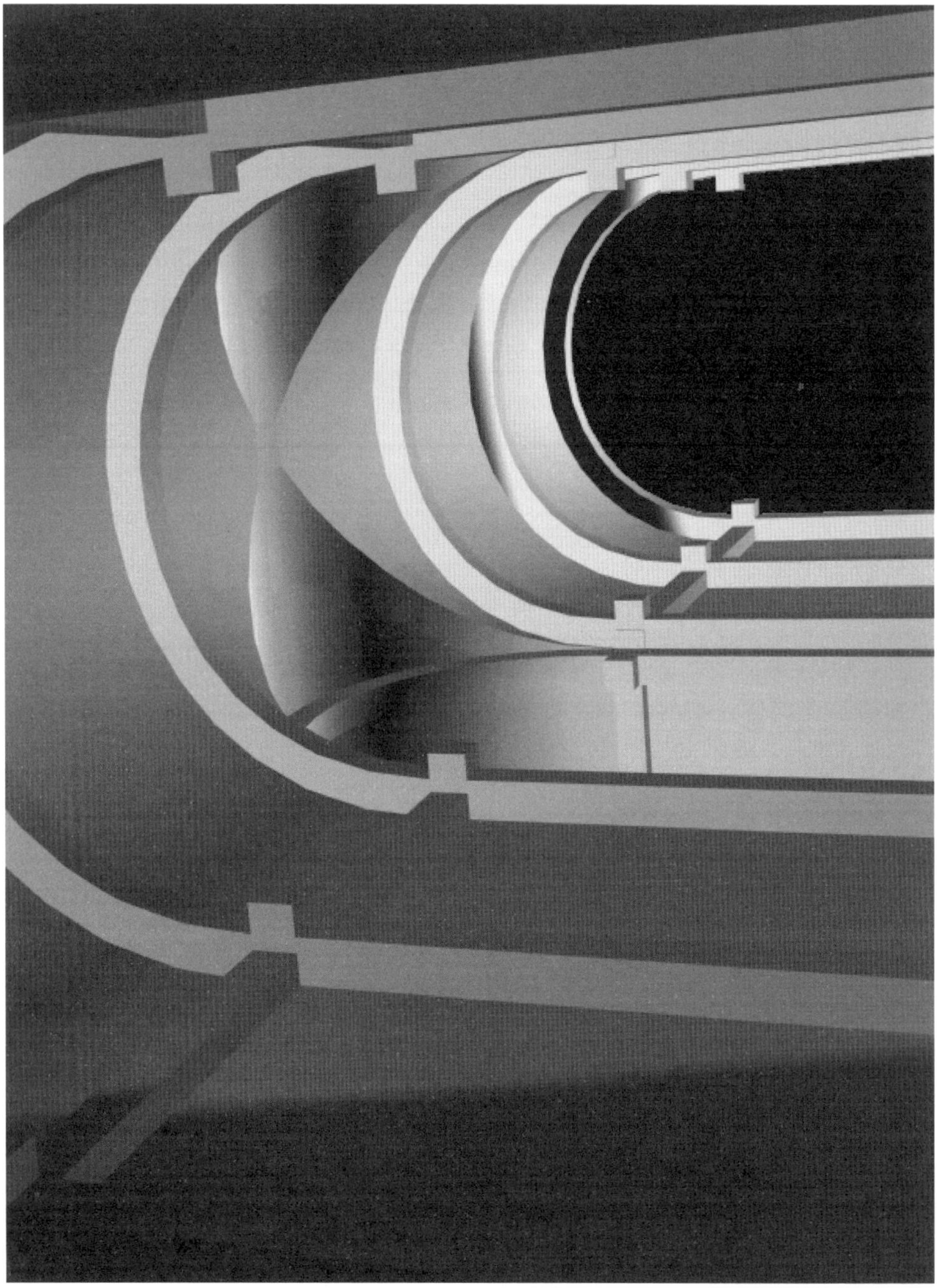

Apartado C.

Bóvedas de cañón a la misma altura y cúpula sobre pechinas.

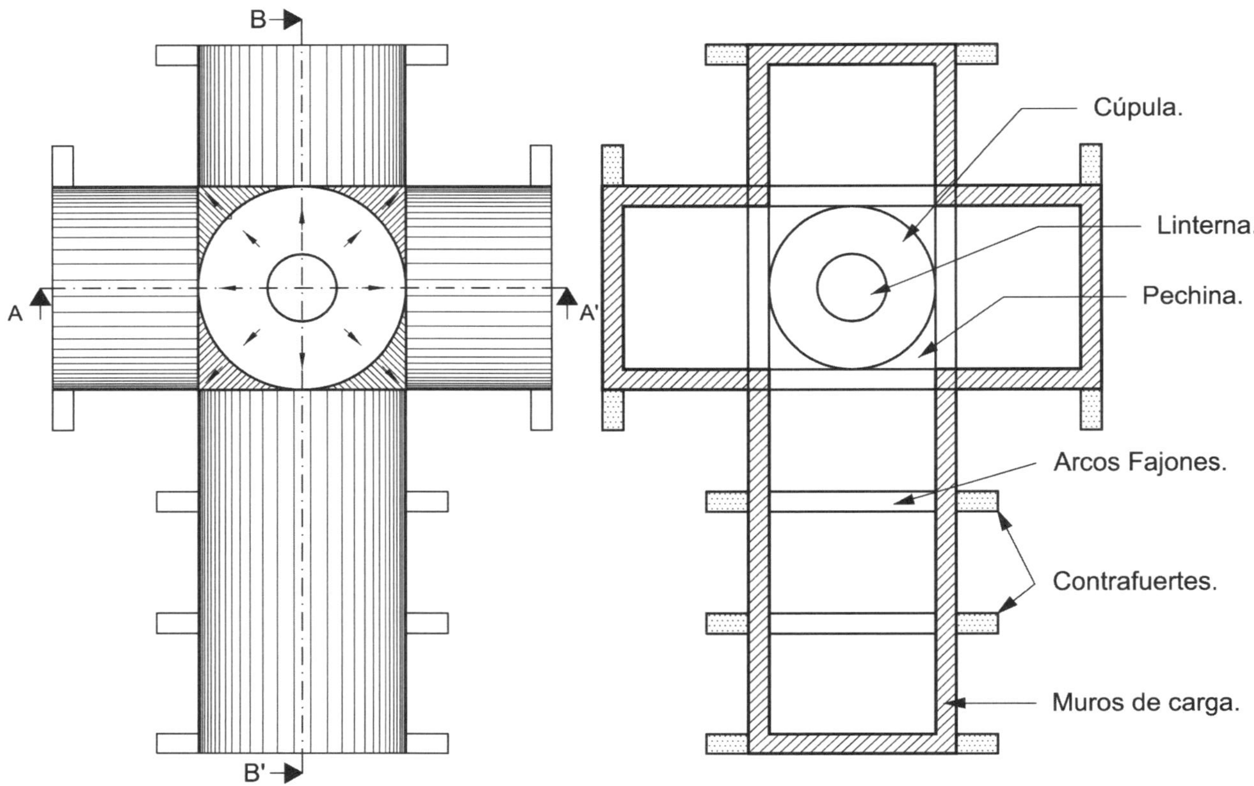

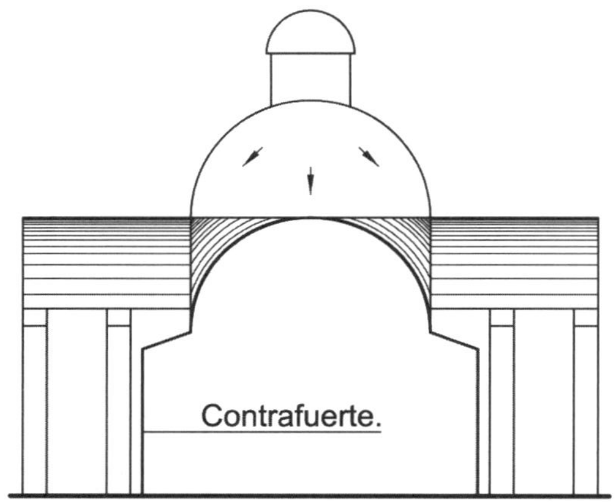

Alzado frontal.

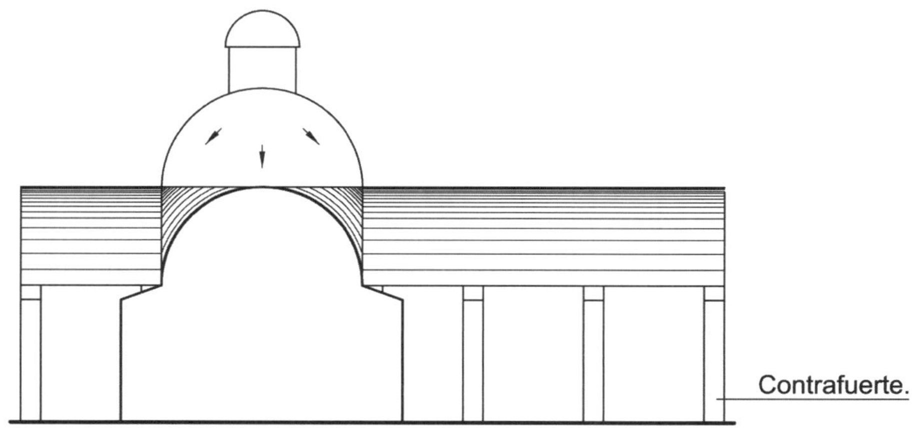

Alzado lateral.

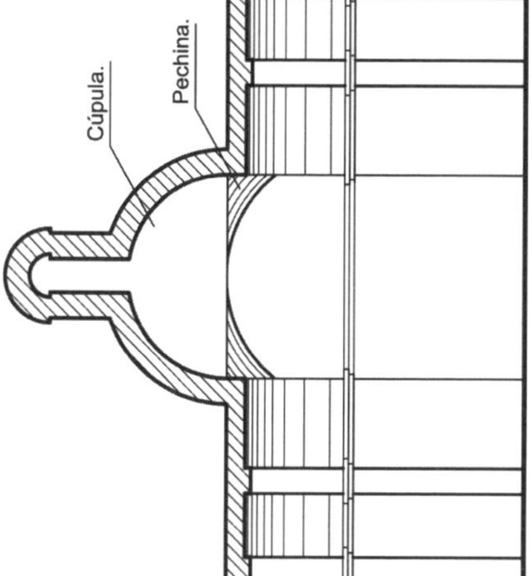

Sección A-A'.

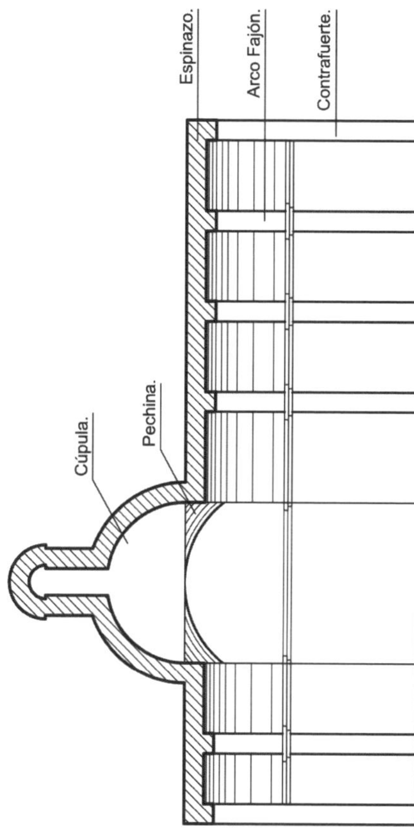

Sección B-B'.

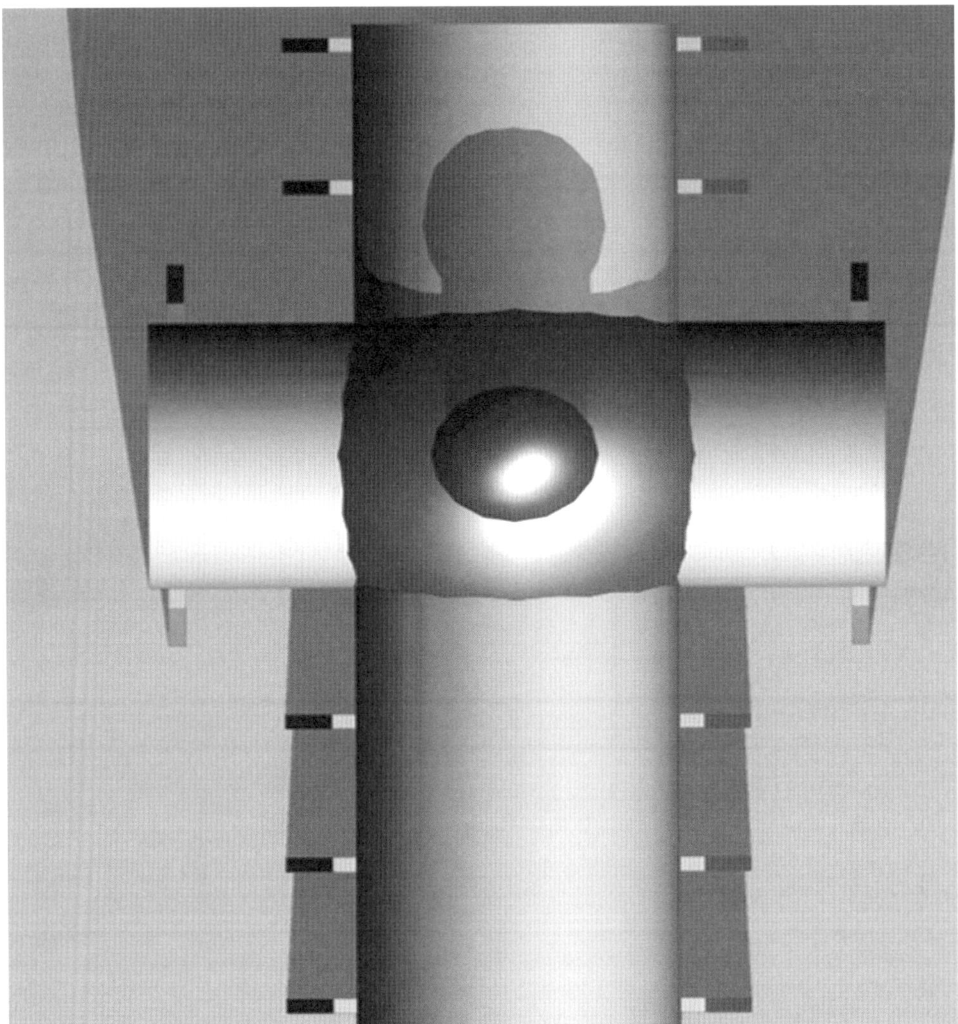

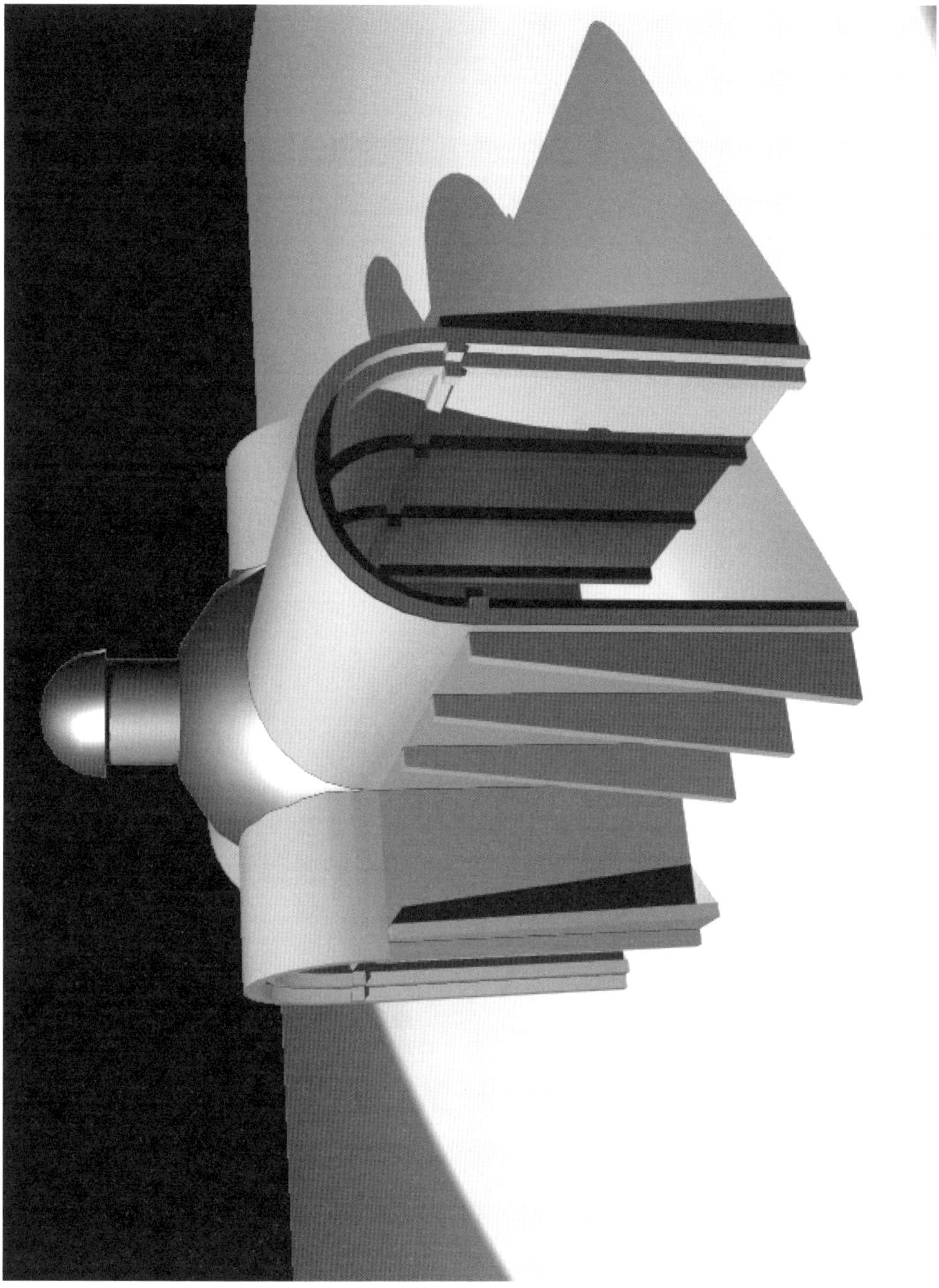

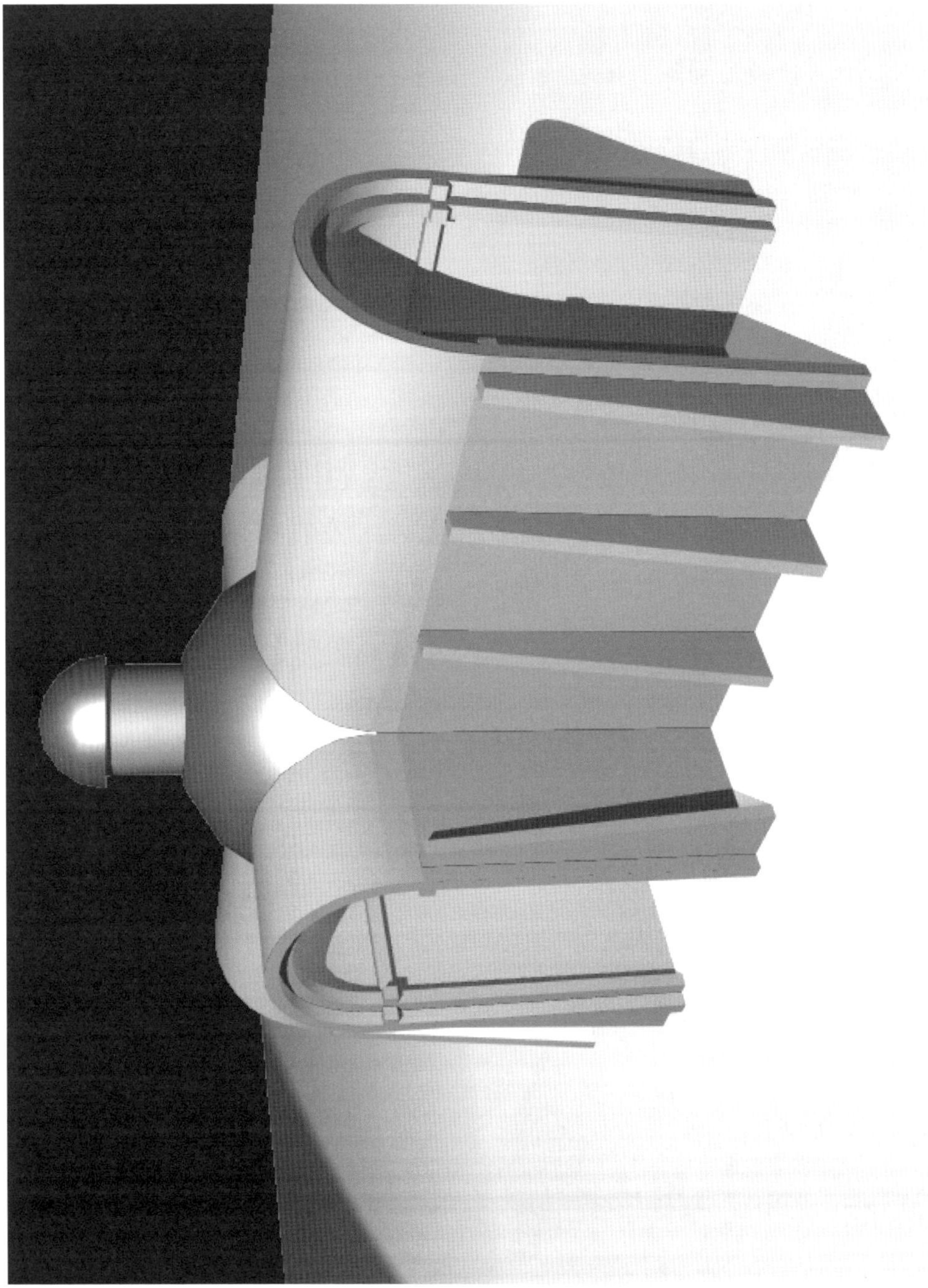

Ejercicio nº 49

El dibujo siguiente corresponde a la planta de un edificio que se quiere cubrir con bóvedas.

La solución prevista es con bóvedas de crucería en las naves y en su cruce se construirá una bóveda de rincón de claustro octogonal apoyada sobre trompas.

En el cuerpo principal se ha previsto la construcción de tres naves paralelas con bóvedas de crucería, la central mas alta y las laterales mas bajas, con la clave de las bóvedas a la altura de los arranques de la nave central.

El edificio dispone de muros de carga en todo su perímetro y pilares solo en los sitios indicados.

Dibujar la planta de todas las soluciones de bóvedas, señalando el descenso de las cargas y los elementos necesarios para absorber los esfuerzos horizontales.

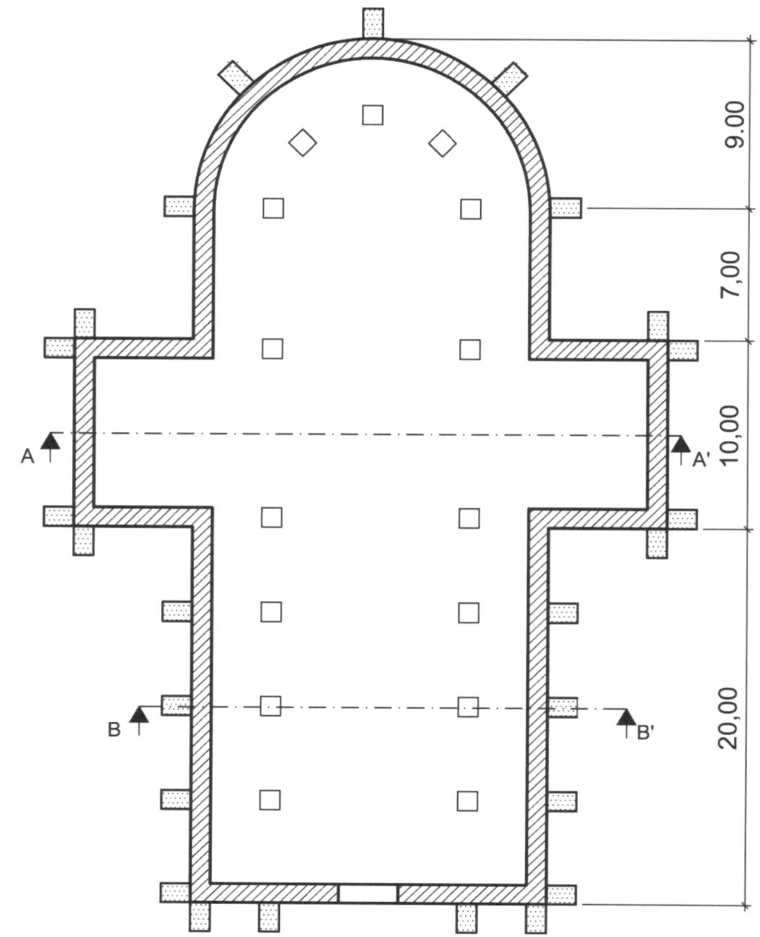

Resolución.

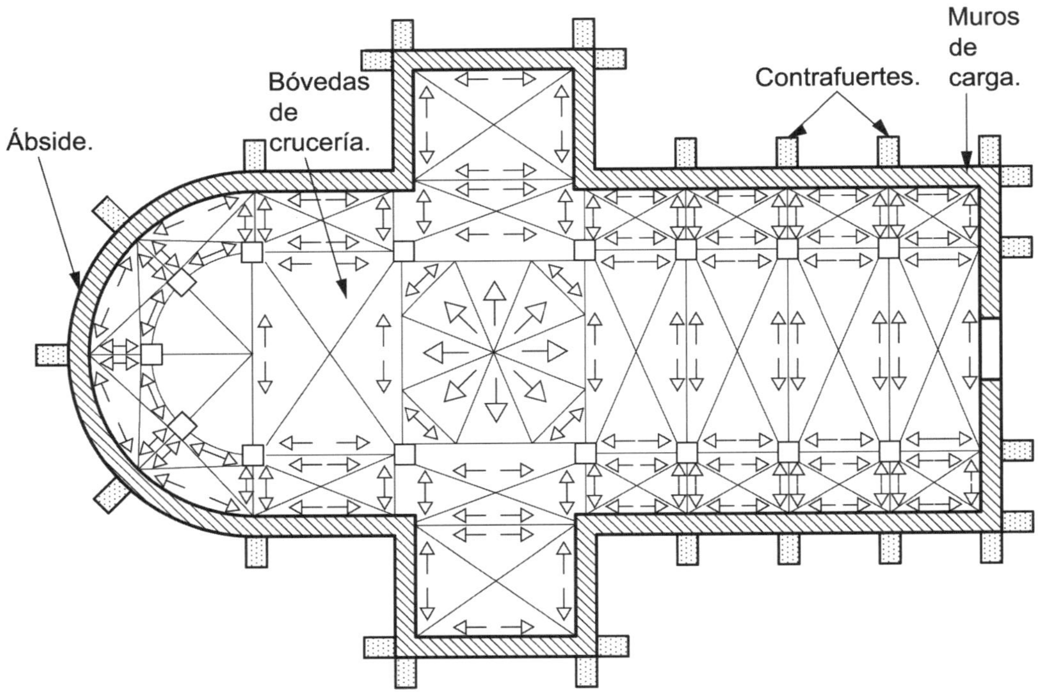

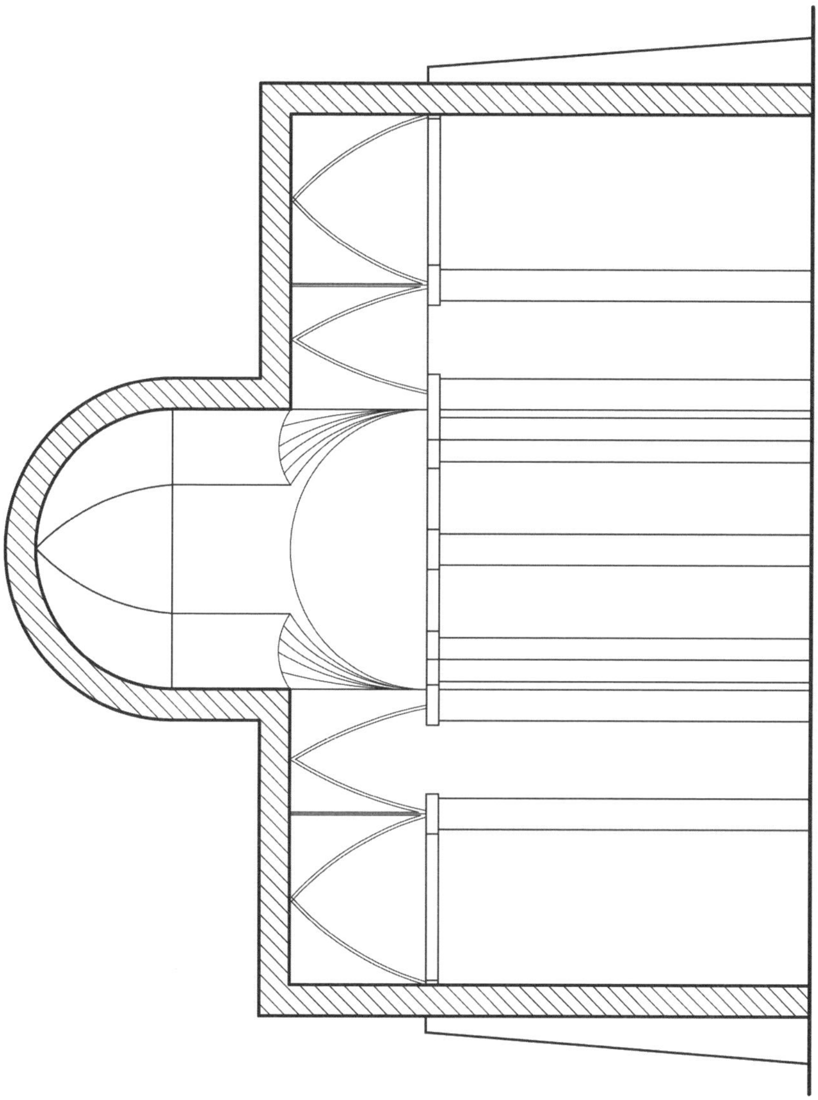

SECCIÓN A-A'

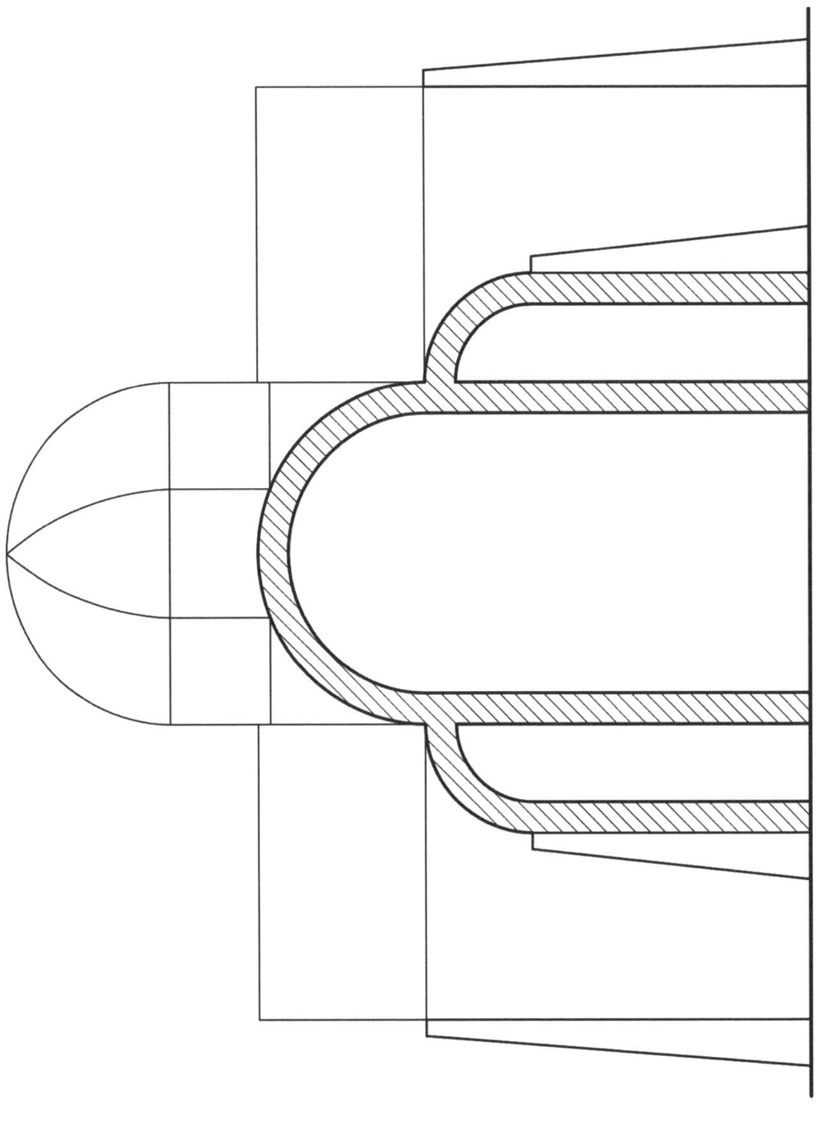

SECCIÓN B-B'

EJERCICIO Nº 50

Dibuja, indicando el descenso de cargas, la forma de cubrir una superficie triangular y otra pentagonal con:

a) Una bóveda bizantina.
b) Una bóveda vaida.
c) Una bóveda de rincón de claustro.
d) Una bóveda por aristas.

Resolución.

Apartado A: Bóveda Bizantina.

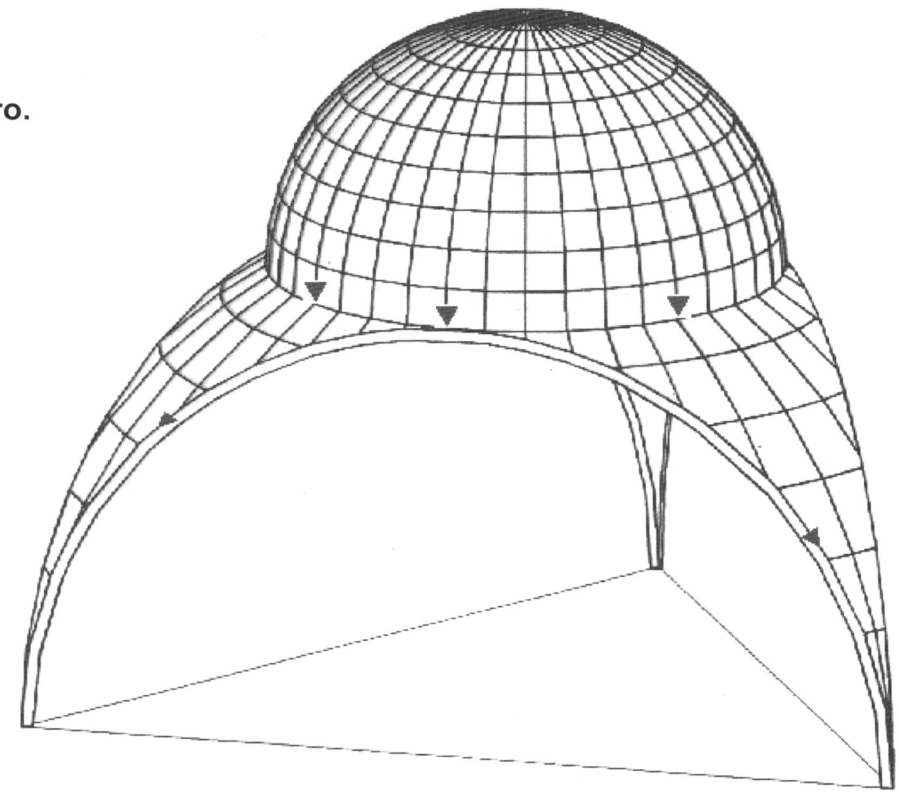

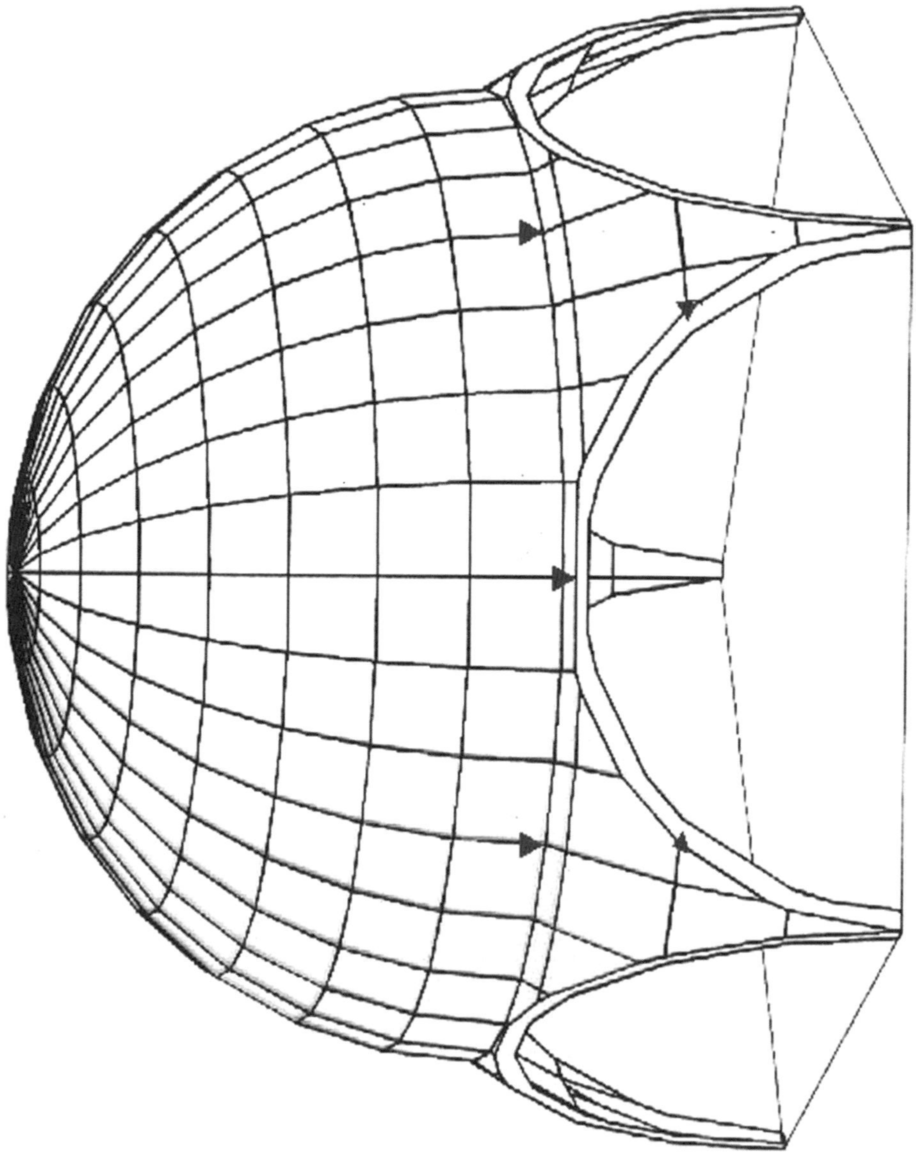

Apartado B: Bóveda Vaída.

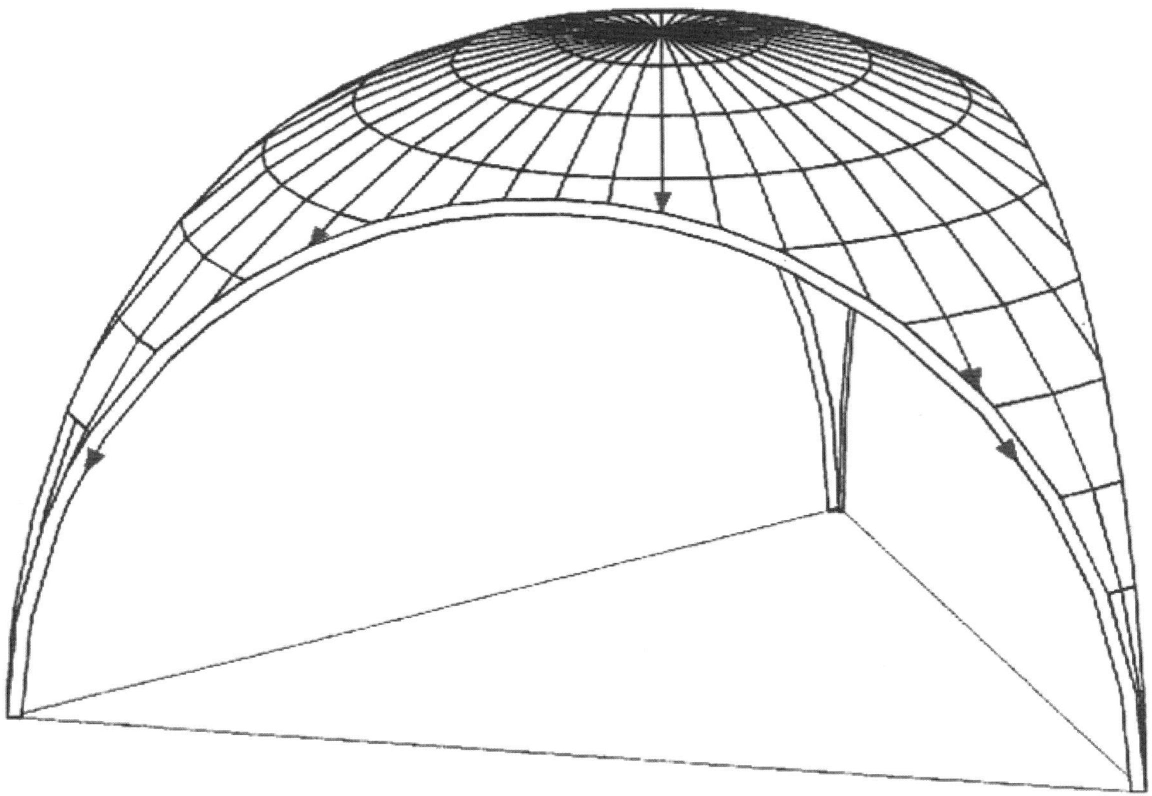

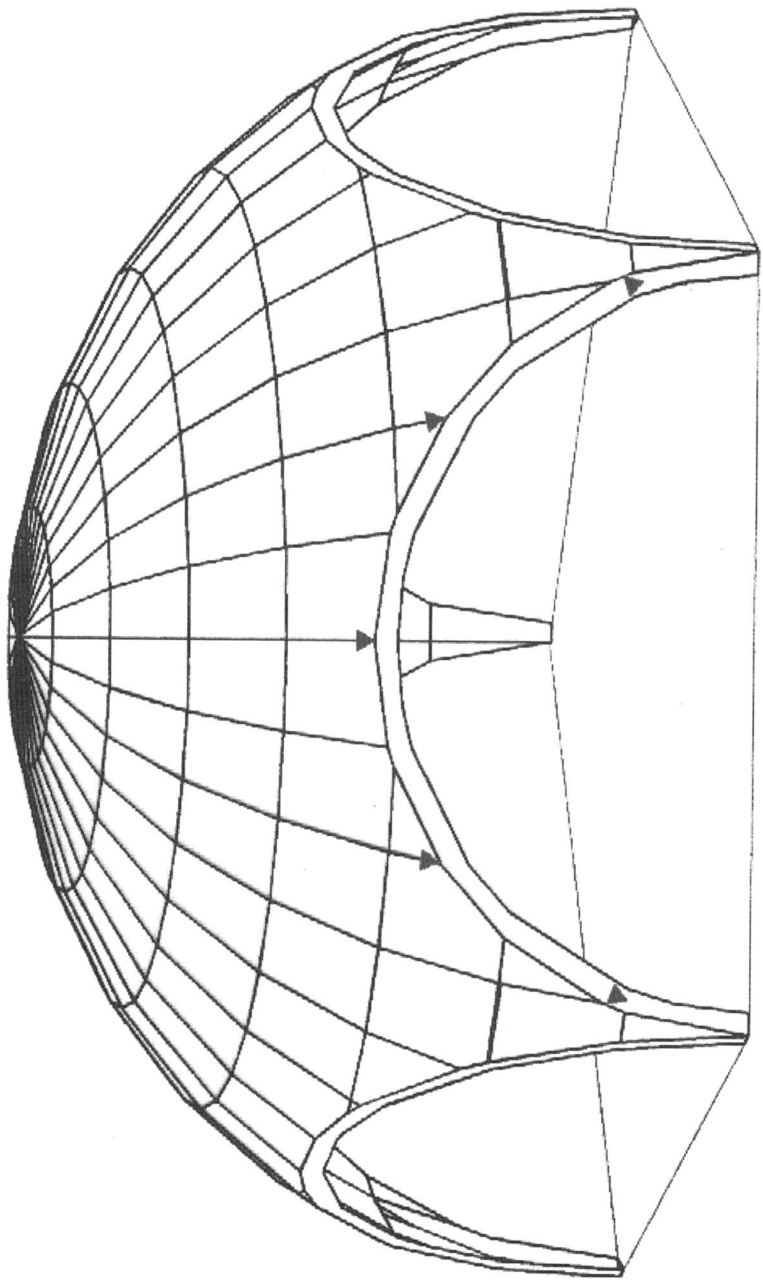

Apartado C: Bóveda de Rincón de Claustro.

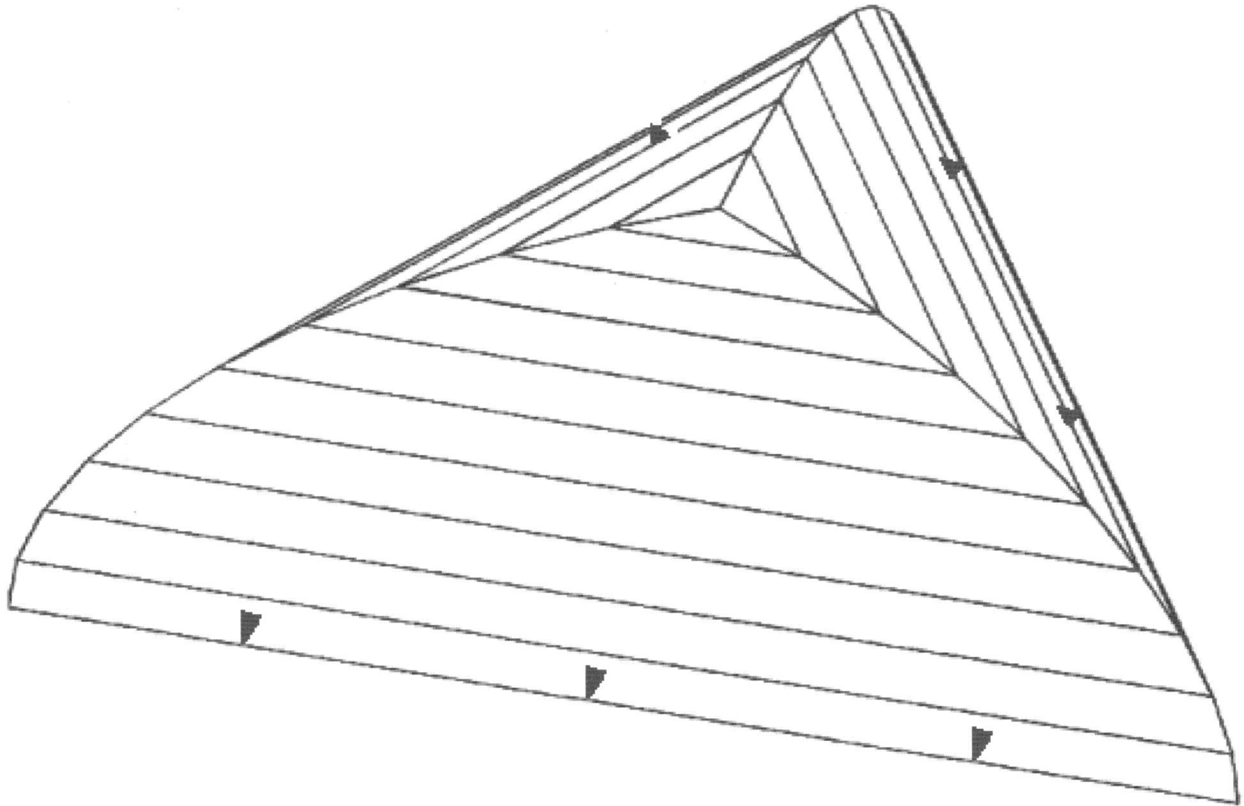

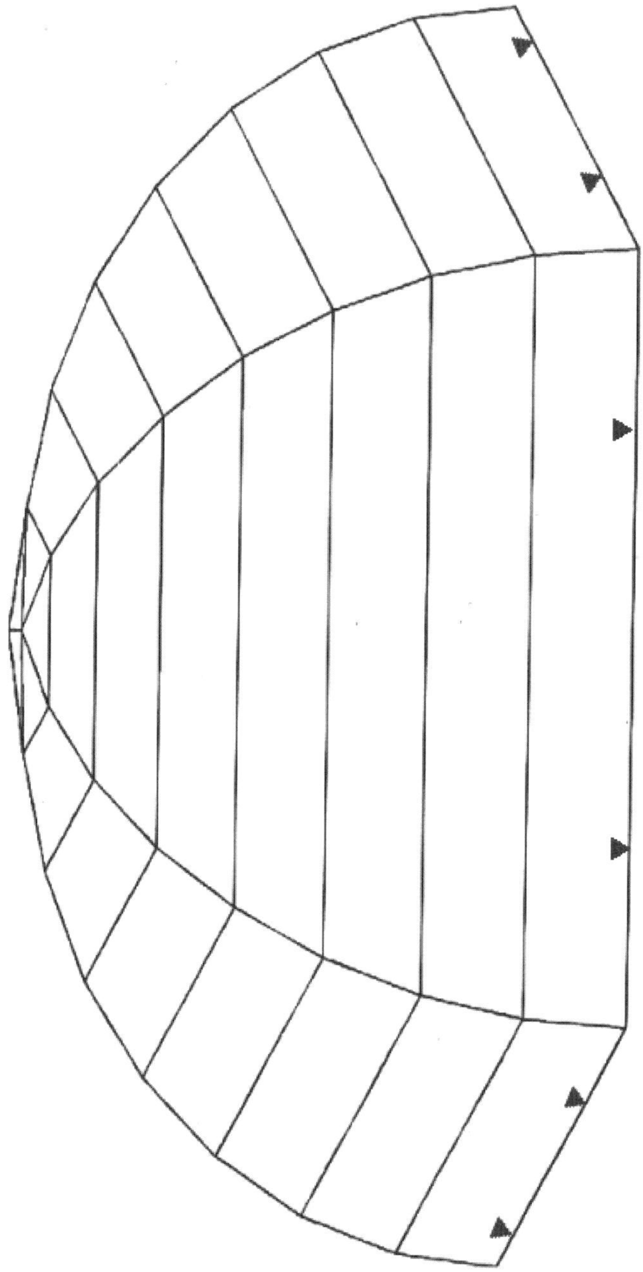

Apartado D: Bóveda de Aristas.

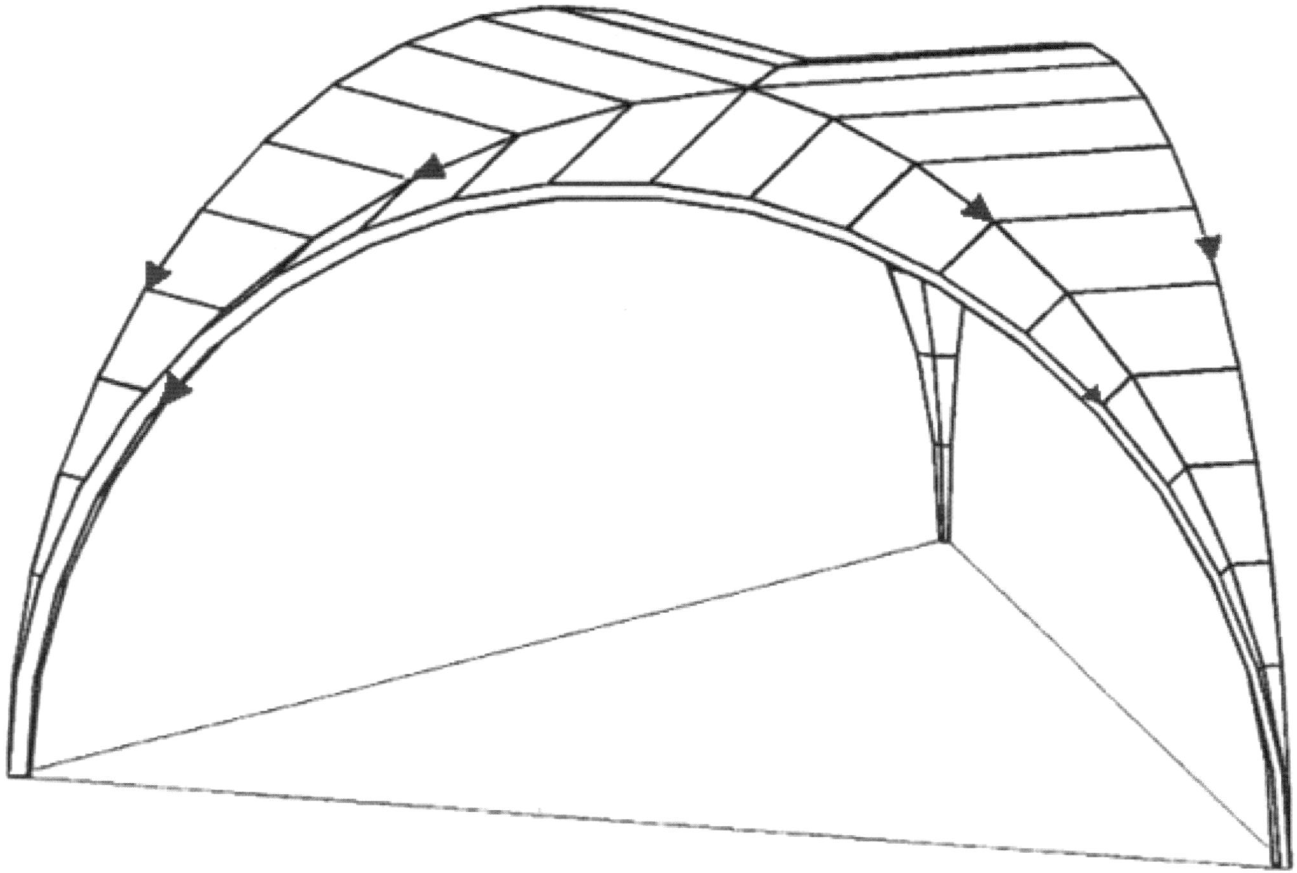

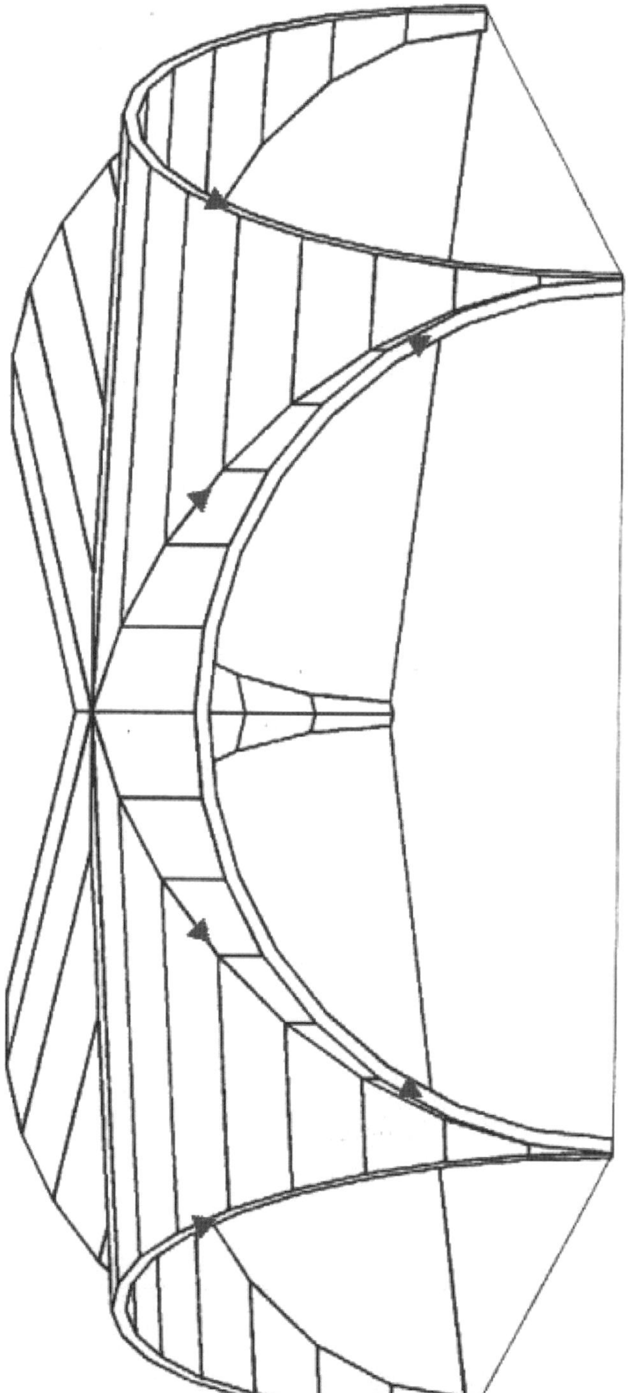

Ejercicio nº 51

La planta siguiente corresponde al forjado tercero de un edificio de siete forjados, sabiendo que los datos son los siguientes:

- **Forjado de viguetas semirrestistentes y estructura de hormigón armado con las vigas planas salvo la viga del pilar P-2 al P-17, que se considera de canto.**

Dibujar y nombrar todos los elementos de la planta de estructura.

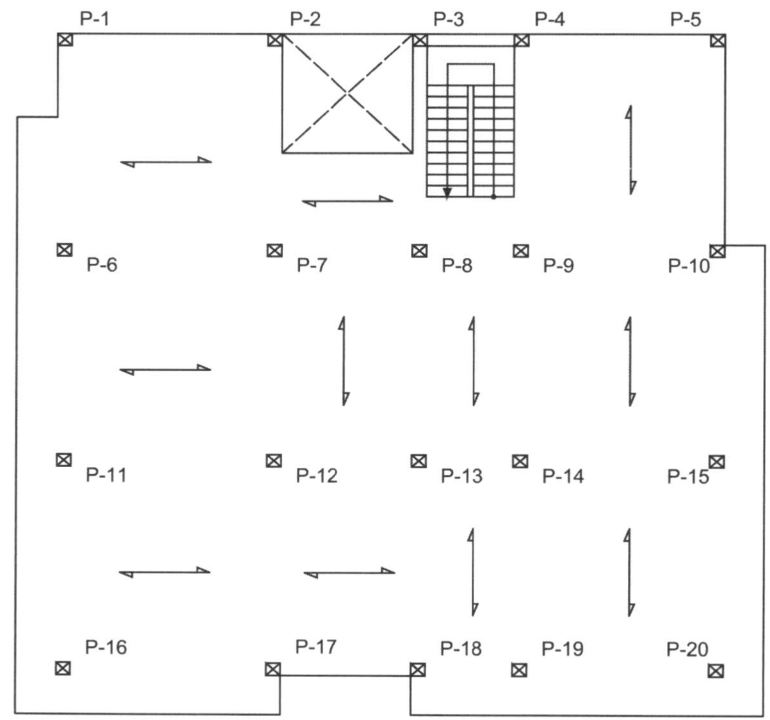

Resolución.

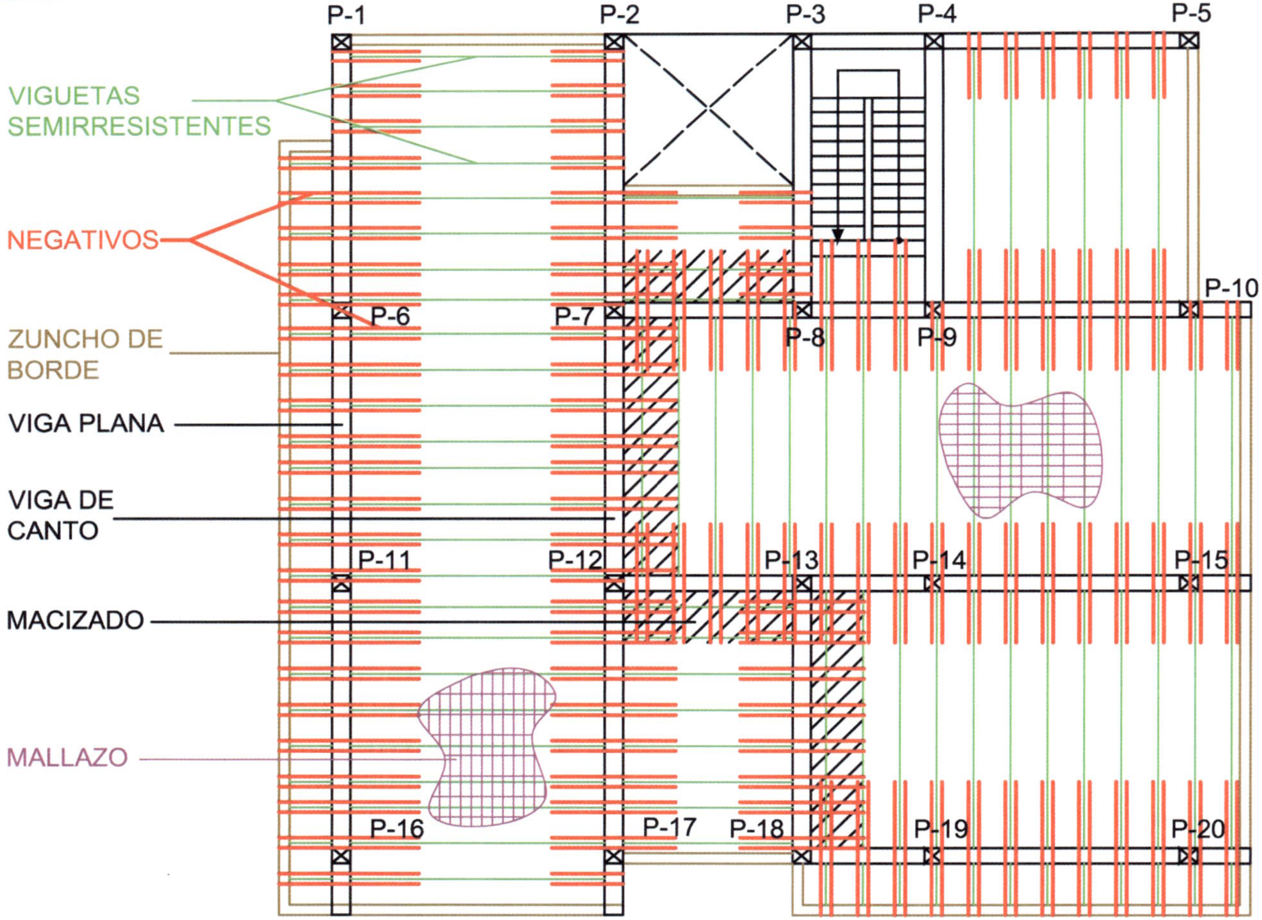
P-1
P-2
P-3
P-4
P-5
P-6
P-7
P-8
P-9
P-10
P-11
P-12
P-13
P-14
P-15
P-16
P-17
P-18
P-19
P-20
VIGUETAS SEMIRRESISTENTES
NEGATIVOS
ZUNCHO DE BORDE
VIGA PLANA
VIGA DE CANTO
MACIZADO
MALLAZO

Ejercicio nº 52

El dibujo siguiente corresponde a la planta de un forjado unidireccional con viguetas semirresistentes y vigas planas de hormigón armado.

Dibujar la planta con todos sus elementos y nomenclatura necesarios.

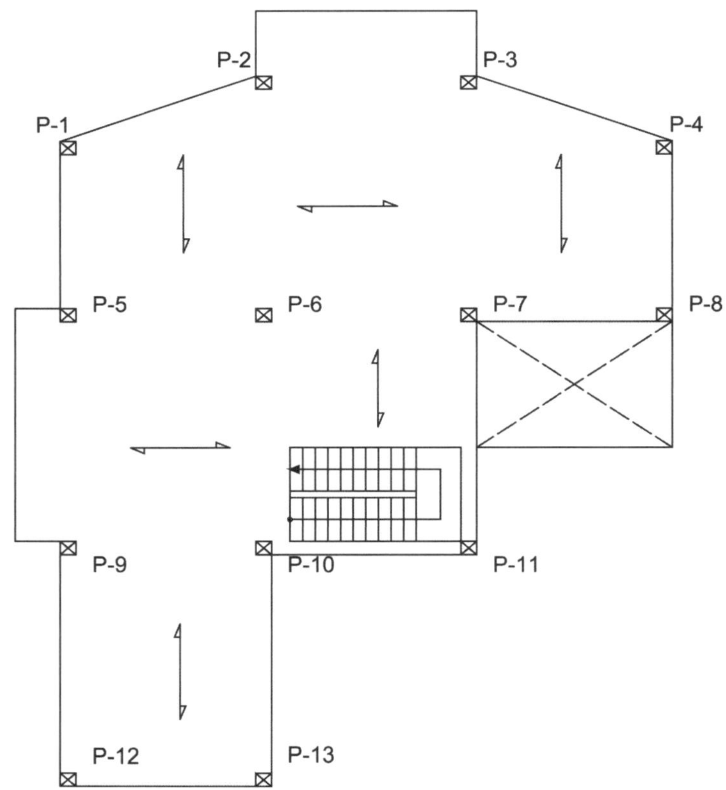

Resolución.

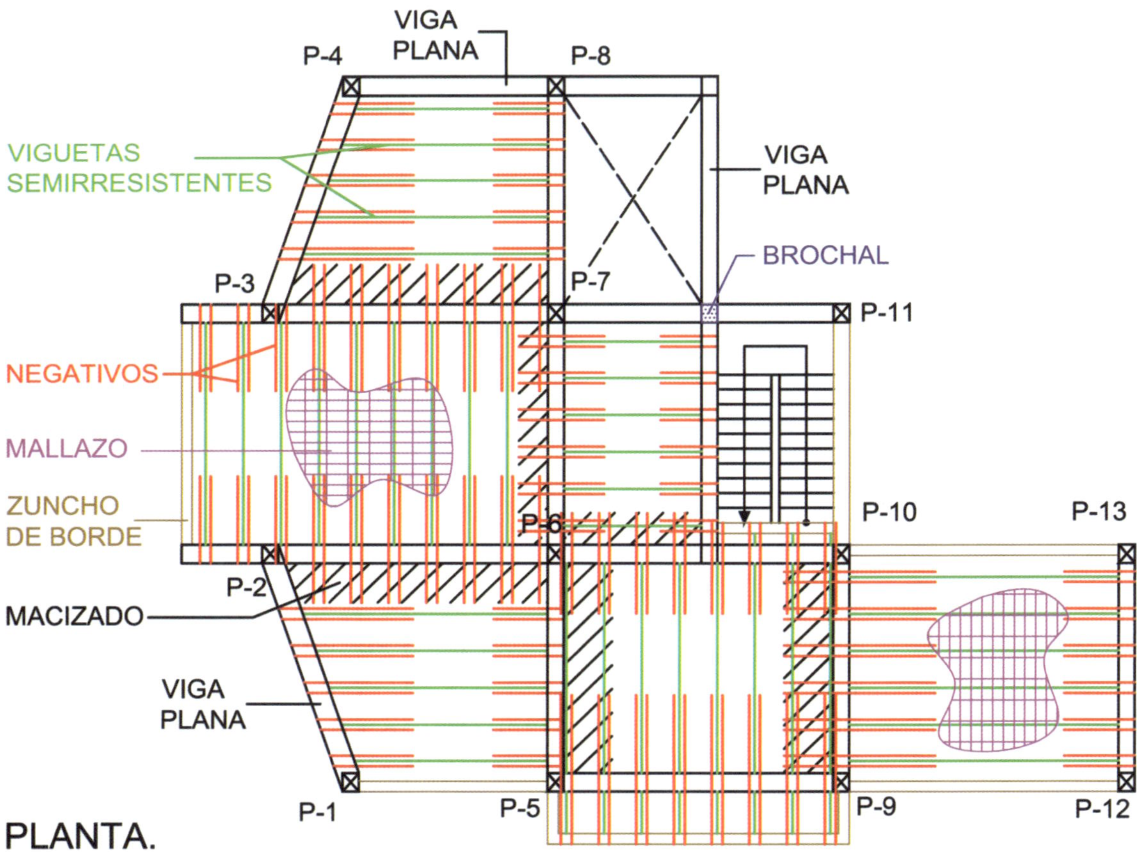

PLANTA.

EJERCICIO Nº 53

La planta siguiente corresponde a un forjado de un edificio de viviendas.

Sabiendo que está formado por:

- Forjado unidireccional.
- Viguetas semirresistentes.
- Bovedillas de hormigón.
- Soportes de sección cuadrada y hormigón armado.
- Vigas planas de hormigón armado.

Dibujar la planta con todos sus elementos y nomenclatura necesaria.

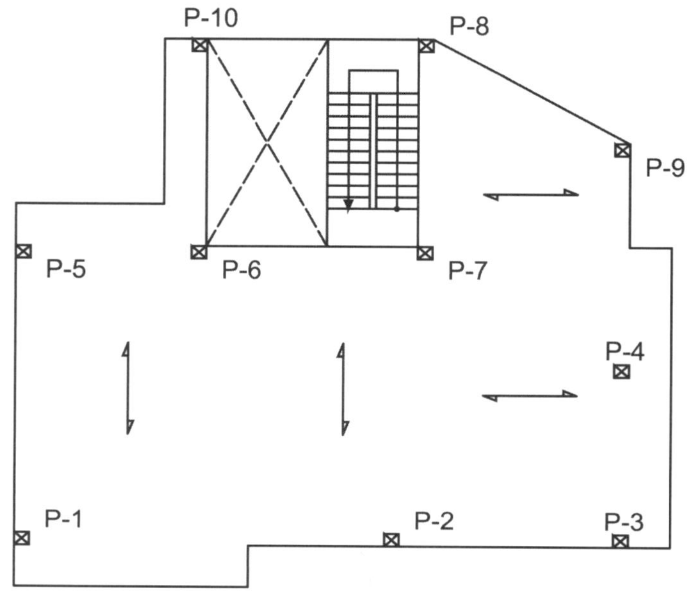

Resolución.

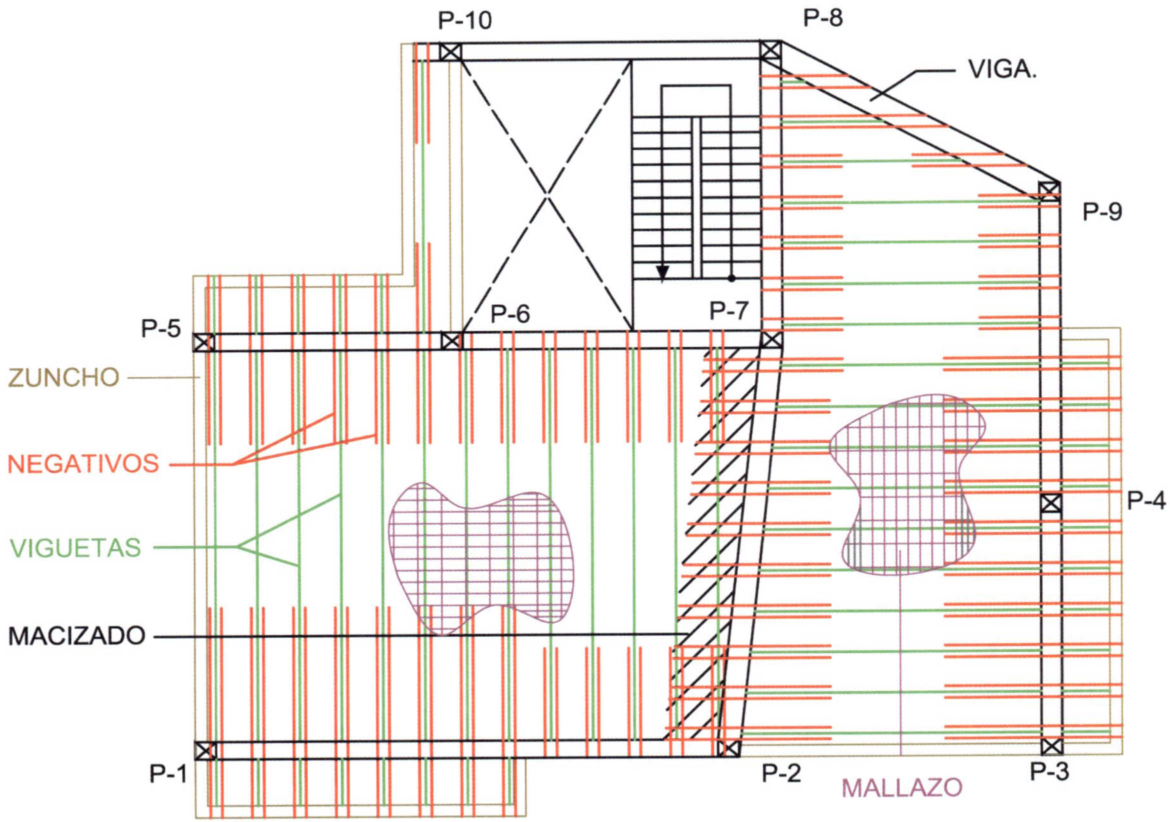

PLANTA

Ejercicio nº 54

La planta siguiente corresponde a un forjado de un edificio de viviendas.

Sabiendo que está formado por:

- Forjado unidireccional.
- Viguetas semirresistentes.
- Bovedillas de hormigón.
- Soportes de sección cuadrada y hormigón armado.
- Vigas planas de hormigón armado.

Dibujar la planta con todos sus elementos y nomenclatura necesaria.

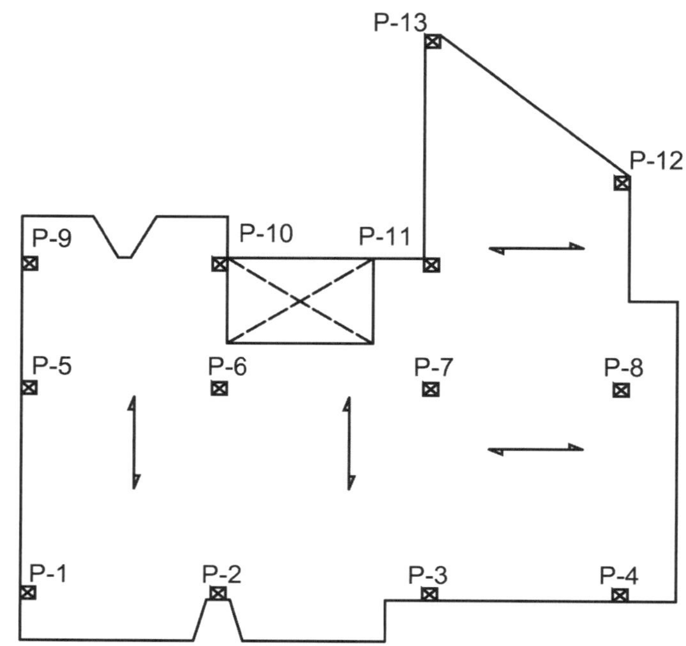

Resolución.

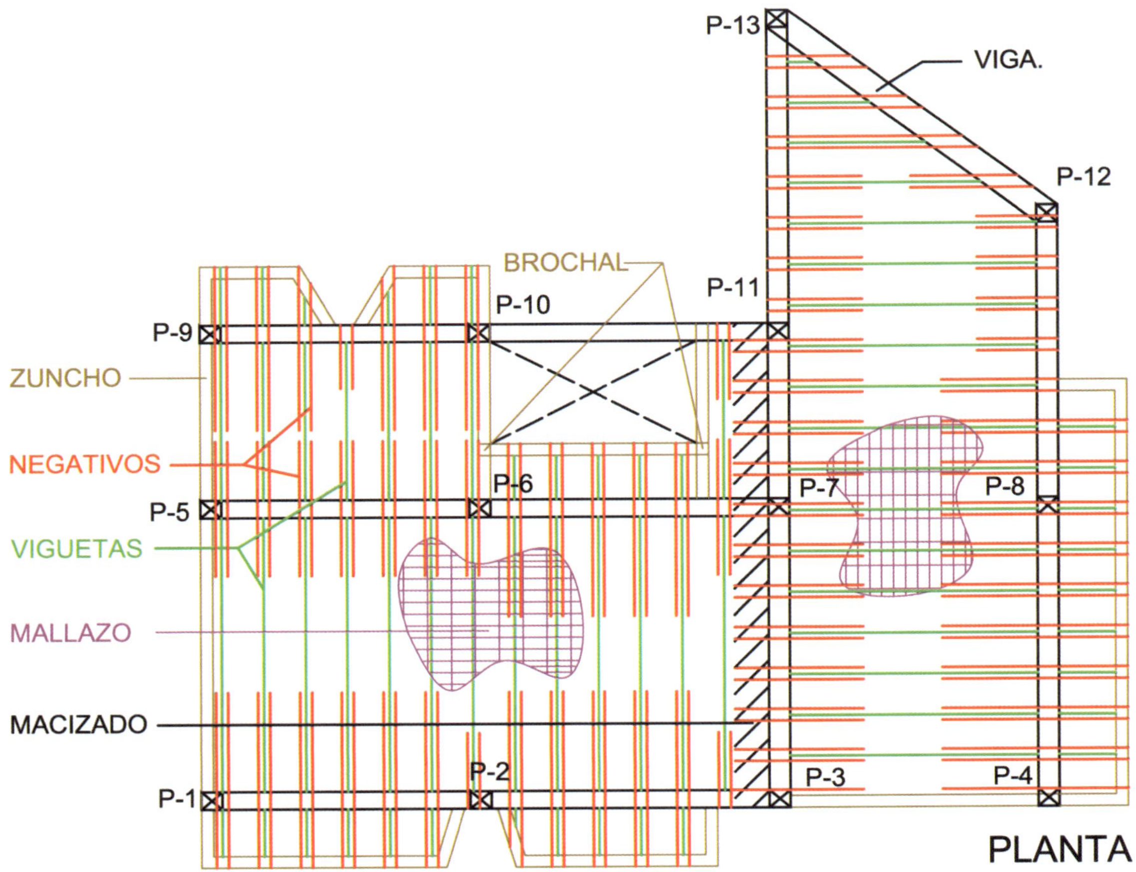

P-13
VIGA.
P-12
BROCHAL
P-10
P-11
P-9
ZUNCHO
NEGATIVOS
P-6
P-7
P-8
P-5
VIGUETAS
MALLAZO
MACIZADO
P-2
P-1
P-3
P-4
PLANTA

Ejercicio nº 55

La planta siguiente corresponde a un forjado de un edificio de viviendas.

Sabiendo que está formado por:

- Forjado unidireccional.
- Viguetas semirresistentes.
- Bovedillas de hormigón.
- Soportes de sección cuadrada y hormigón armado.
- Vigas planas de hormigón armado.

Dibujar la planta con todos sus elementos y nomenclatura necesaria.

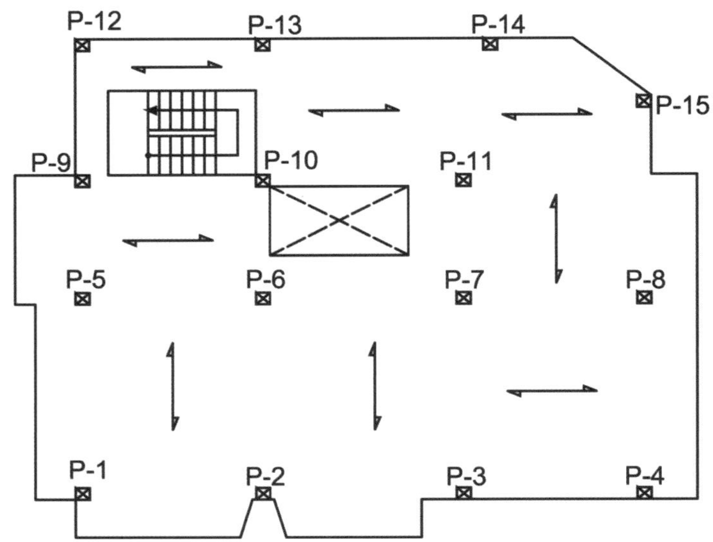

PLANTA

Resolución.

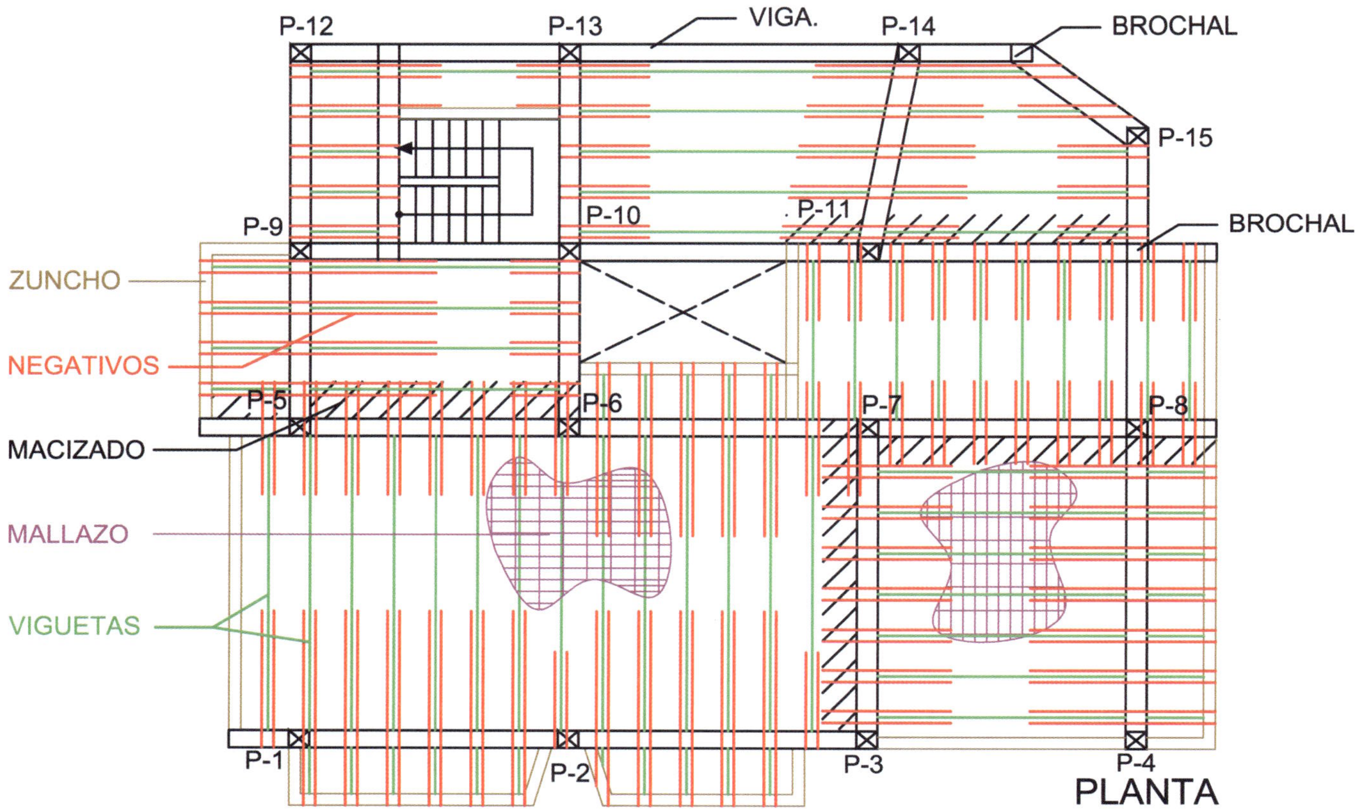

P-12
P-13
VIGA.
P-14
BROCHAL
P-15
P-9
P-10
P-11
BROCHAL
ZUNCHO
NEGATIVOS
P-5
P-6
P-7
P-8
MACIZADO
MALLAZO
VIGUETAS
P-1
P-2
P-3
P-4
PLANTA

EJERCICIO Nº 56

Dada la planta que se adjunta resuelta con un forjado de viguetas autorresistentes apoyadas y estructura a base de muros de carga:

a) Dibujar la planta con todos los elementos que se vean.

b) Dibujar las secciones A-A´y B-B´

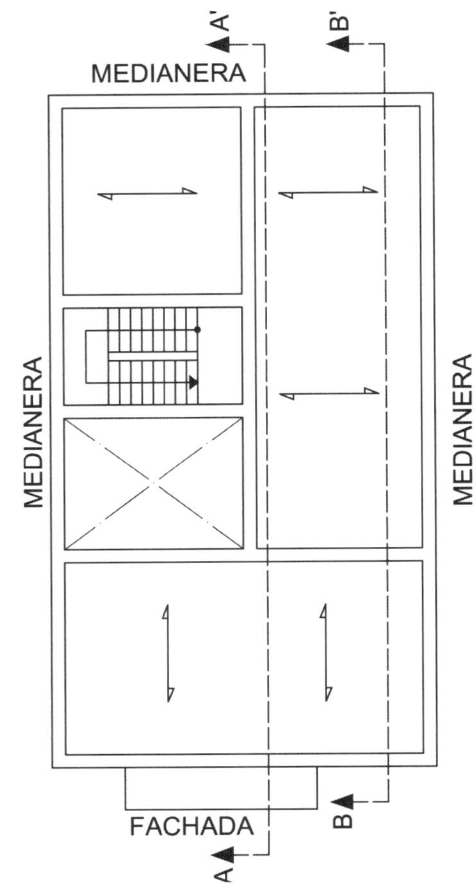

Resolución.

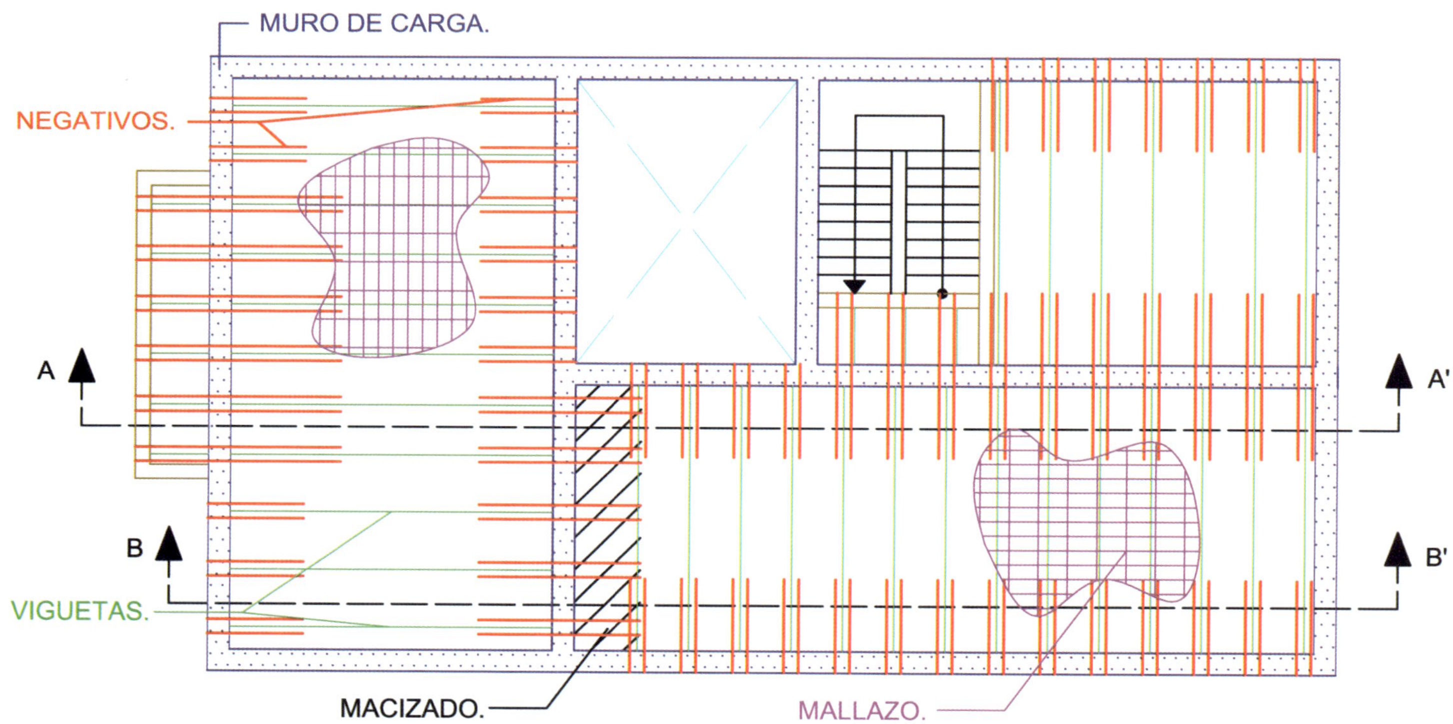

PLANTA.

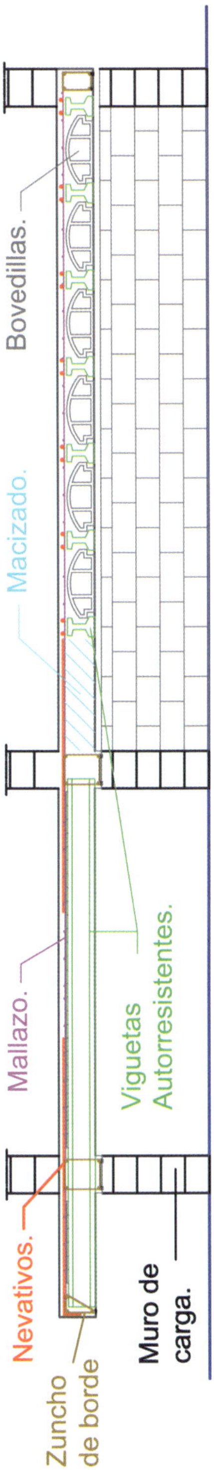

SECCIÓN A-A'

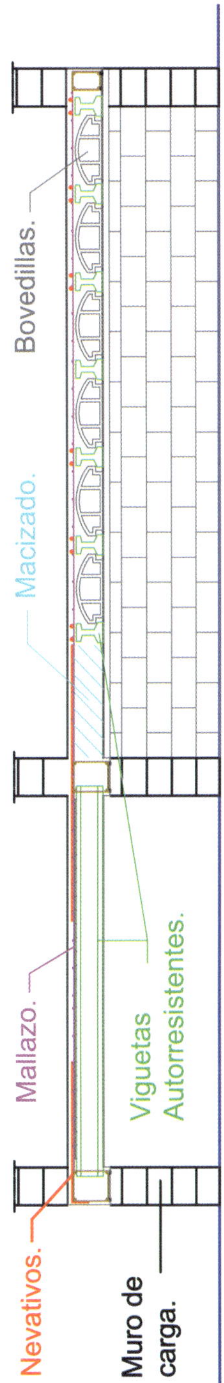

SECCIÓN B-B'

EJERCICIO Nº 57

Dibujar la planta y sección A-B, sabiendo que:

- **Los soportes 2 y 5 son de acero perfil HEB.**
- **El soporte 4 es de acero perfil 2 UPN empresillados.**
- **Resto de soportes de hormigón armado.**
- **La viga A es de hormigón armado y de canto.**
- **La viga B es de acero perfil IPN, hiperestática en el soporte 2 e isostática en el 3.**
- **Las vigas C son de acero perfil IPN continuas.**
- **La viga D es de hormigón armado plana.**
- **El forjado F es de viguetas semirresistentes.**
- **El forjado G esta formado por viguetas autoresistentes de hormigón armado enrasado el que apoya sobre la viga A y apoyado el resto.**

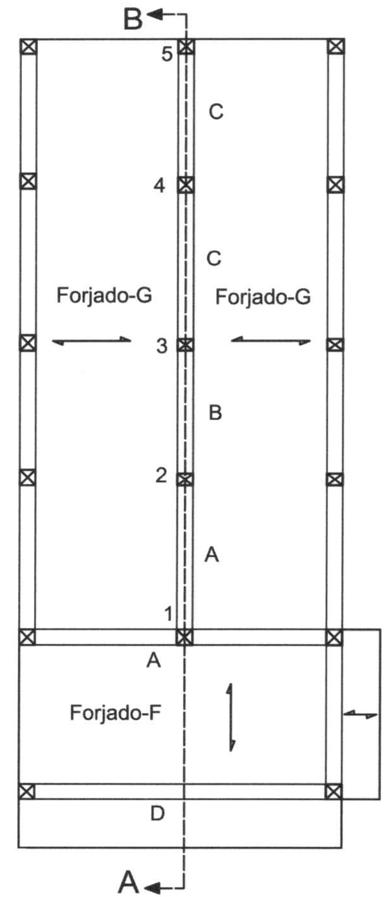

Resolución.

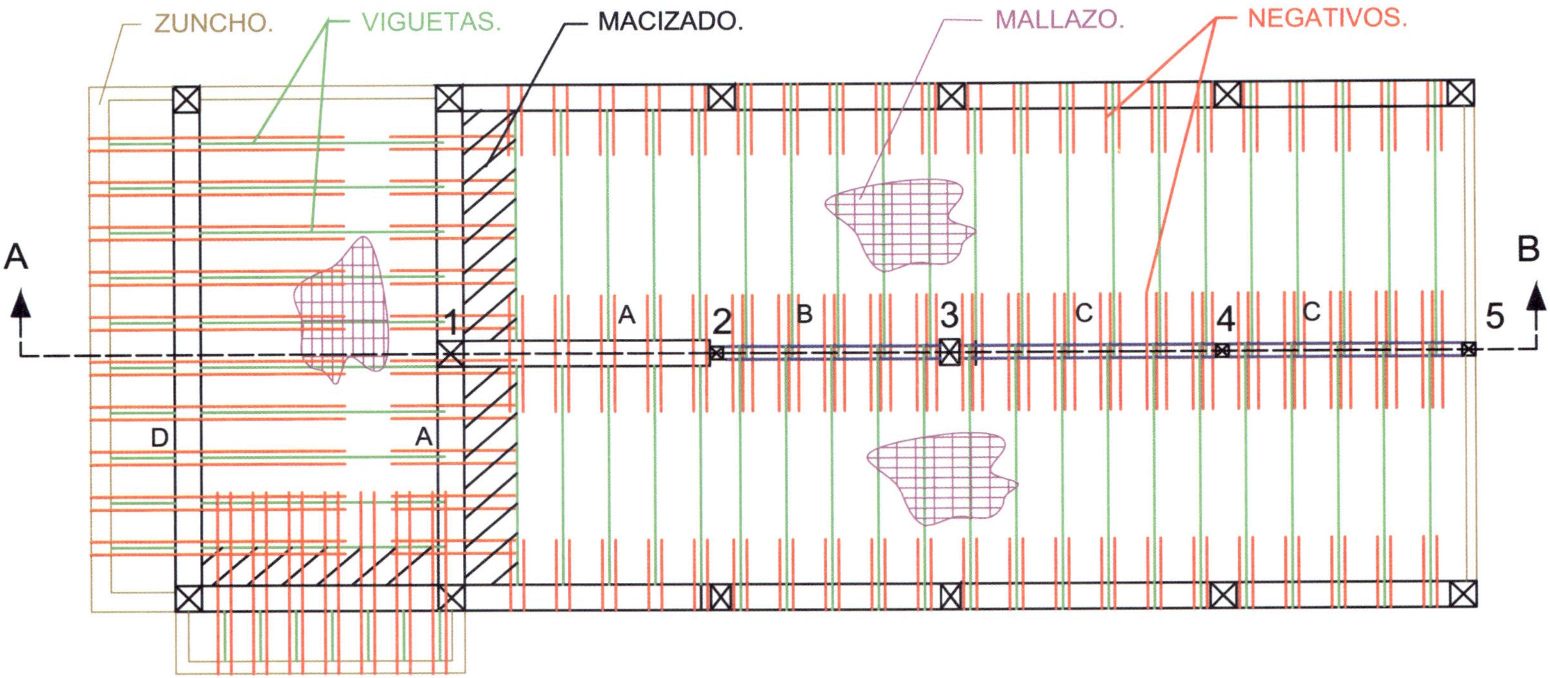

PLANTA.

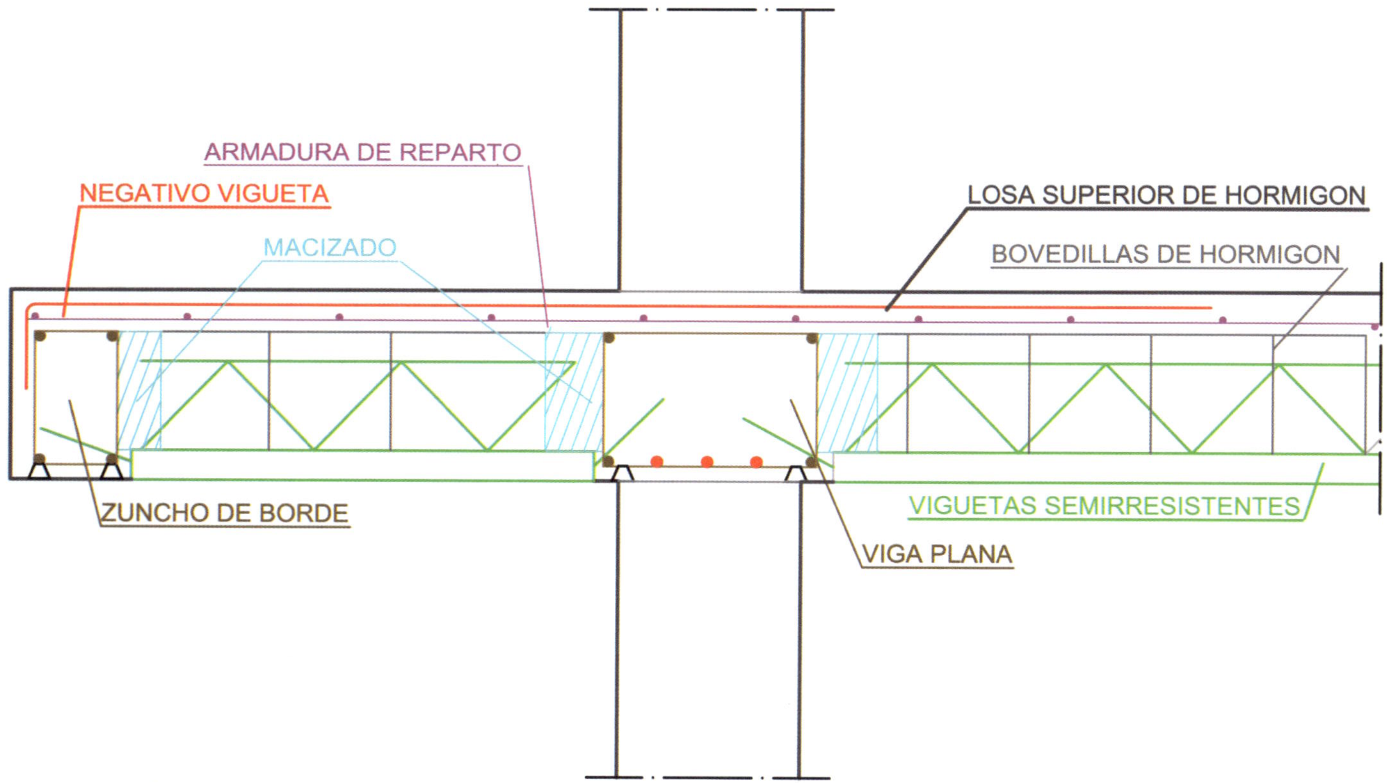

SECCIÓN 1. VOLADIZO.

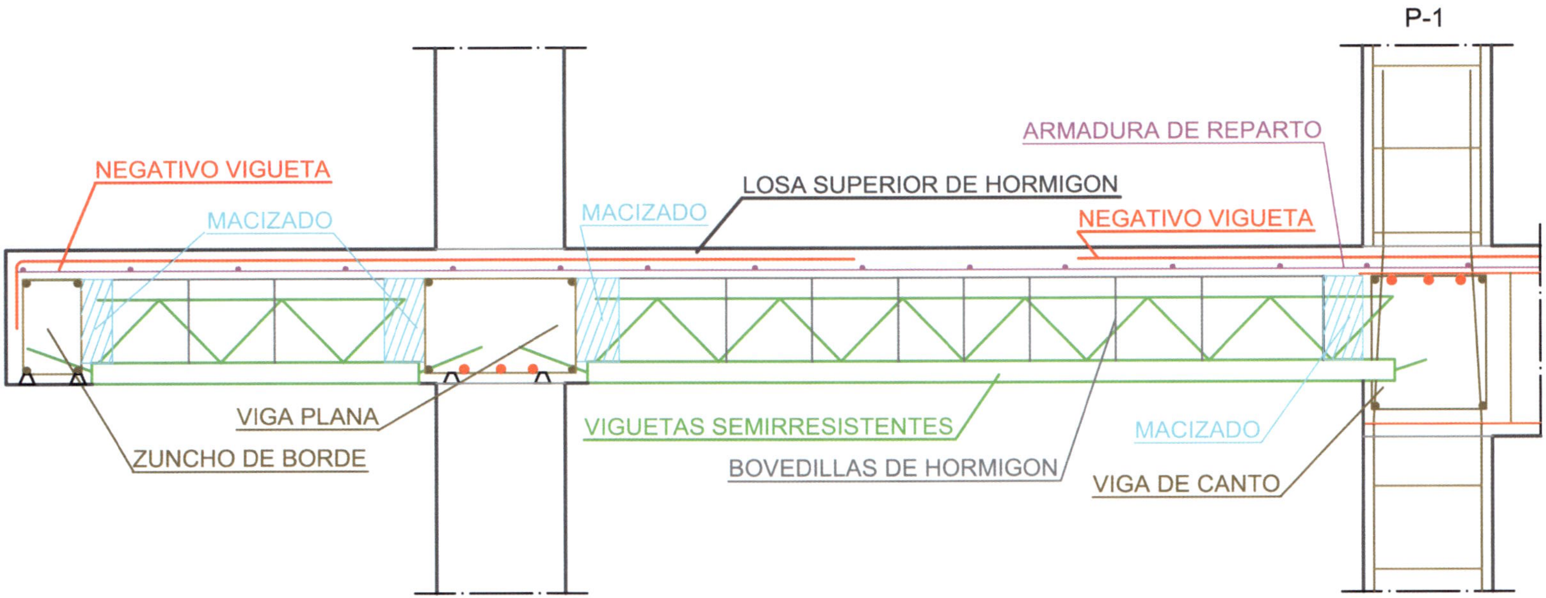

SECCIÓN 2. VOLDADIZO-PILAR 1

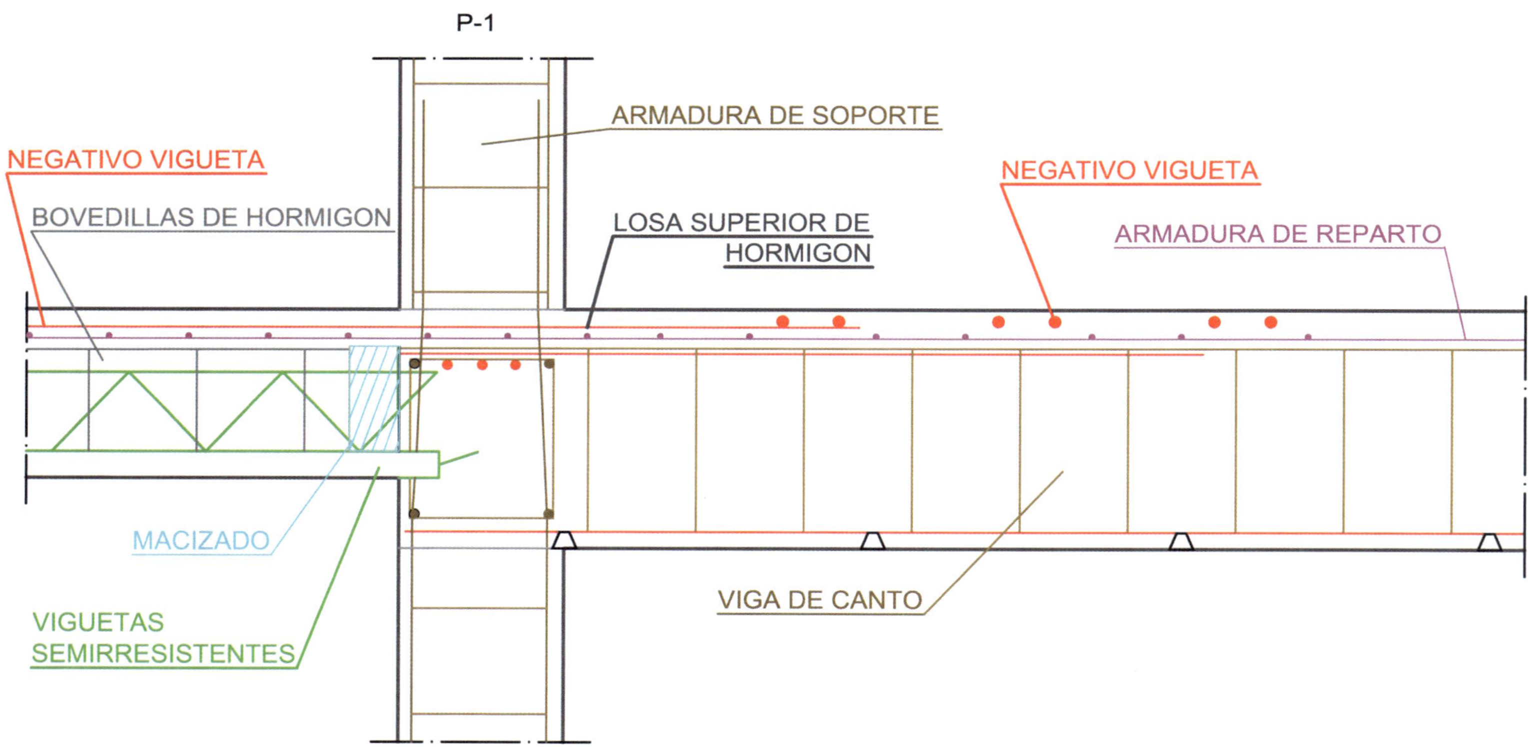

SECCIÓN 3. PILAR 1.

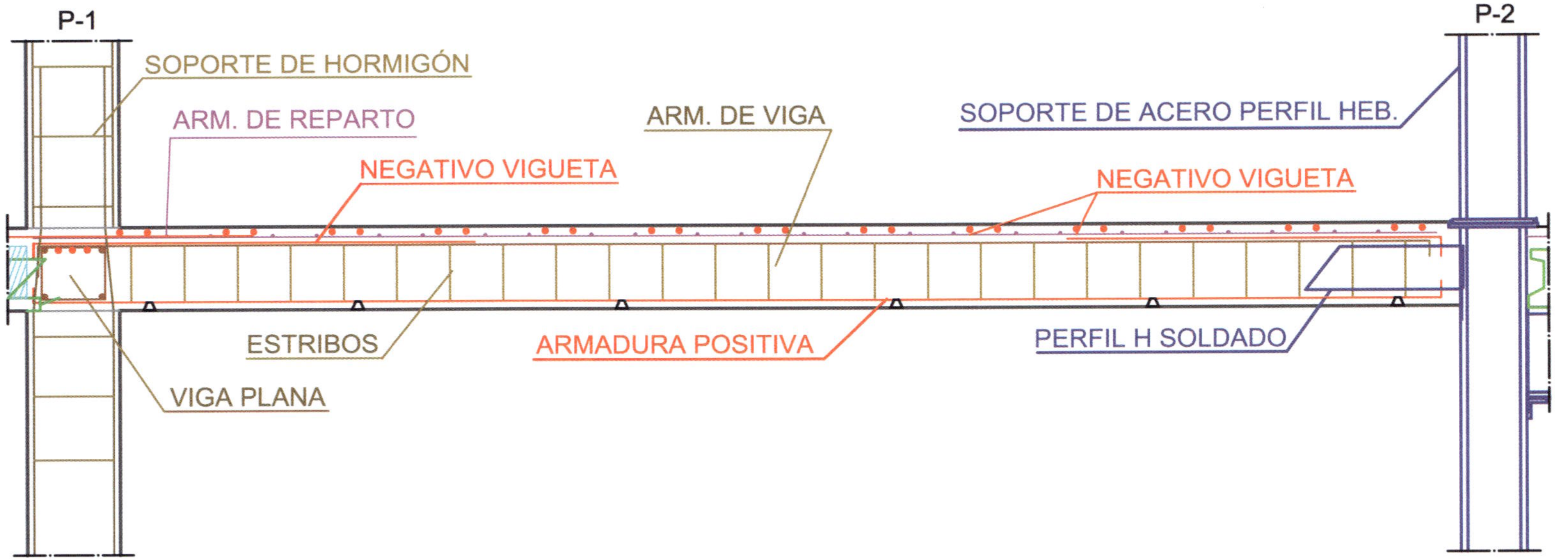

SECCIÓN 4. PILAR 1 y 2.

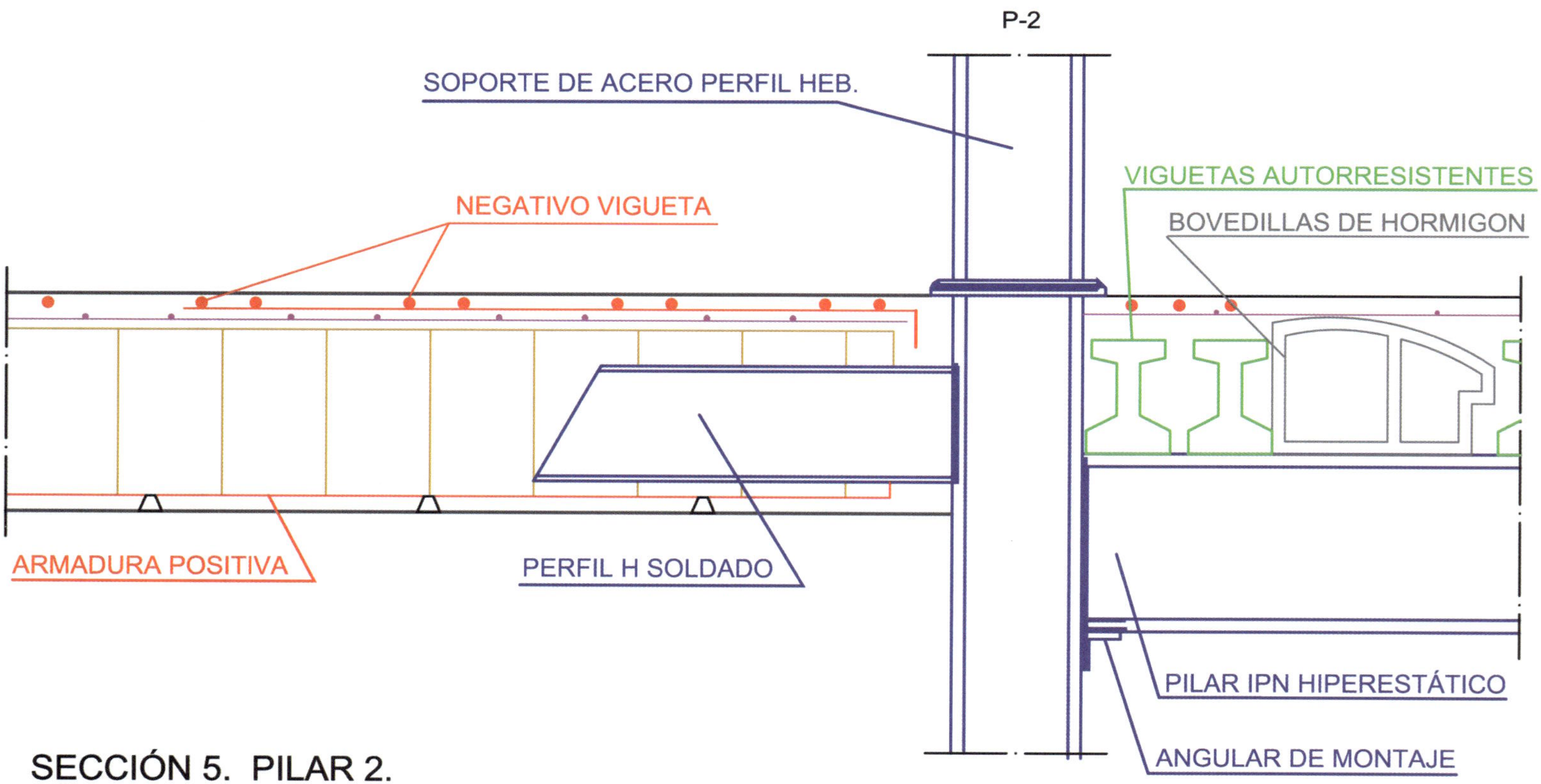

SECCIÓN 5. PILAR 2.

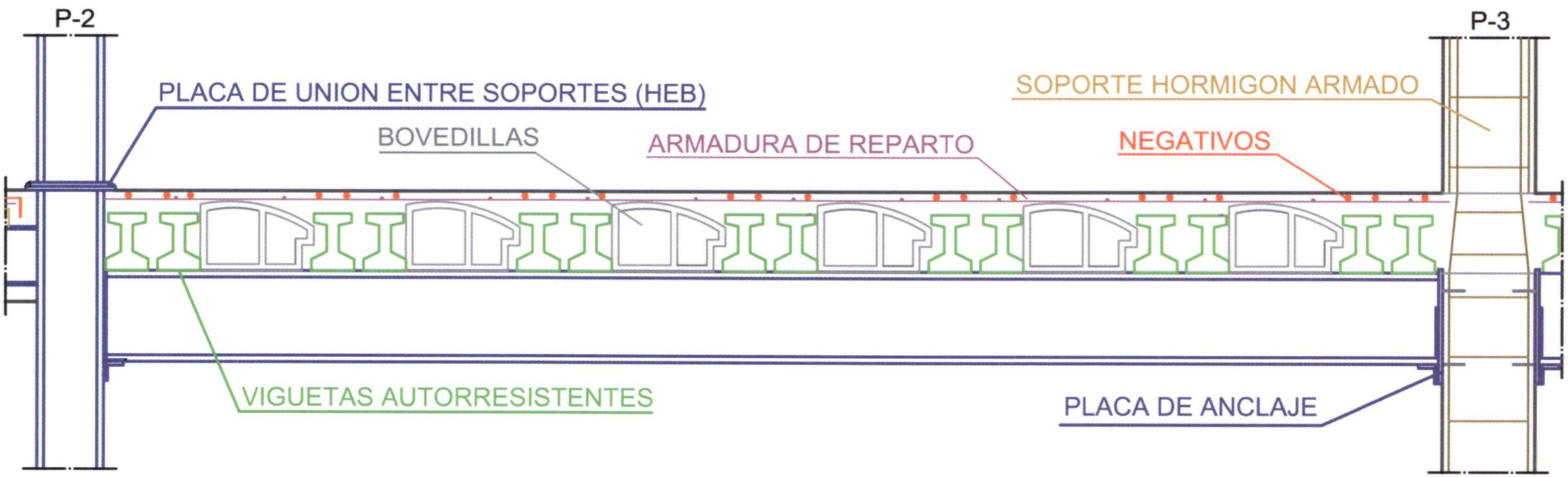

SECCIÓN 6. PILAR 2 y 3.

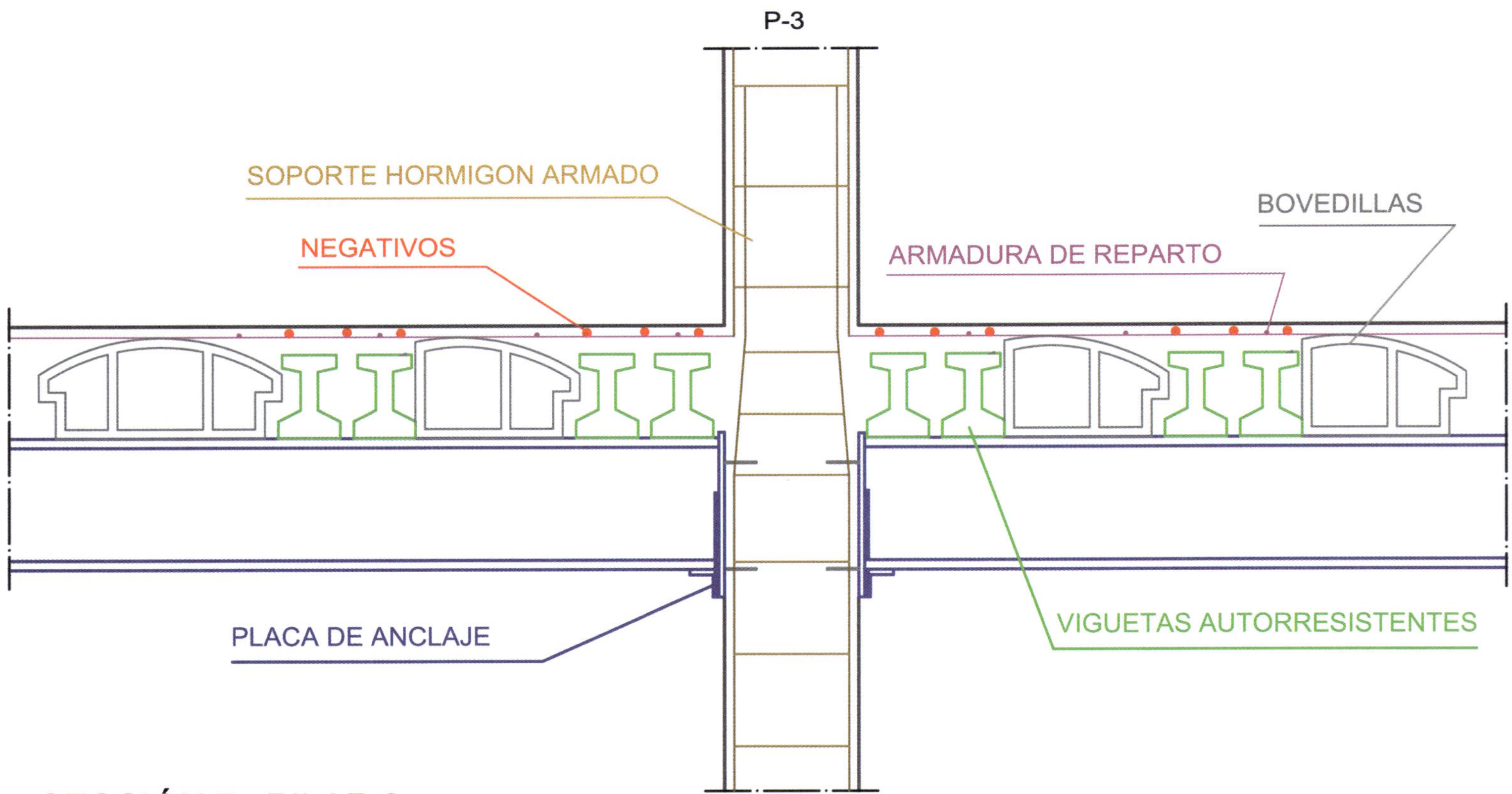

SECCIÓN 7. PILAR 3.

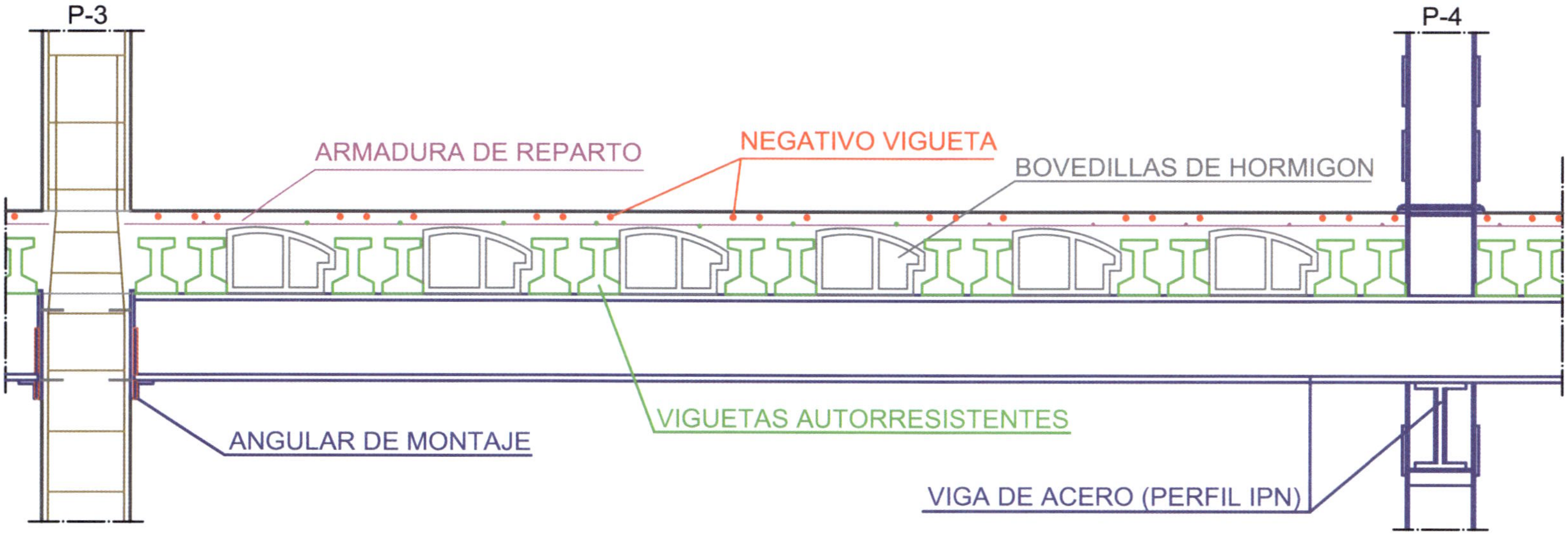

SECCIÓN 8. PILAR 3 y 4.

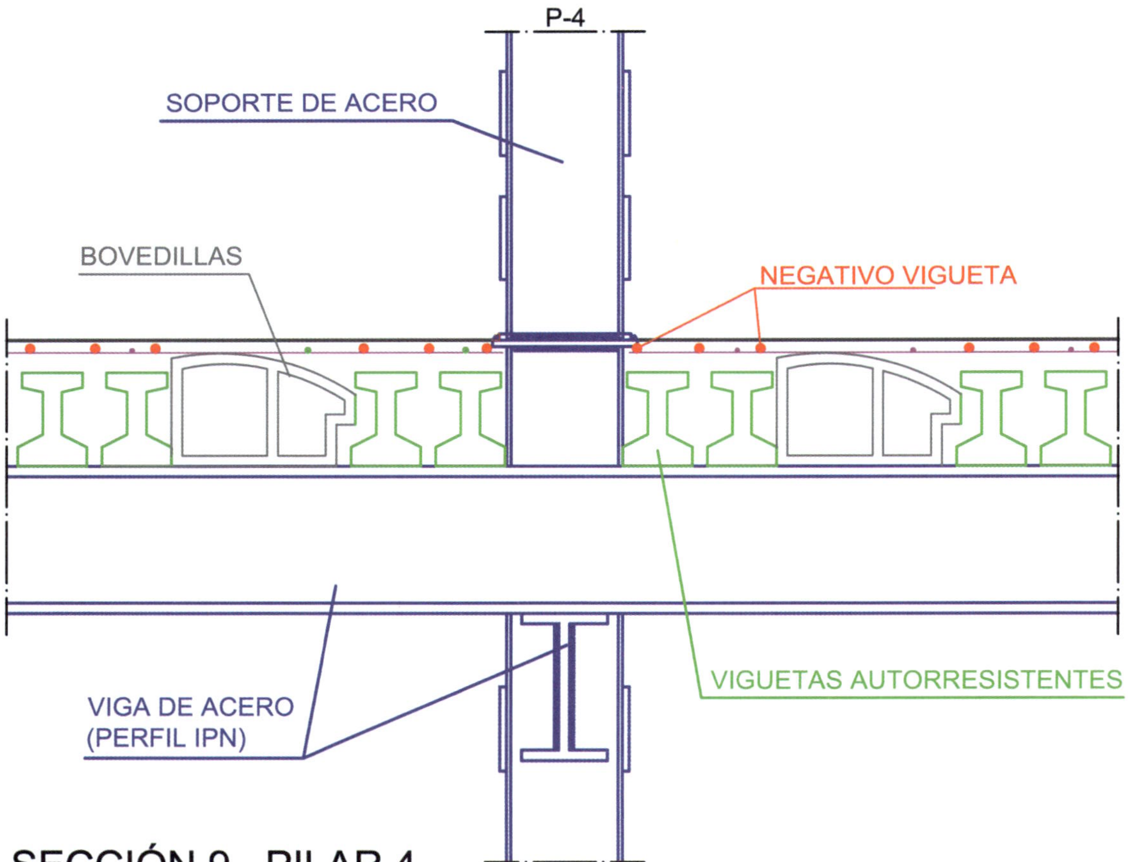

SECCIÓN 9. PILAR 4.

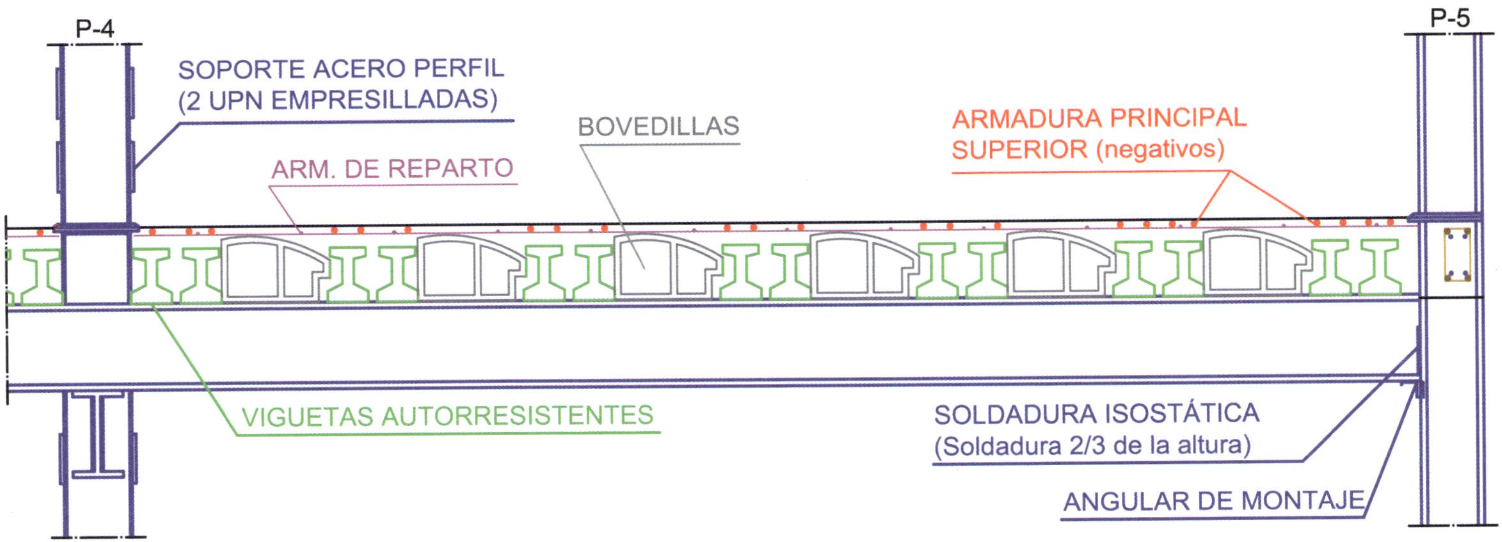

SECCIÓN 10. PILAR 4 y 5.

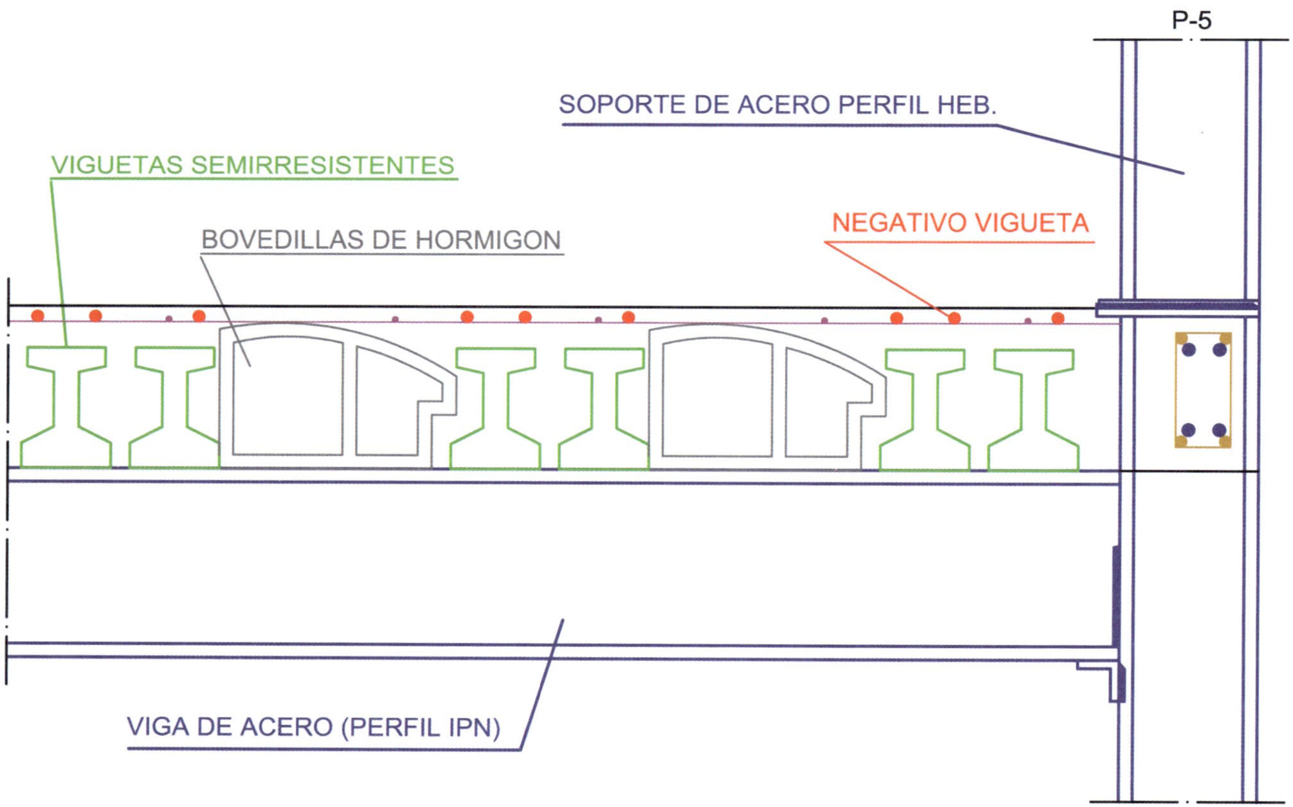

SECCIÓN 11. PILAR 5.

EJERCICIO Nº 58

Dibujar la planta y sección A-B, sabiendo que:

- El forjado es una losa.
- El forjado es un placa.

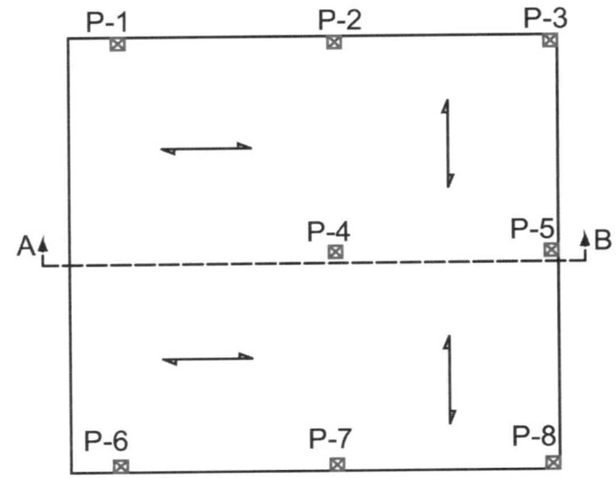

PLANTA DE LOSA.

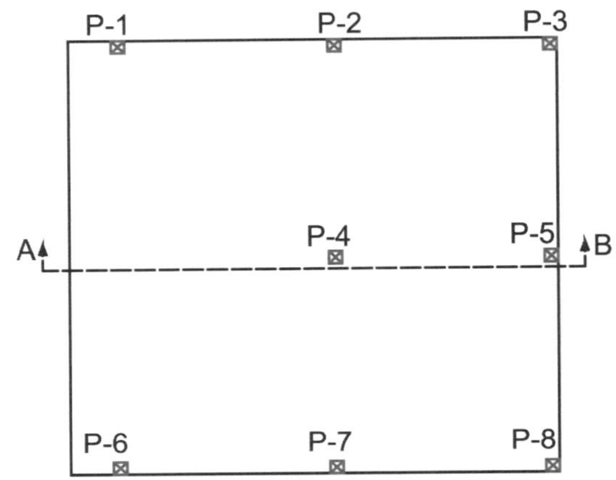

PLANTA DE PLACA.

Resolución.

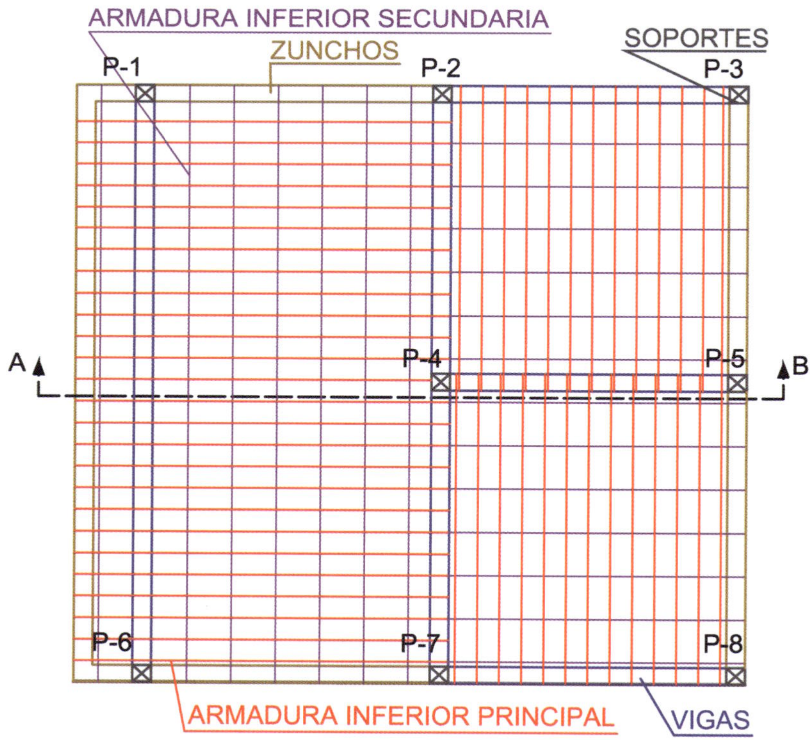

PLANTA DE LOSA. Armadura inferior.

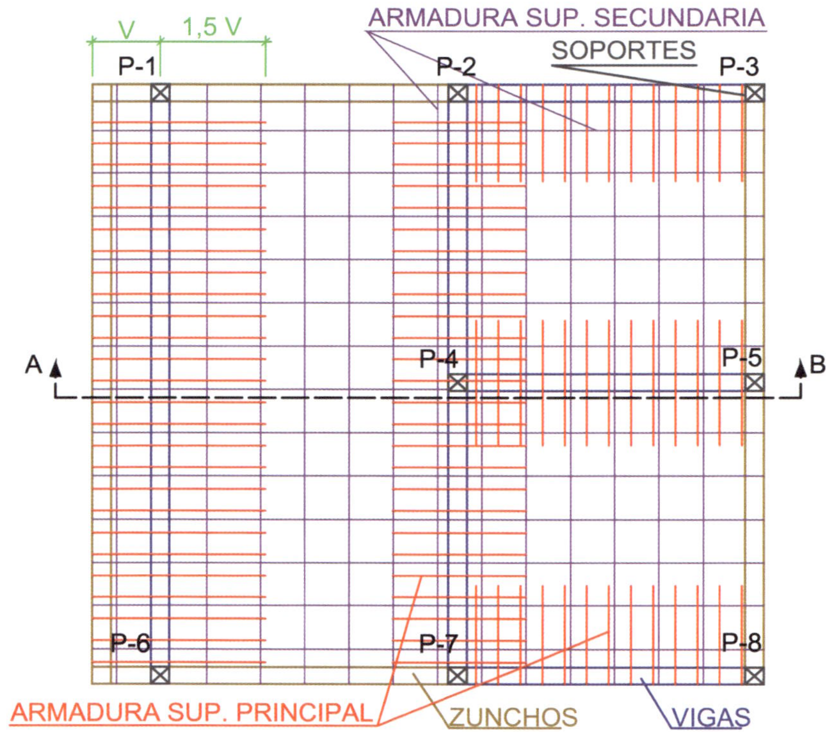

PLANTA DE LOSA. Armadura superior.

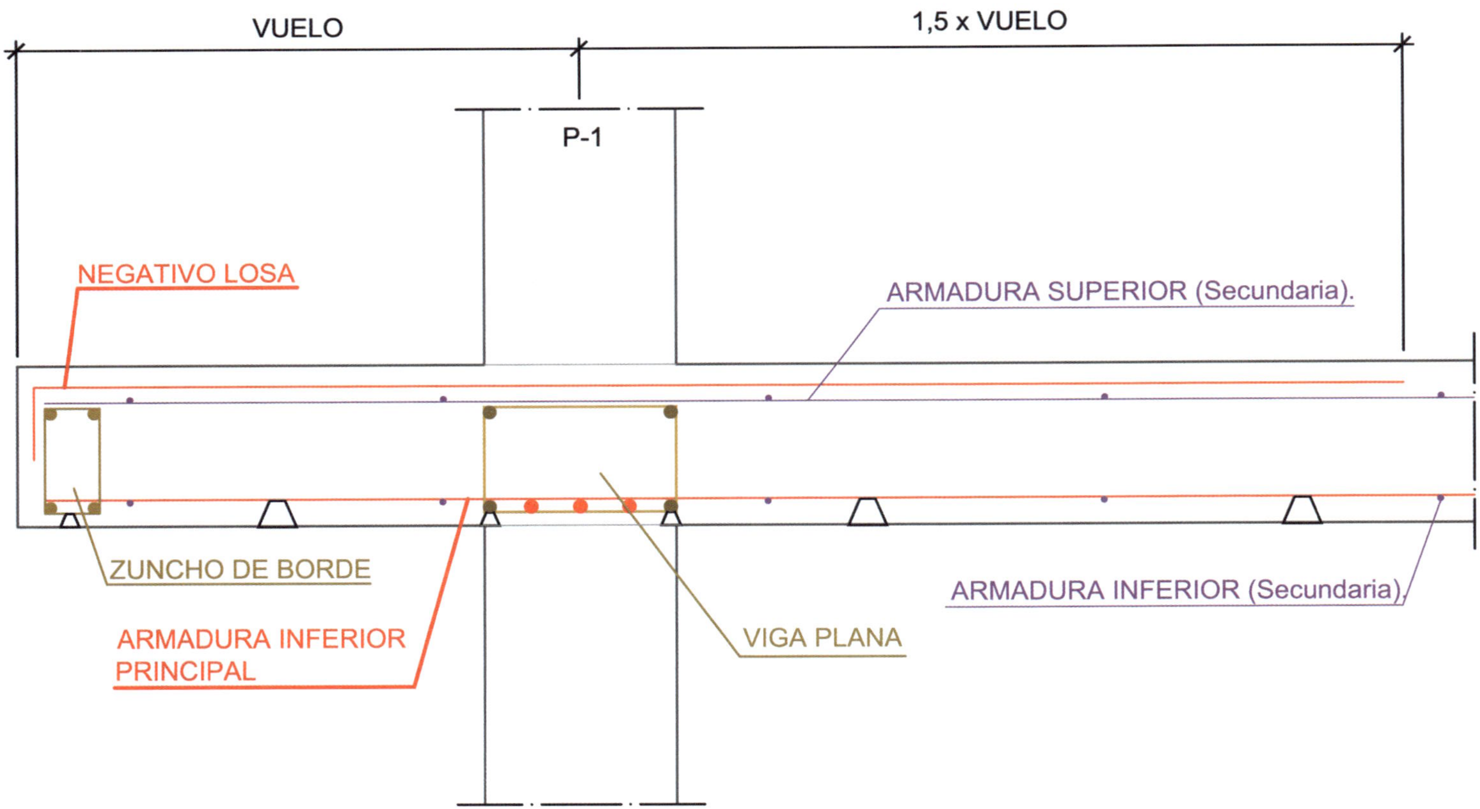

SECCIÓN 1. PILAR 1.

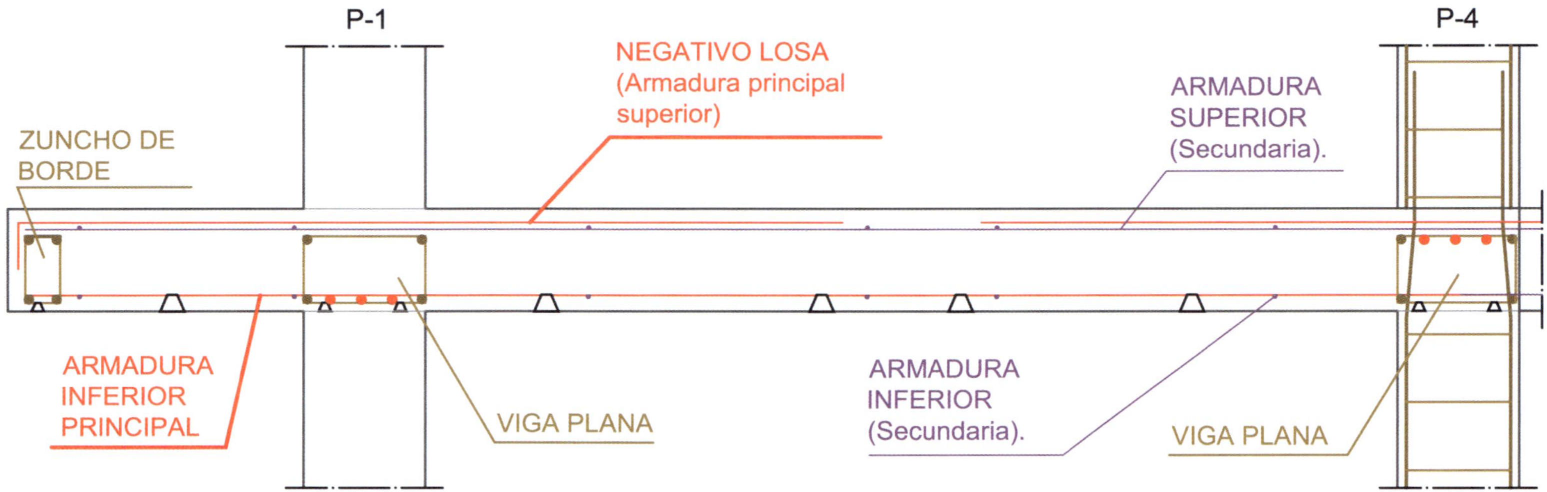

SECCIÓN 2. PILAR 1 y 4.

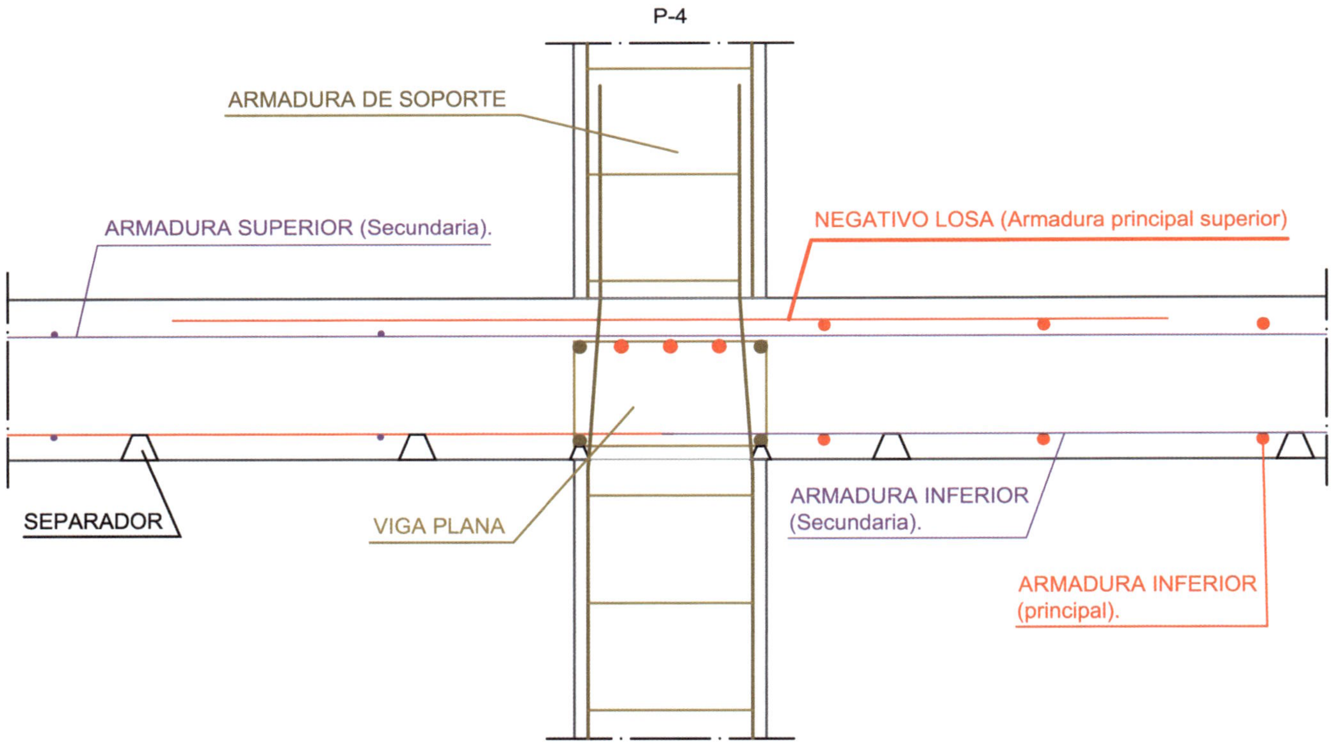

SECCIÓN 3. PILAR 4.

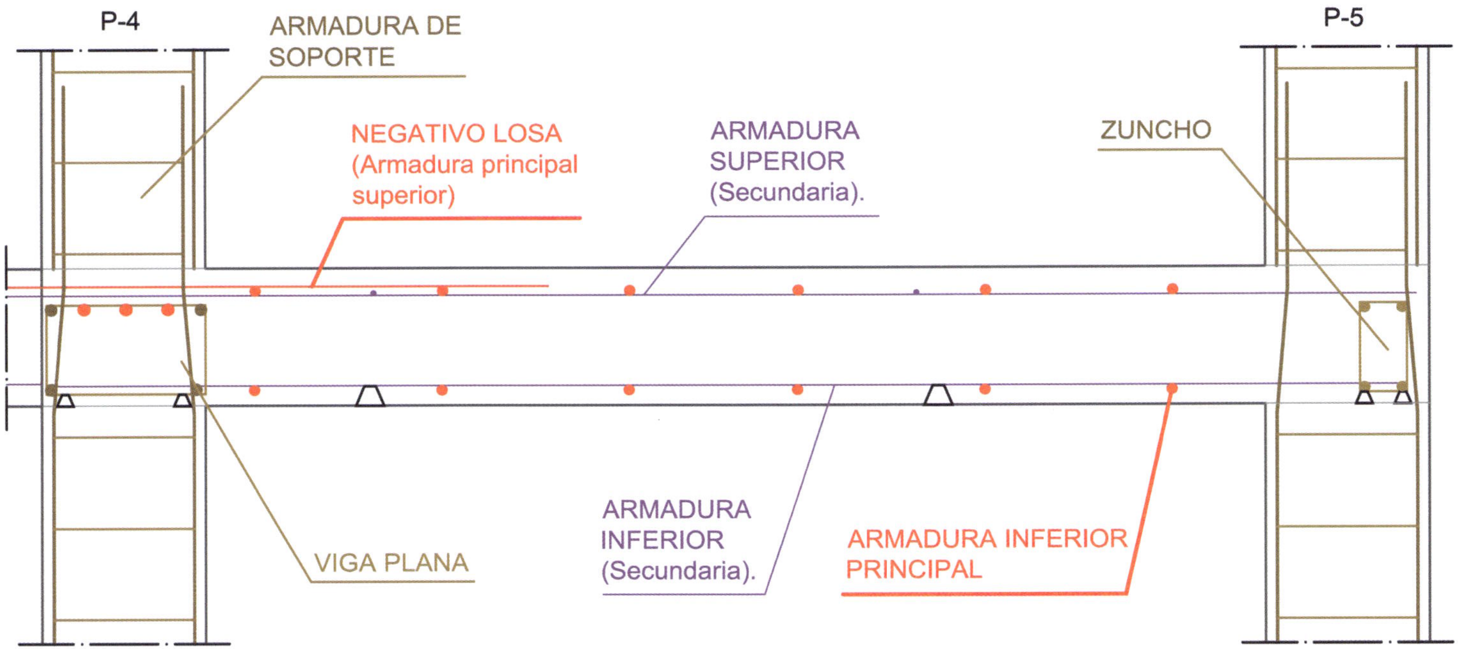

SECCIÓN 4. PILAR 4 y 5.

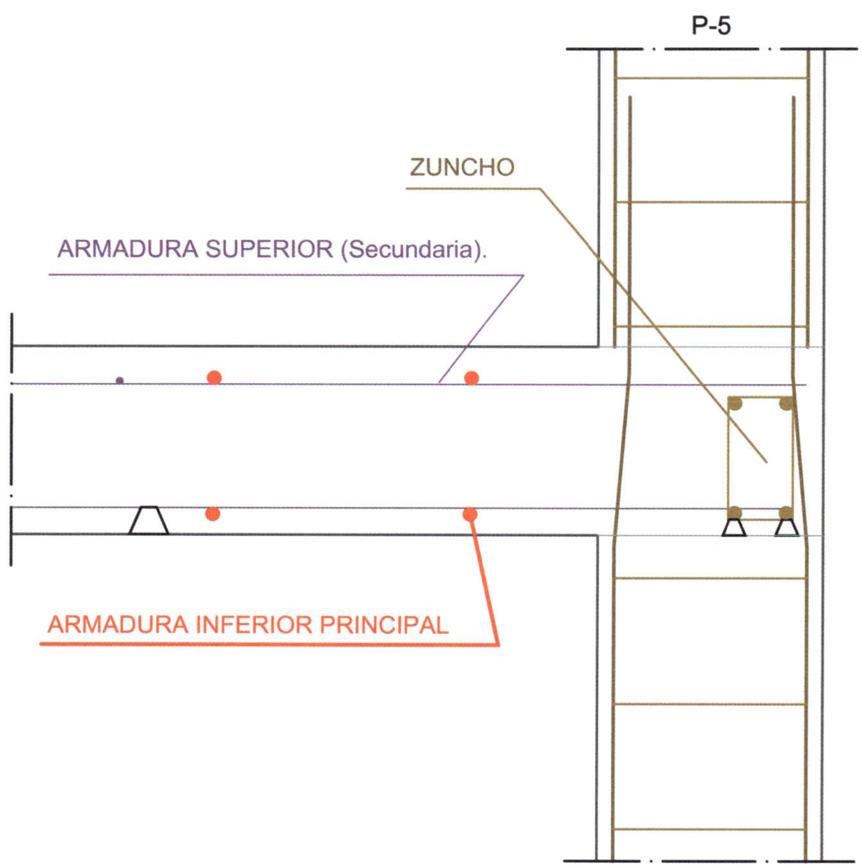

SECCIÓN 5. PILAR 5.

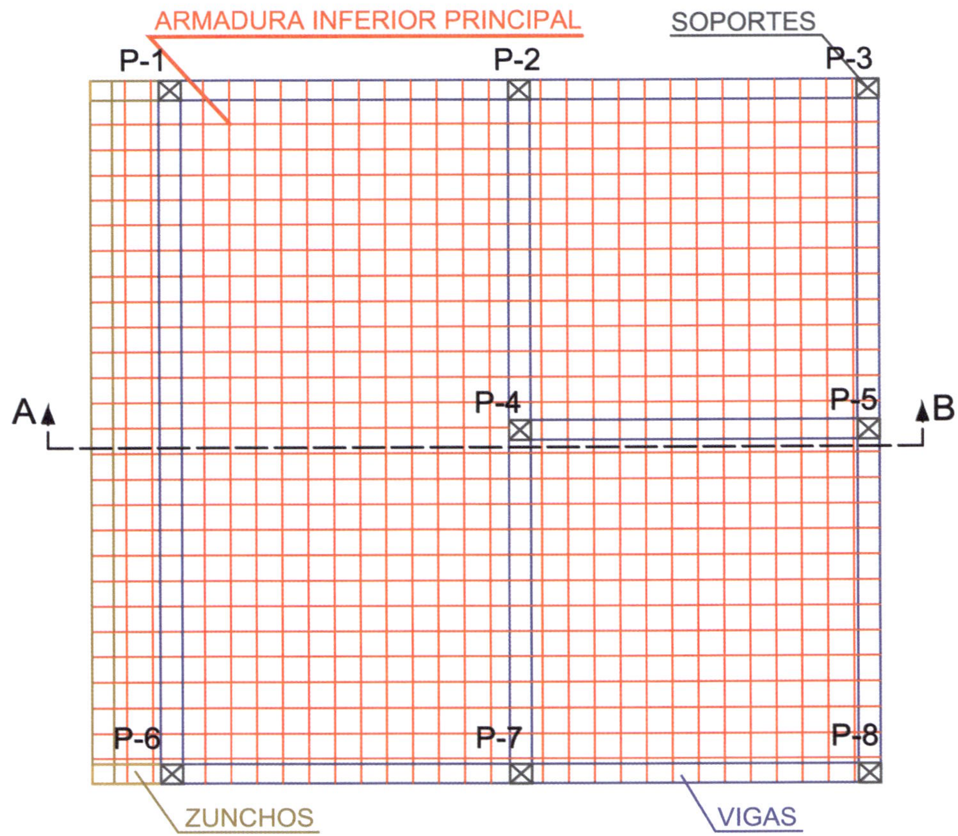

PLANTA DE PLACA. Armadura inferior.

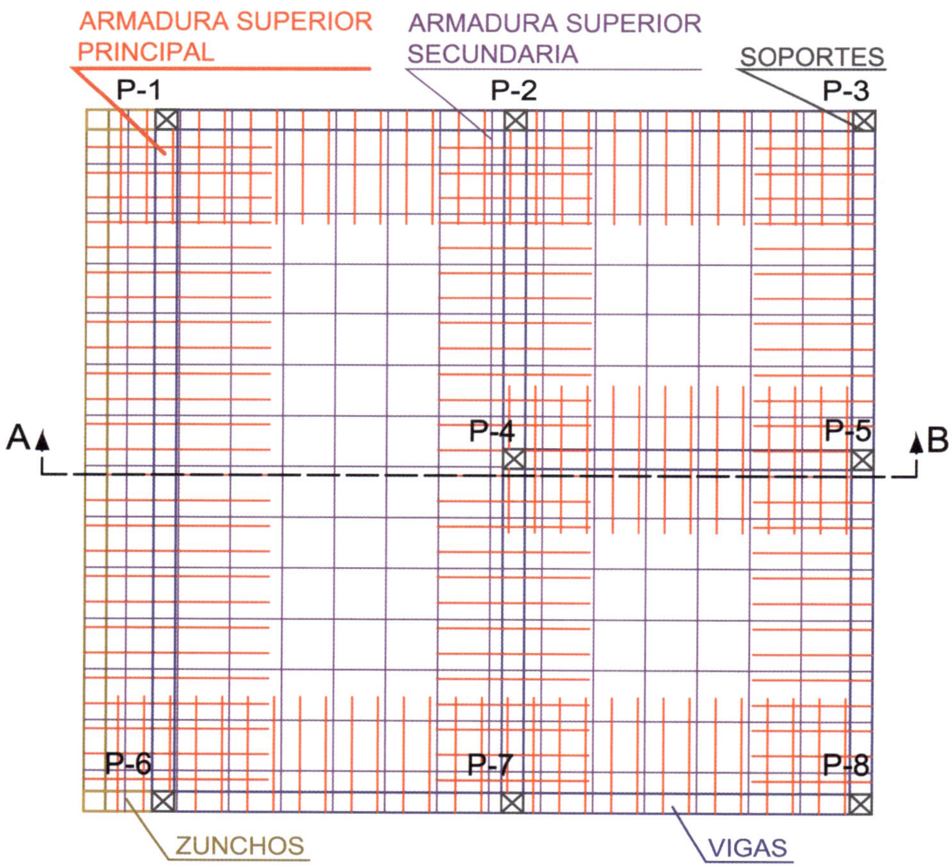

PLANTA DE PLACA. Armadura superior.

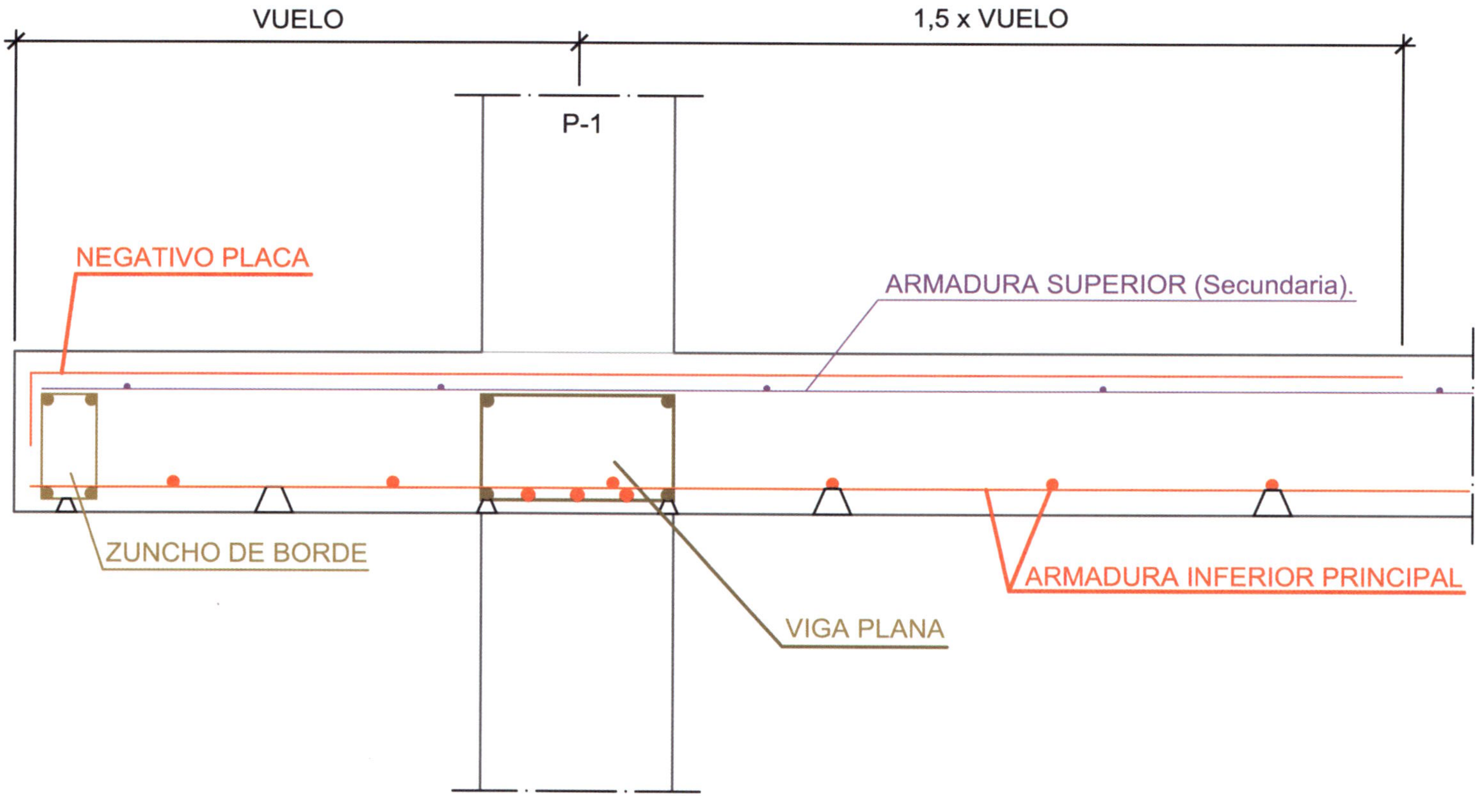

SECCIÓN 1. PILAR 1.

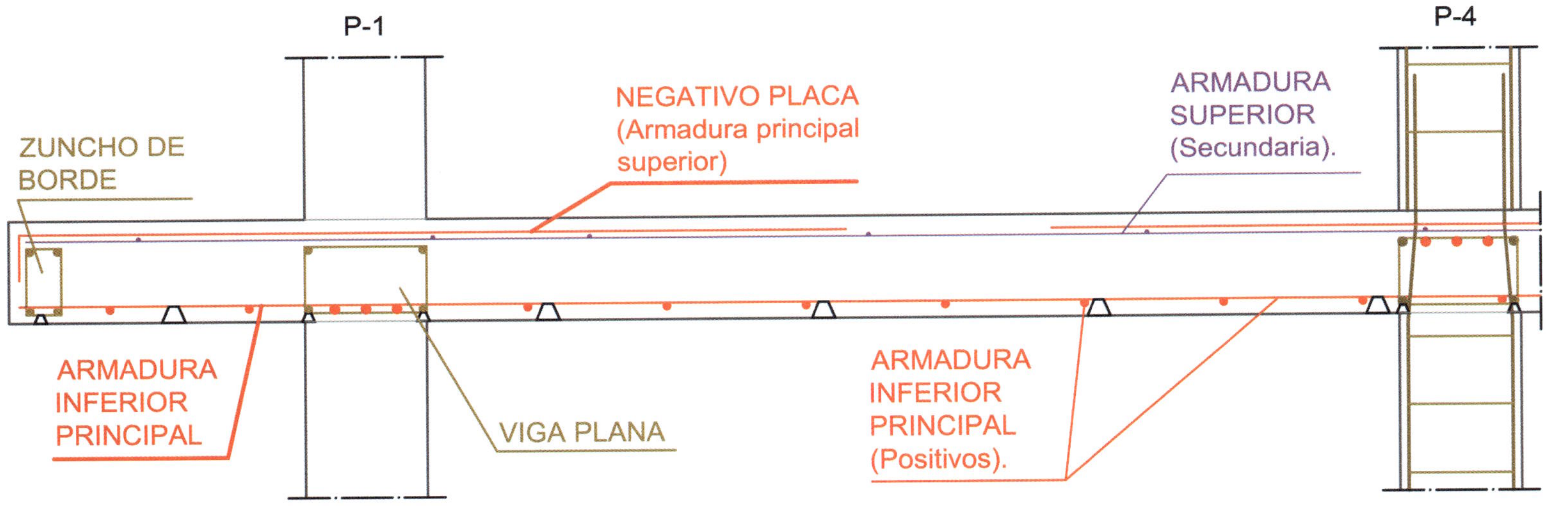

SECCIÓN 2. PILAR 1 y 4.

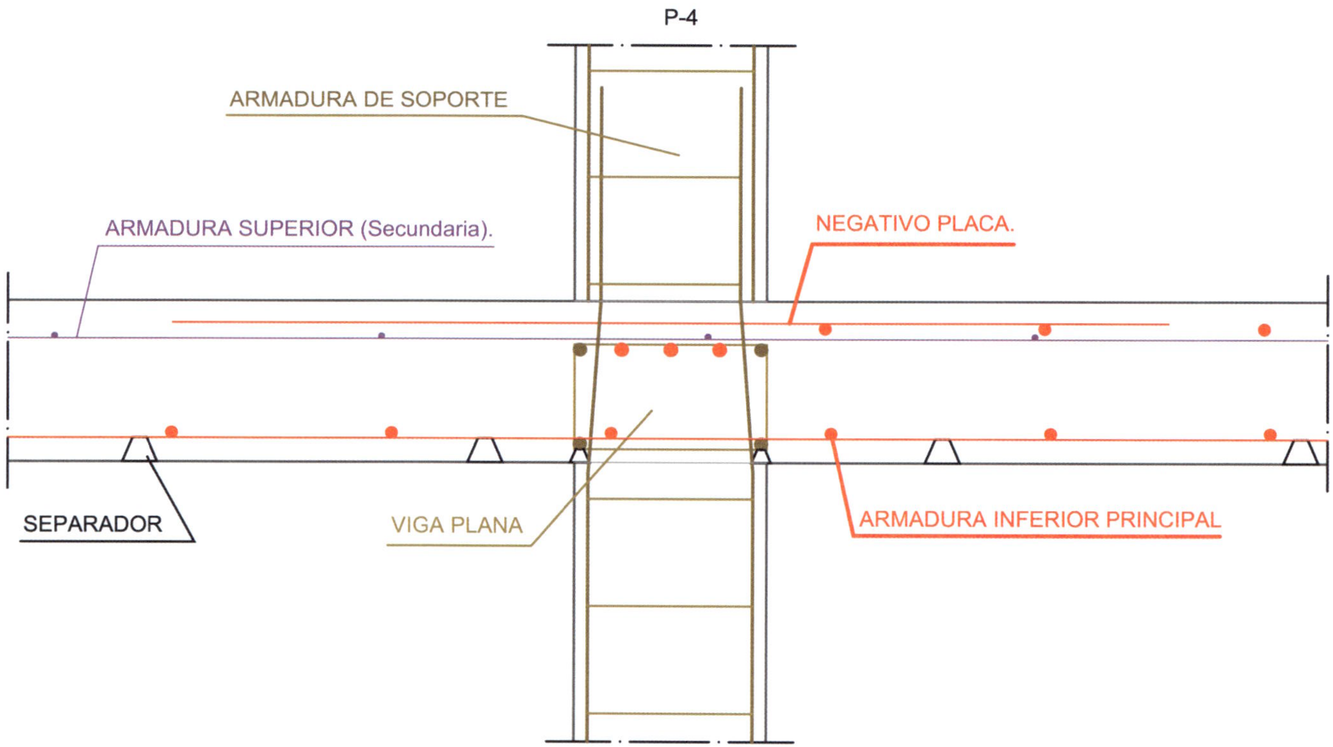

SECCIÓN 3.   PILAR 4.

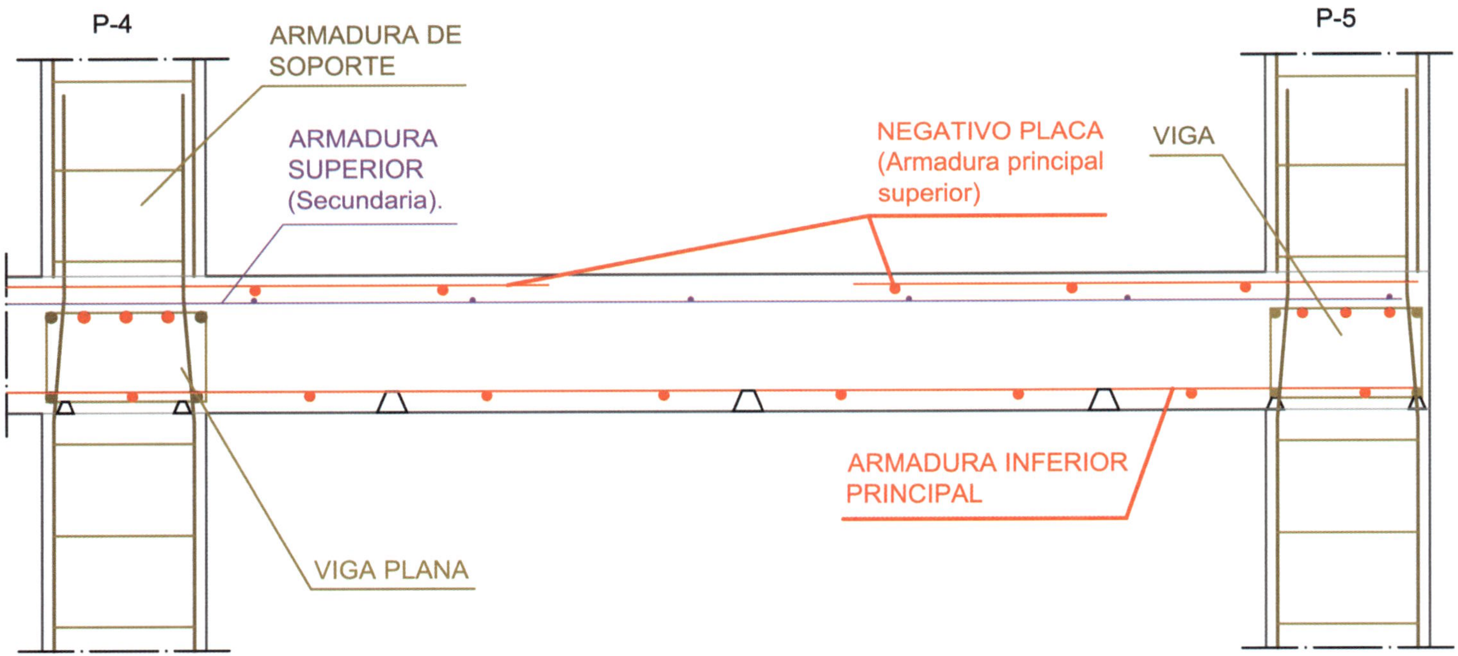

SECCIÓN 4. PILAR 4 y 5.

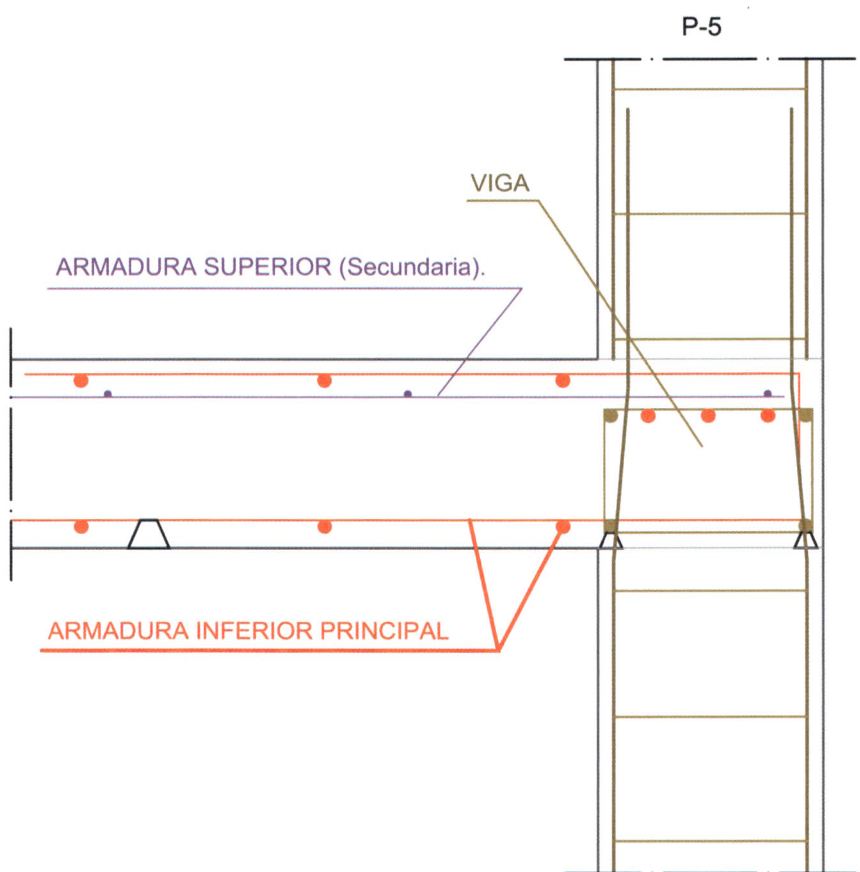

SECCIÓN 5. PILAR 5.

Ejercicio nº 59

Dibujar la planta y sección A-B, sabiendo que:

- Los soportes son de hormigón armado.
- La viga 1 es plana.
- Las vigas 2 son de canto.
- El forjado es de viguetas semirresistentes.
- Resto de datos a criterio del alumno.

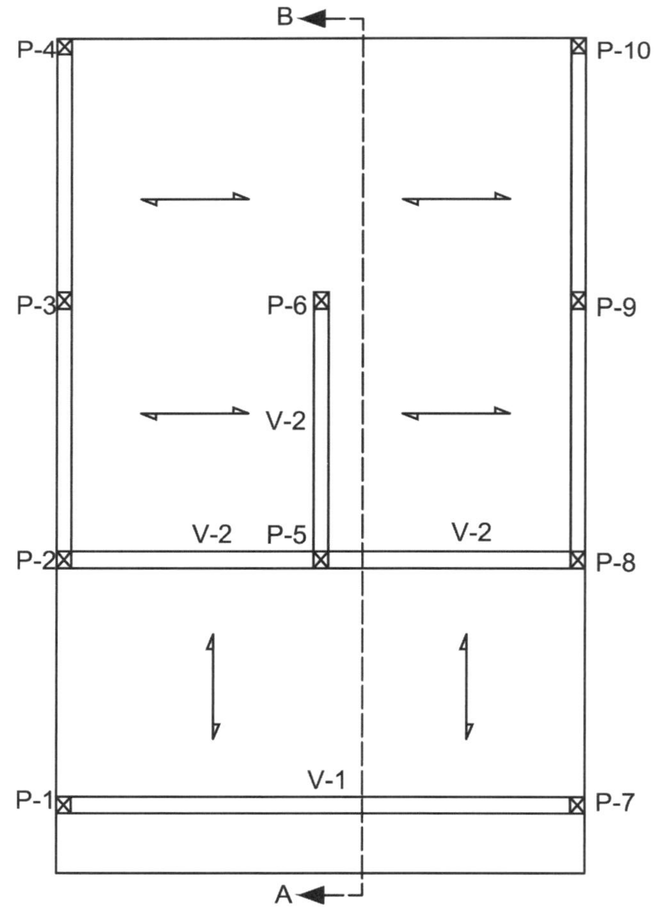

Resolución.

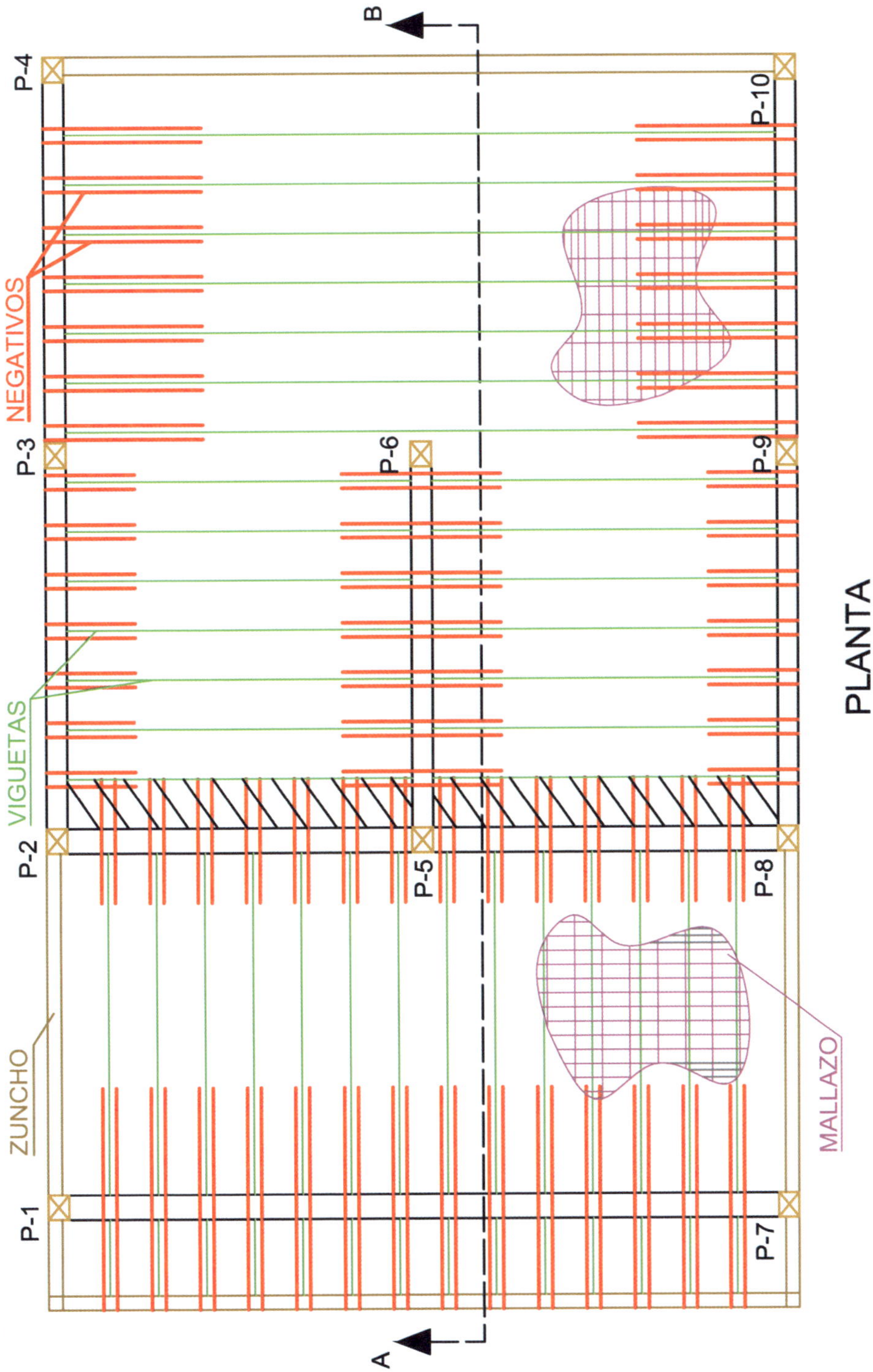

B
P-4
P-3
P-2
P-1
P-6
P-5
P-10
P-9
P-8
P-7
NEGATIVOS
VIGUETAS
ZUNCHO
MALLAZO
A
PLANTA

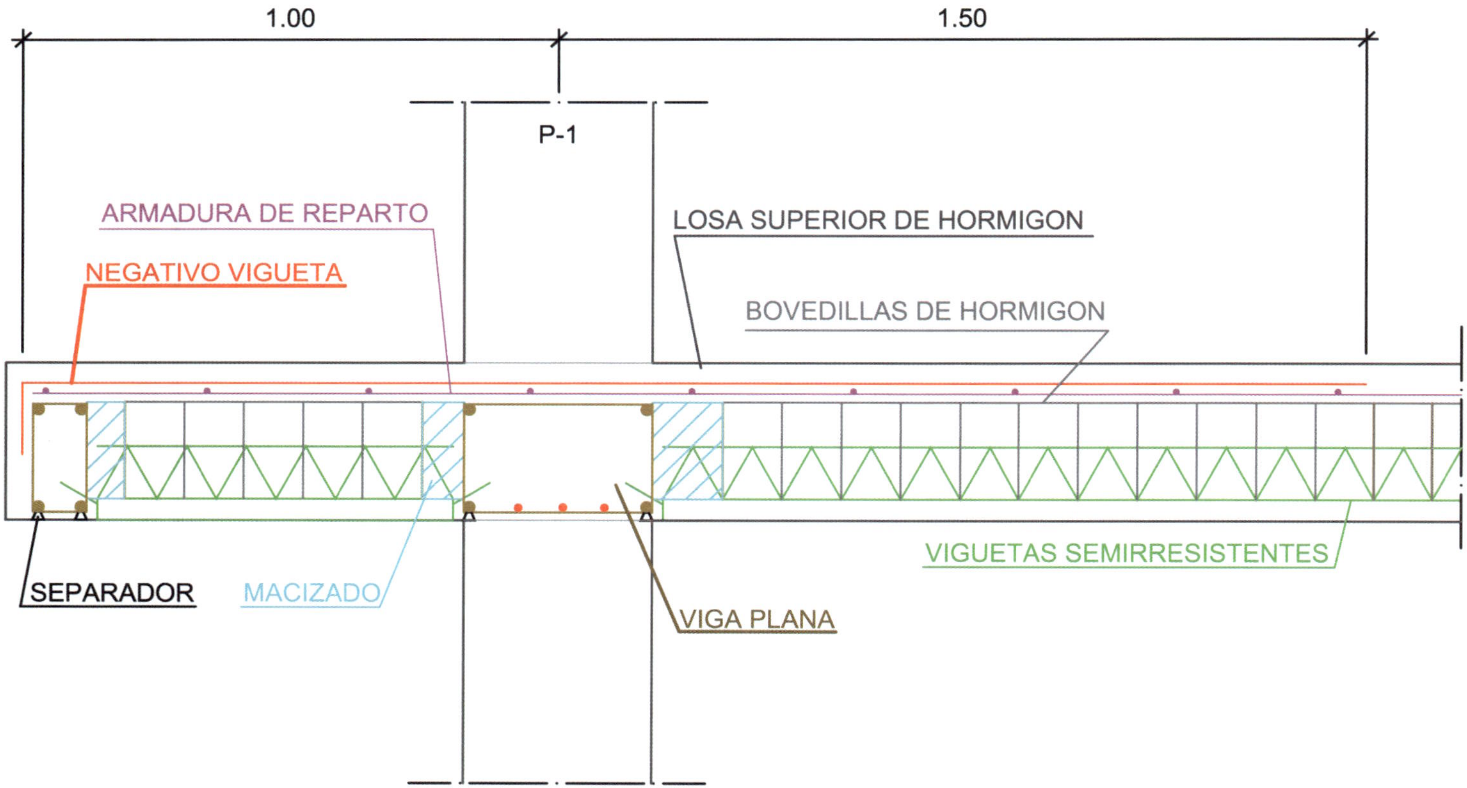

SECCIÓN 1. PILAR 1.

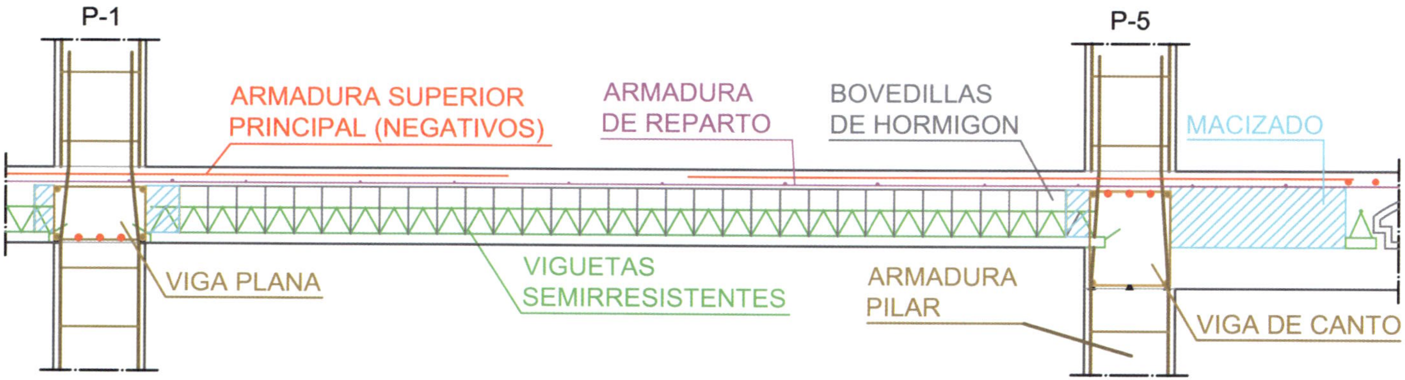

SECCIÓN 2. PILAR 1 y 5.

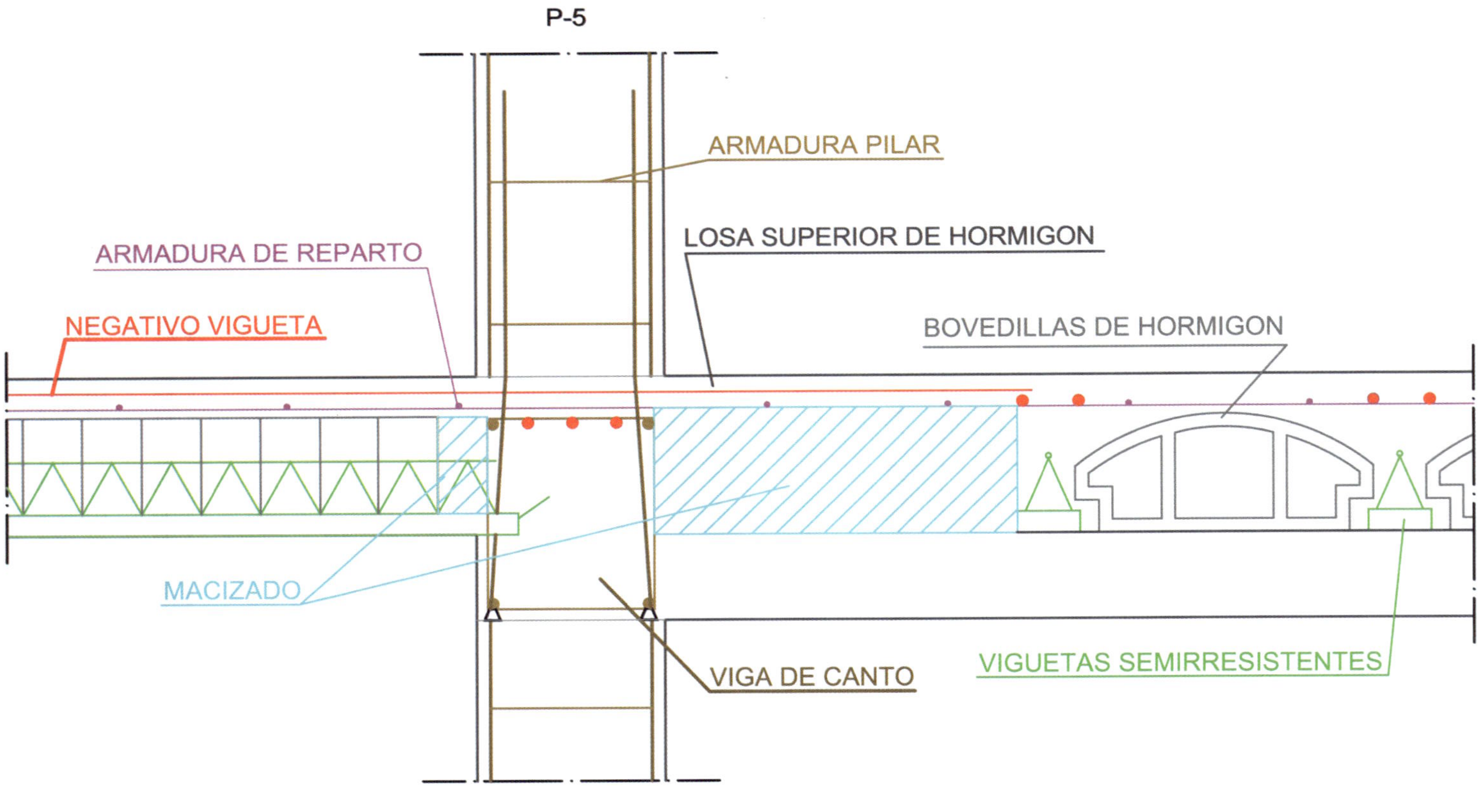

SECCIÓN 3. PILAR 5.

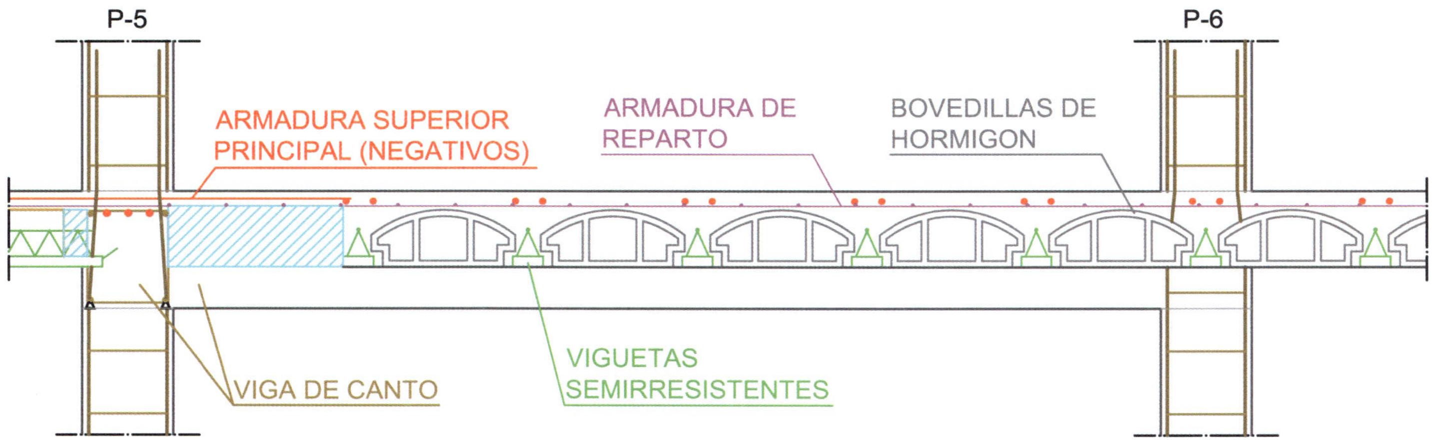

SECCIÓN 4. PILAR 5 y 6.

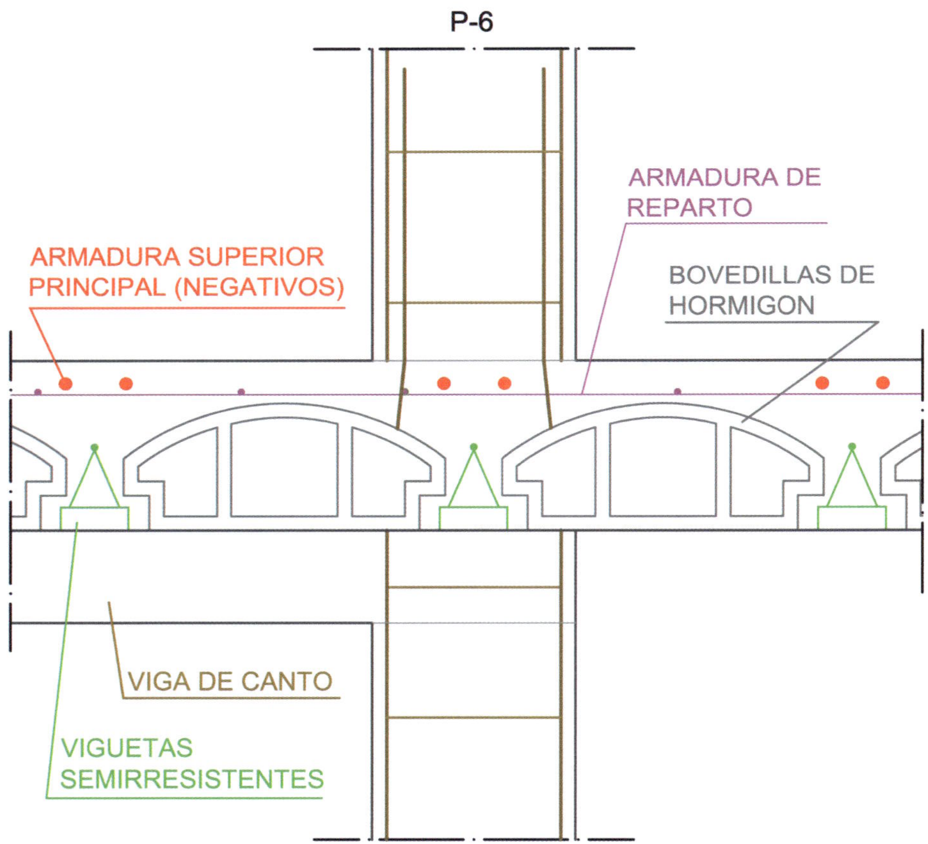

SECCIÓN 5. PILAR 6.

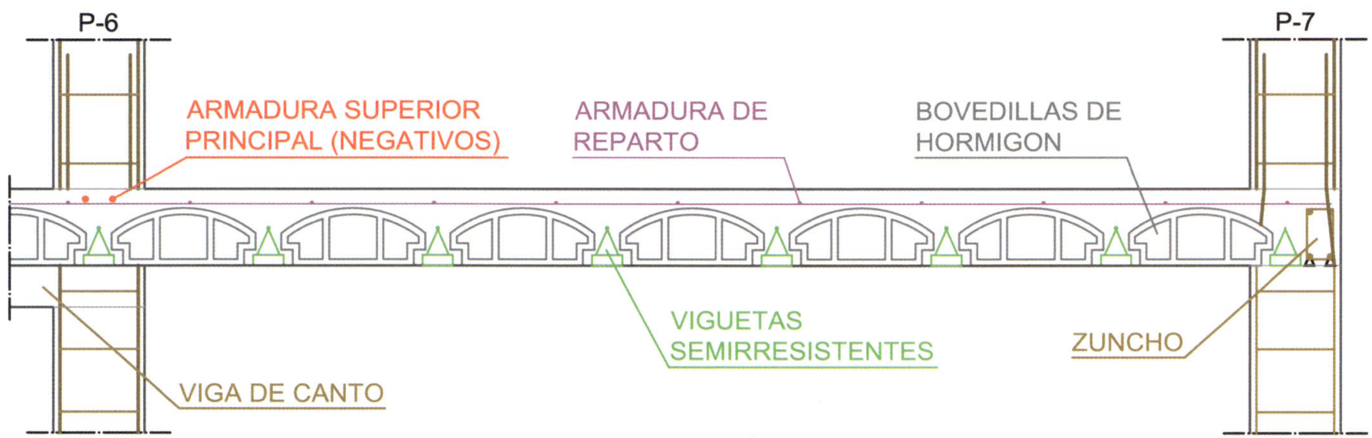

SECCIÓN 6. PILAR 6 y 7.

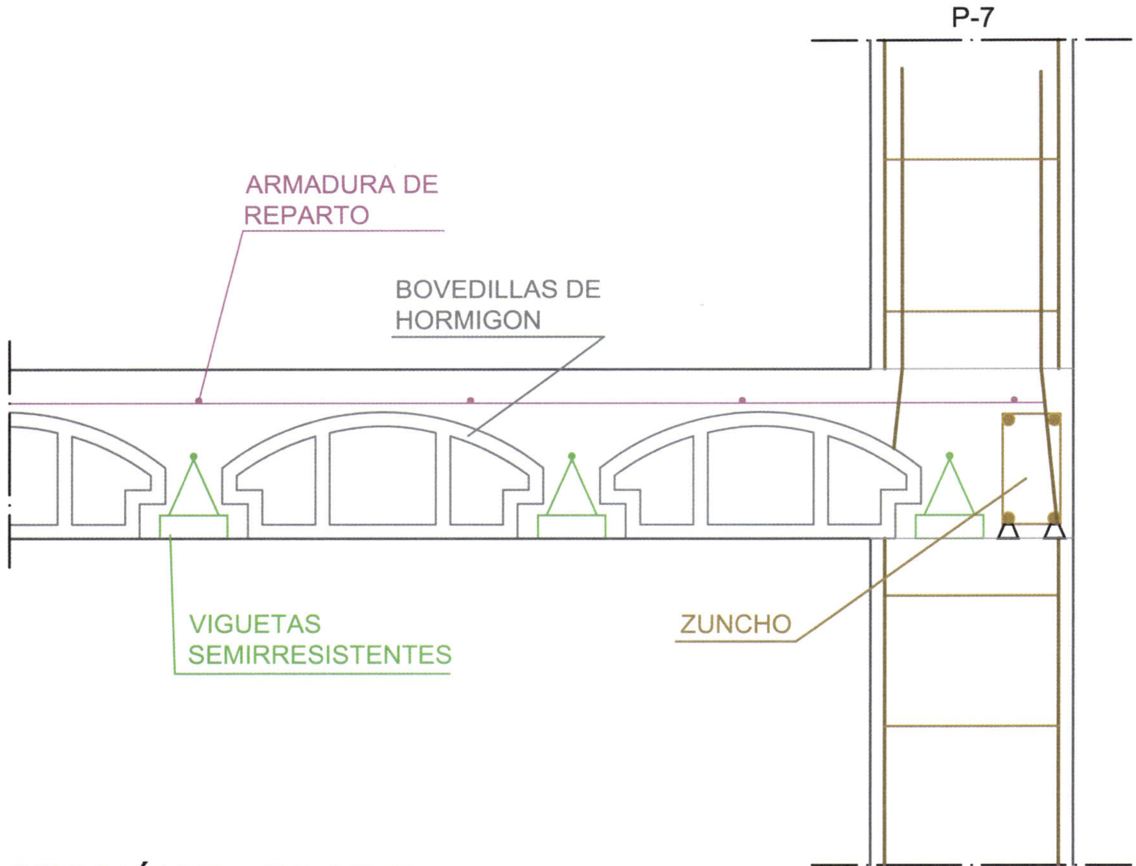

SECCIÓN 7. PILAR 7.

EJERCICIO Nº 60

Dibujar la planta y sección A-B, sabiendo que:

- **Los soportes son metálicos con perfil 2 UPN empresillados.**
- **Las vigas son continuas de perfiles IPN.**
- **El forjado es de viguetas metálicas apoyadas de perfil IPN.**

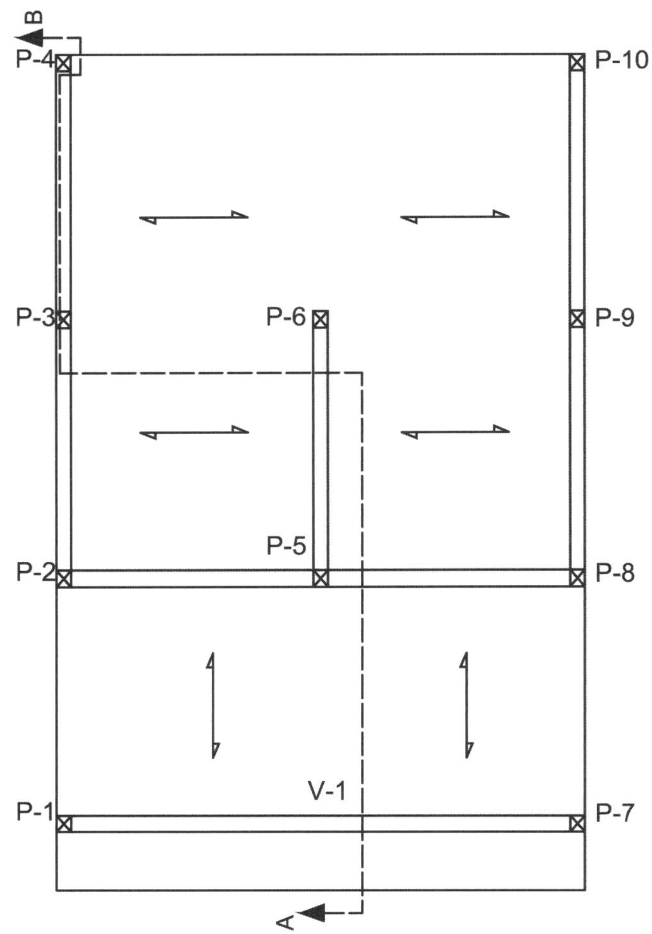

Resolución.

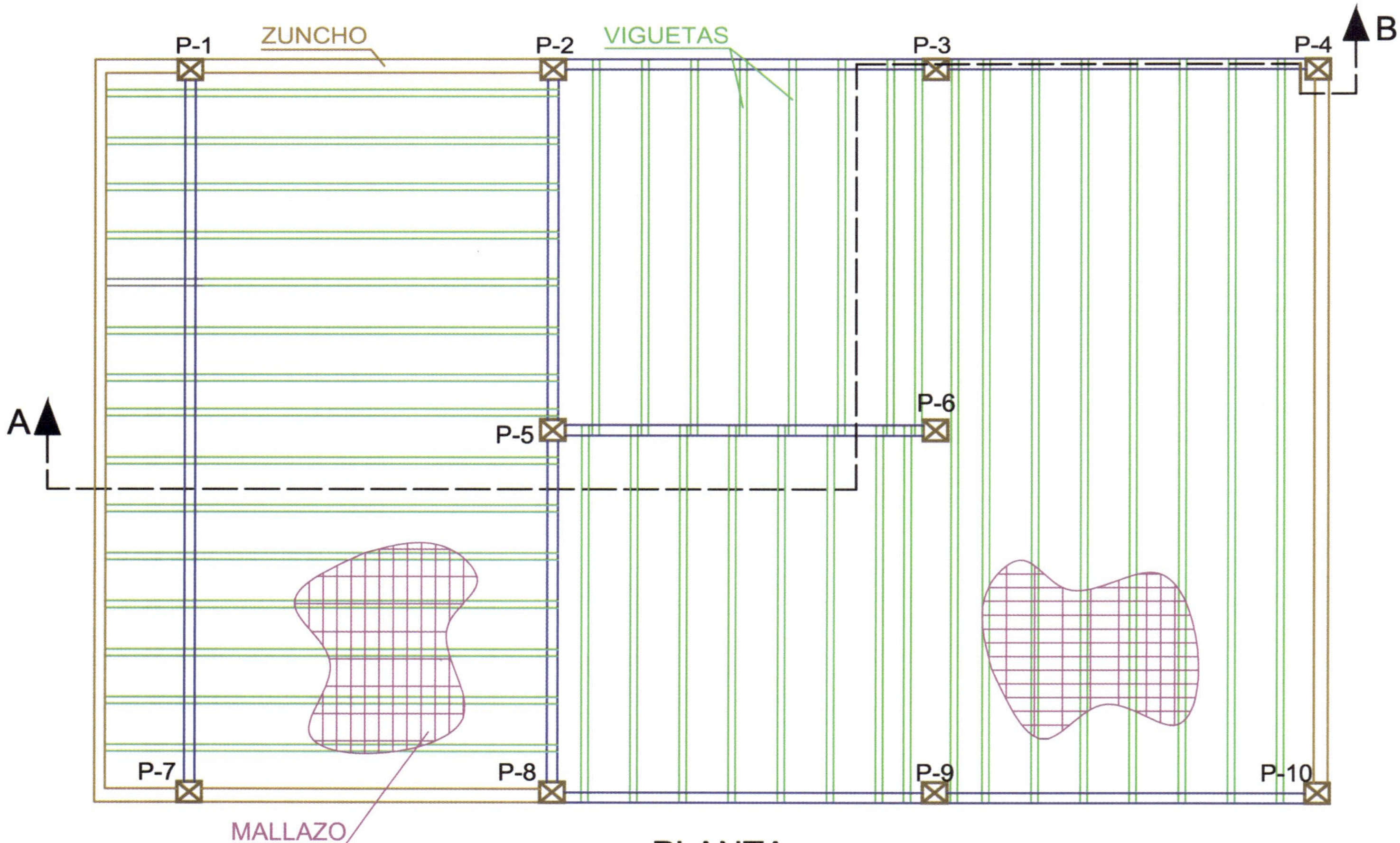

PLANTA

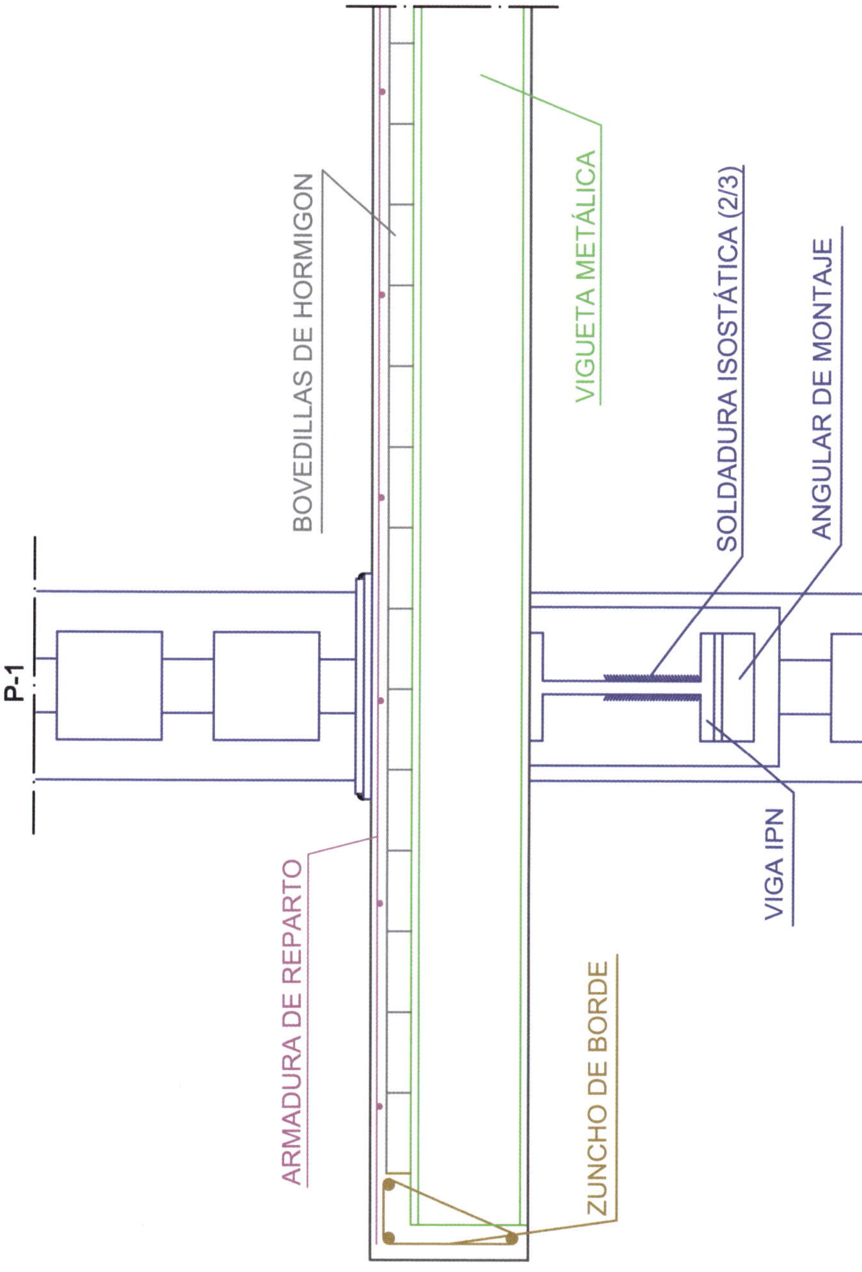

SECCIÓN 1. PILAR 1.

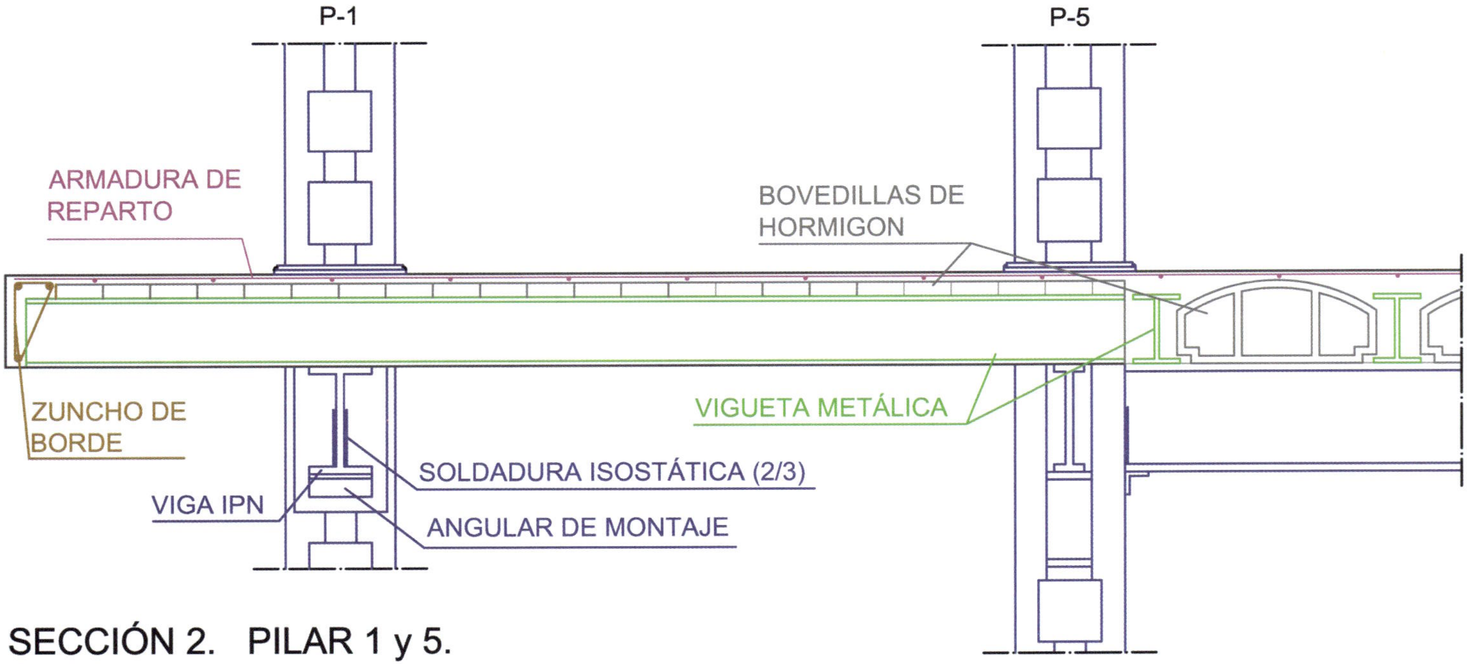

SECCIÓN 2. PILAR 1 y 5.

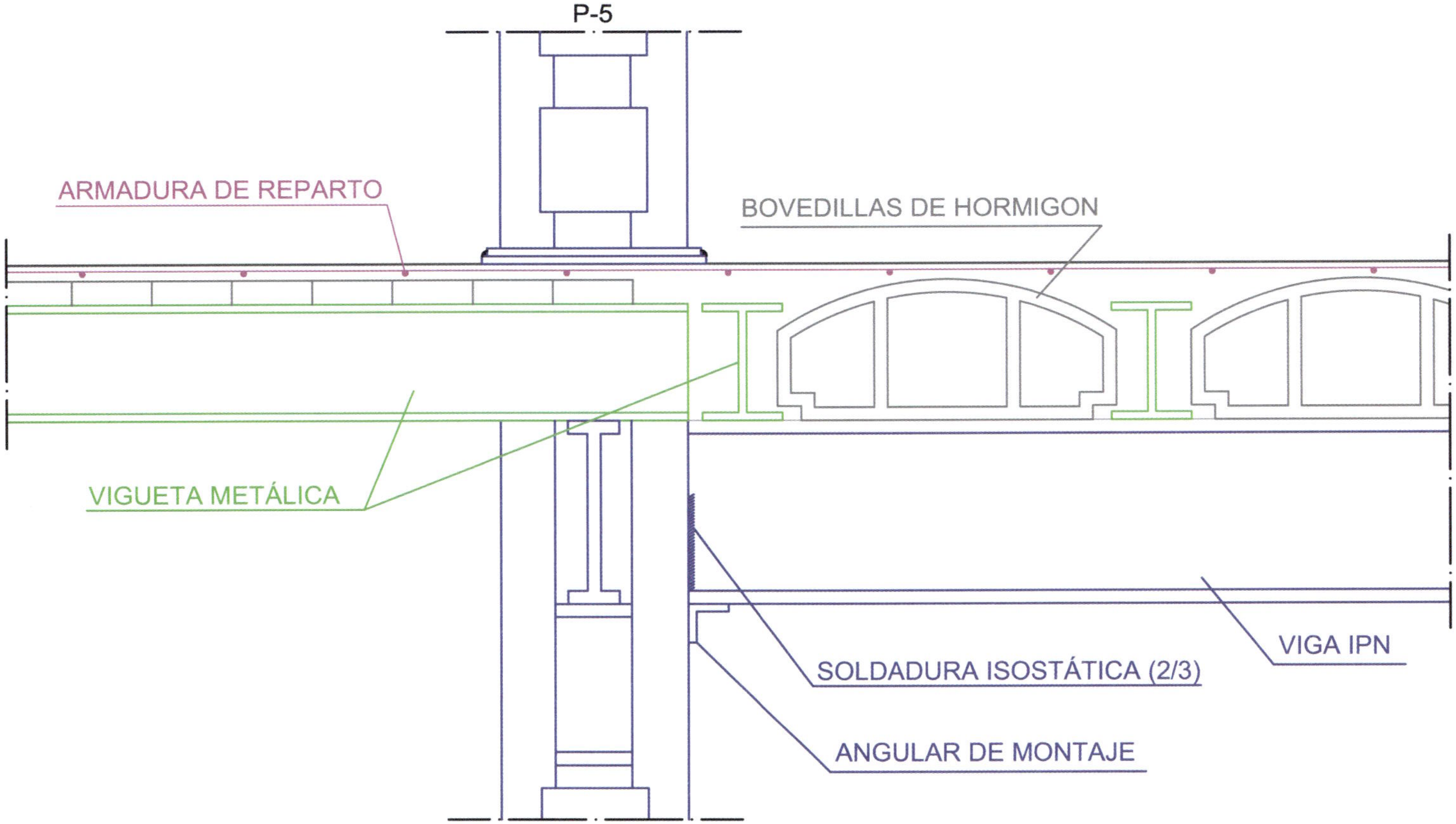

SECCIÓN 3. PILAR 5.

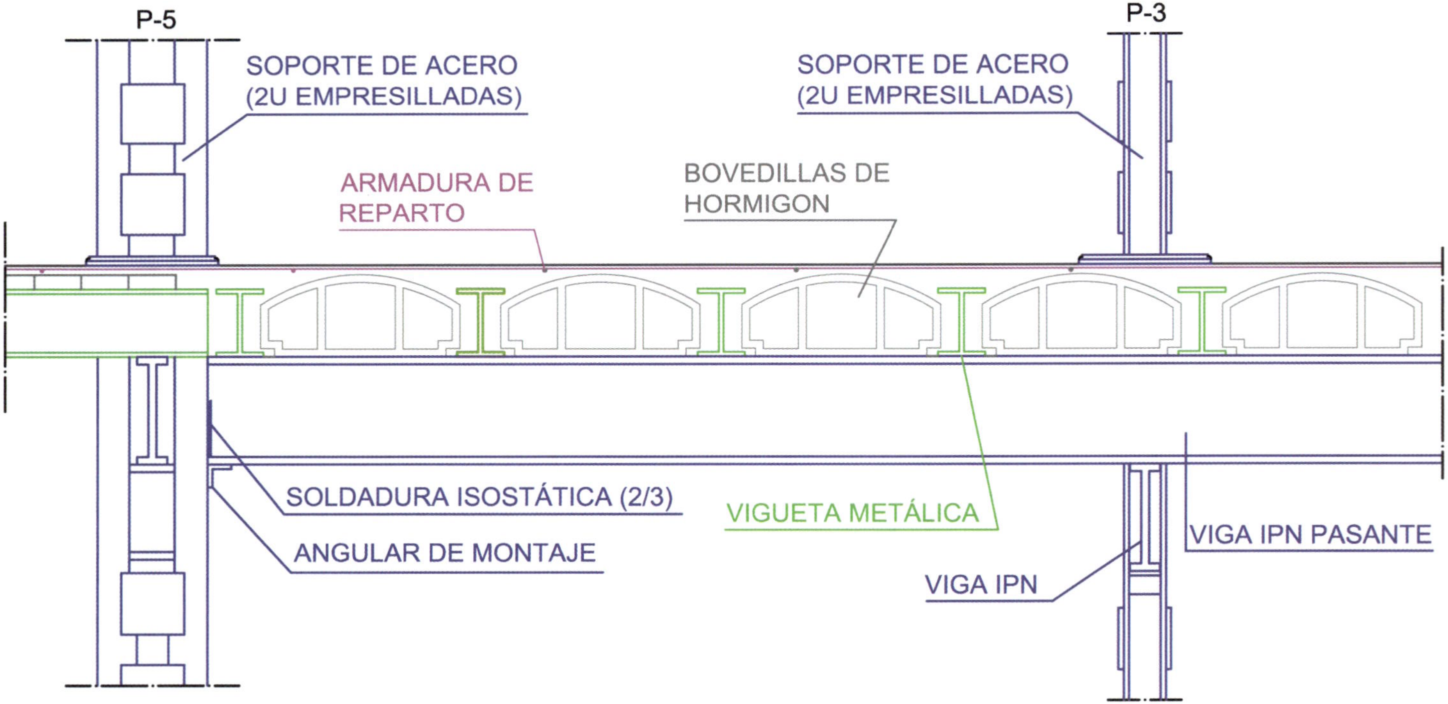

SECCIÓN 4. PILAR 5 y 3.

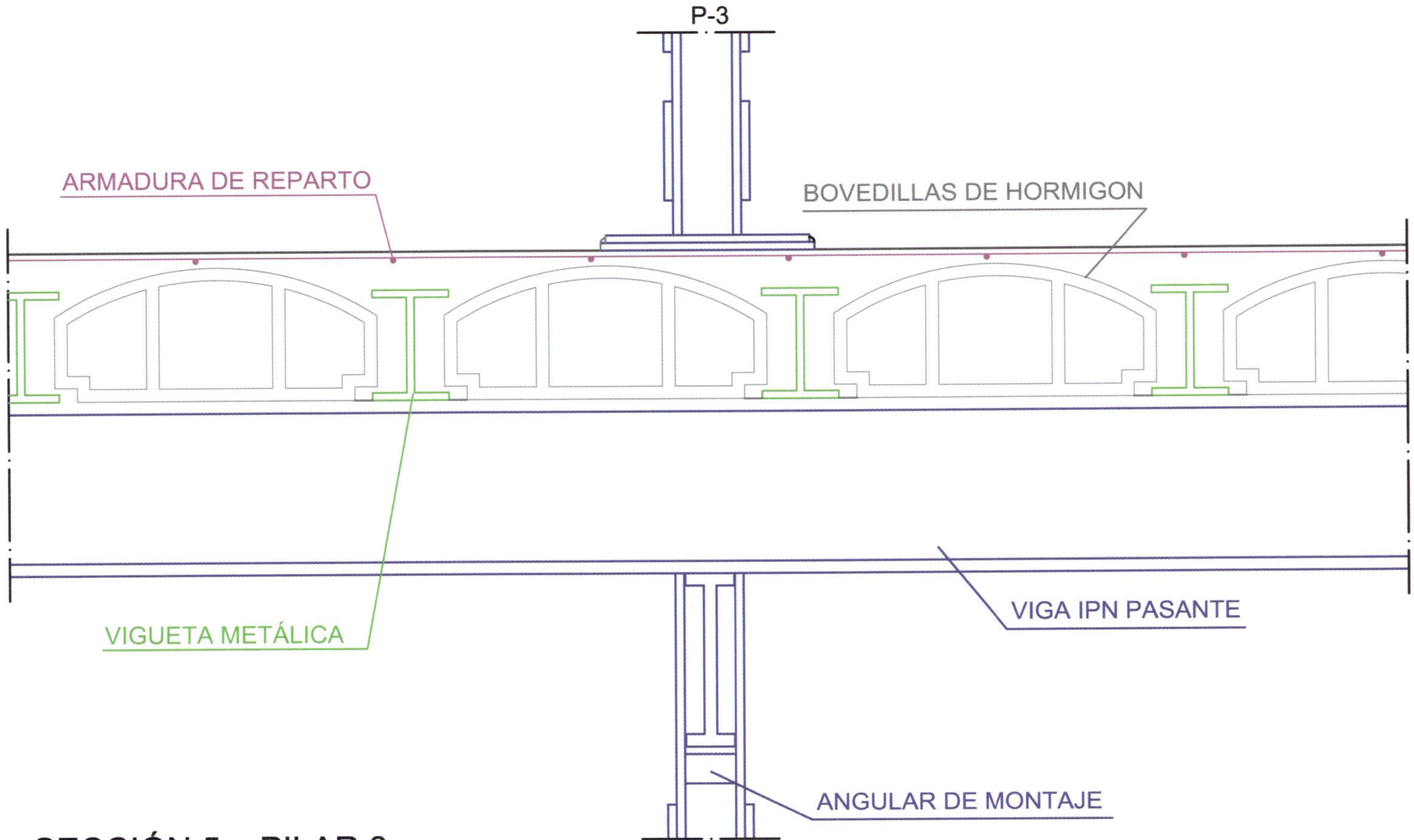

SECCIÓN 5. PILAR 3.

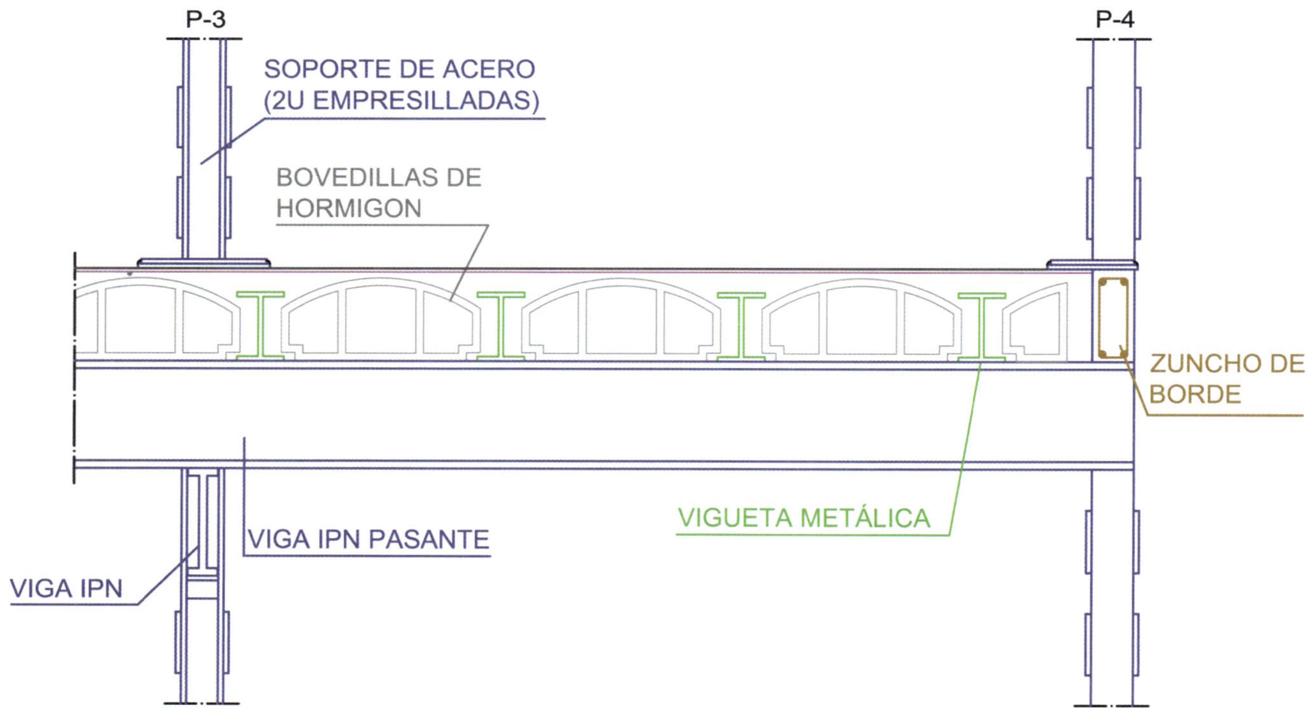

SECCIÓN 6. PILAR 3 y 4.

EJERCICIO Nº 61

Dibujar la planta y sección A-A', sabiendo que:

- **Los soportes son metálicos perfil HEB.**
- **Las vigas son isostáticas de perfiles IPN.**
- **El forjado es de viguetas metálicas.**
- **Resto de datos a criterio del alumno.**

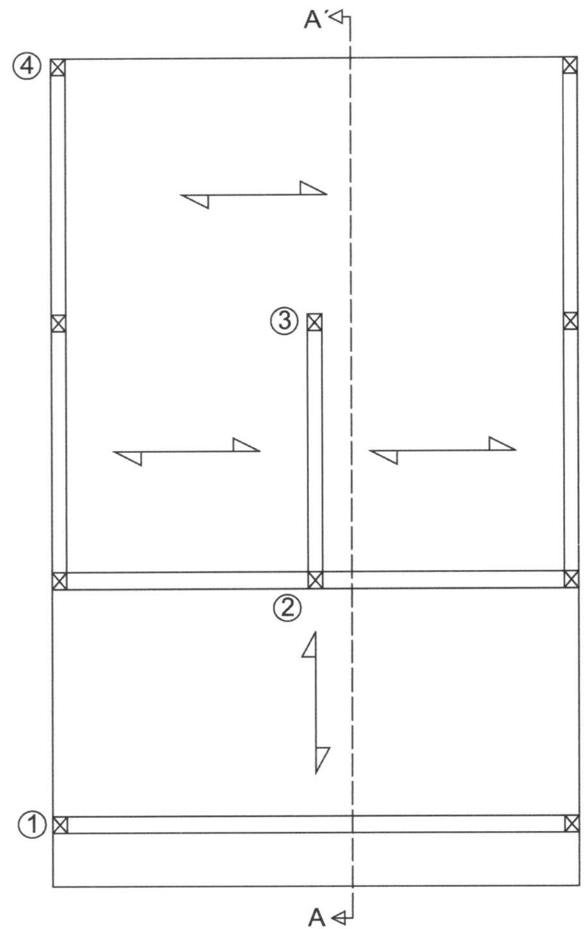

Resolución.

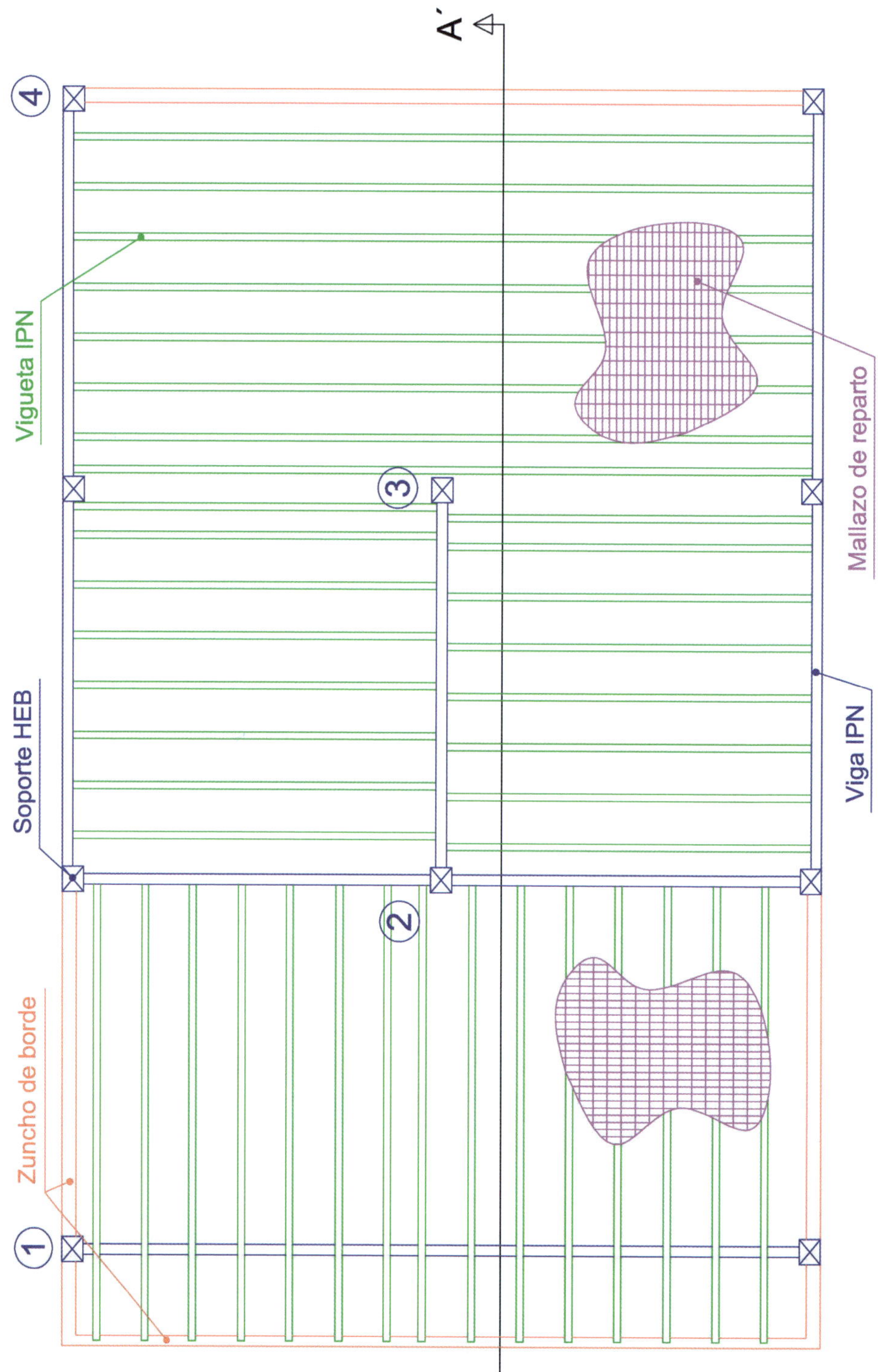

A
A´
1
2
3
4
Zuncho de borde
Soporte HEB
Vigueta IPN
Viga IPN
Mallazo de reparto

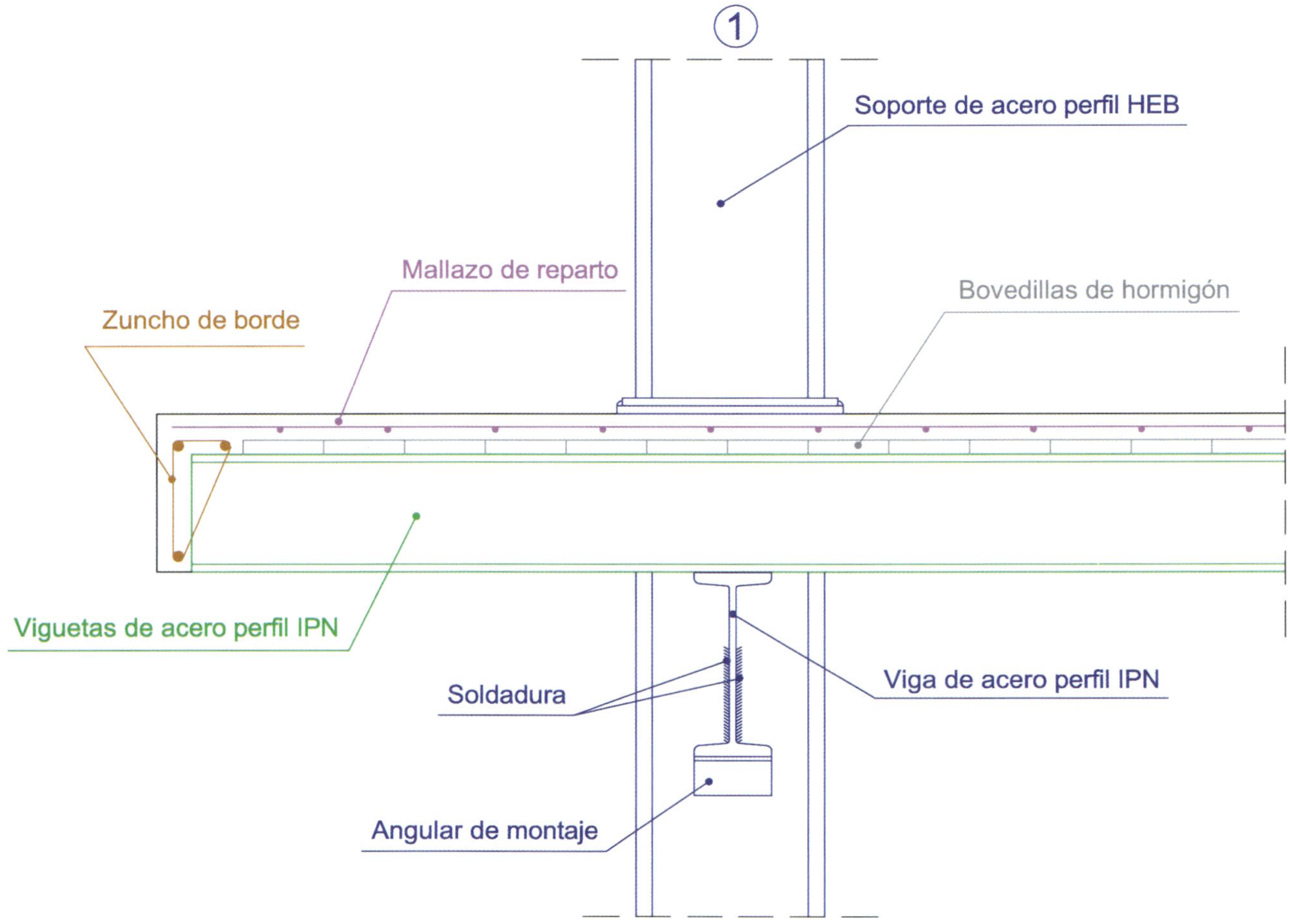
1
Soporte de acero perfil HEB
Mallazo de reparto
Bovedillas de hormigón
Zuncho de borde
Viguetas de acero perfil IPN
Soldadura
Viga de acero perfil IPN
Angular de montaje

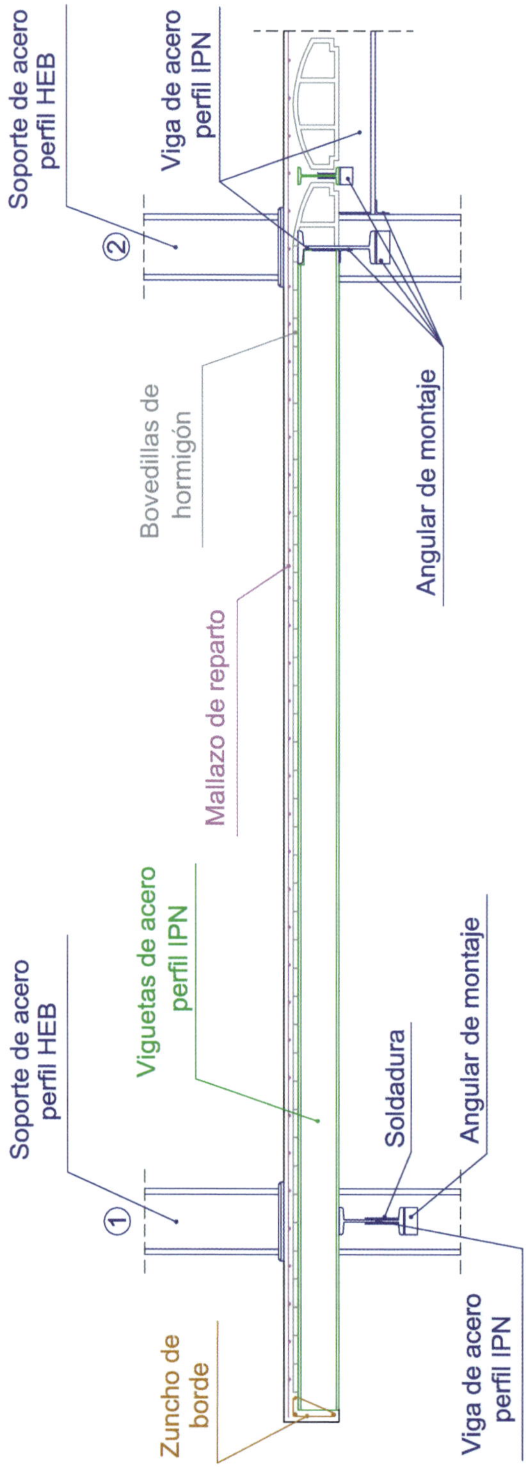
Soporte de acero perfil HEB
②
Viga de acero perfil IPN
Bovedillas de hormigón
Angular de montaje
Mallazo de reparto
Viguetas de acero perfil IPN
Soporte de acero perfil HEB
①
Soldadura
Angular de montaje
Zuncho de borde
Viga de acero perfil IPN

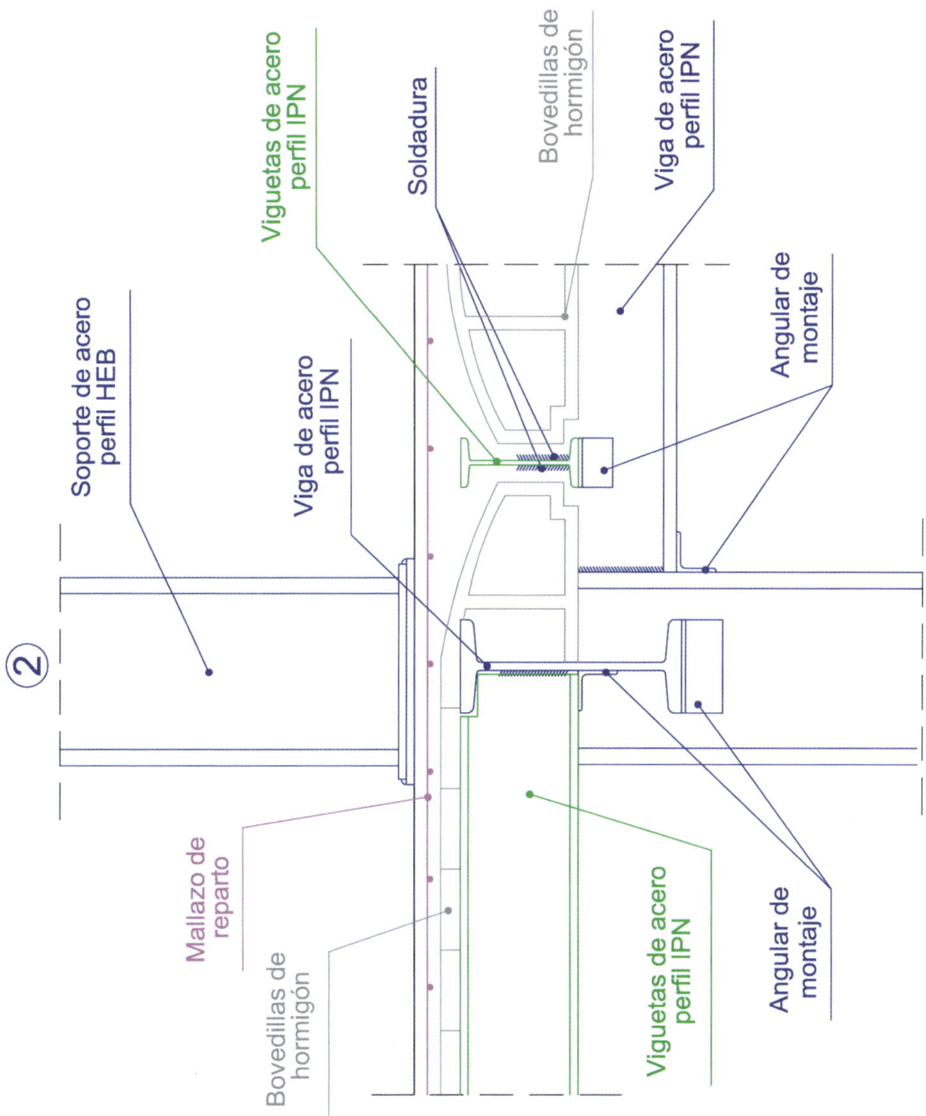
2
Soporte de acero perfil HEB
Viguetas de acero perfil IPN
Soldadura
Bovedillas de hormigón
Viga de acero perfil IPN
Viga de acero perfil IPN
Angular de montaje
Mallazo de reparto
Bovedillas de hormigón
Viguetas de acero perfil IPN
Angular de montaje

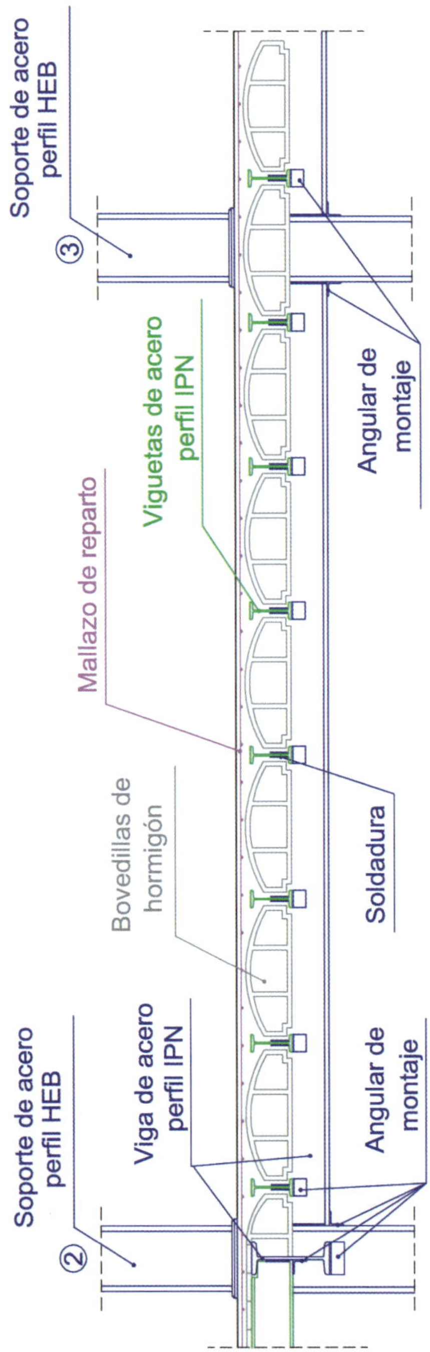
Soporte de acero perfil HEB
③
Viguetas de acero perfil IPN
Mallazo de reparto
Angular de montaje
Bovedillas de hormigón
Soldadura
Soporte de acero perfil HEB
②
Viga de acero perfil IPN
Angular de montaje

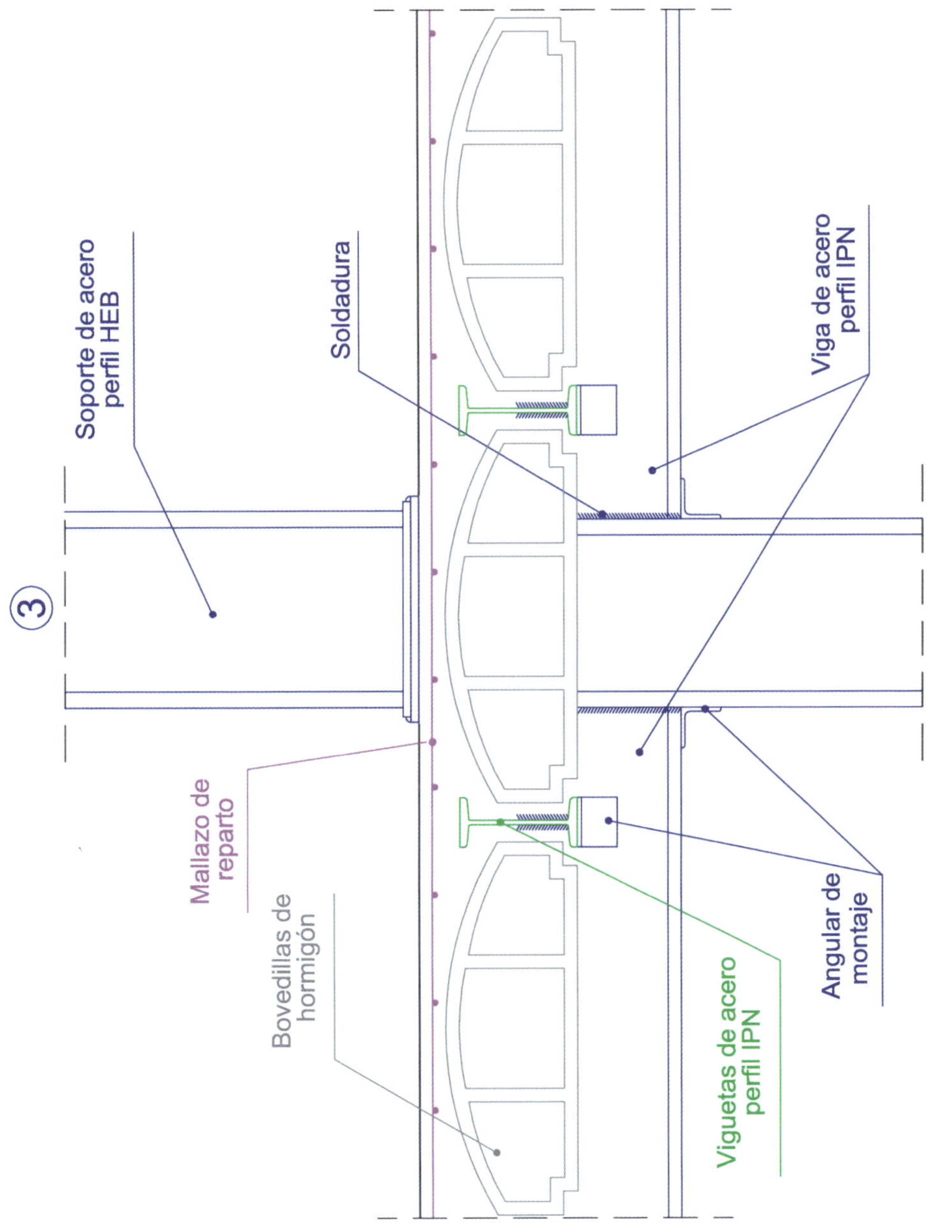
3
Soporte de acero perfil HEB
Soldadura
Viga de acero perfil IPN
Mallazo de reparto
Bovedillas de hormigón
Viguetas de acero perfil IPN
Angular de montaje

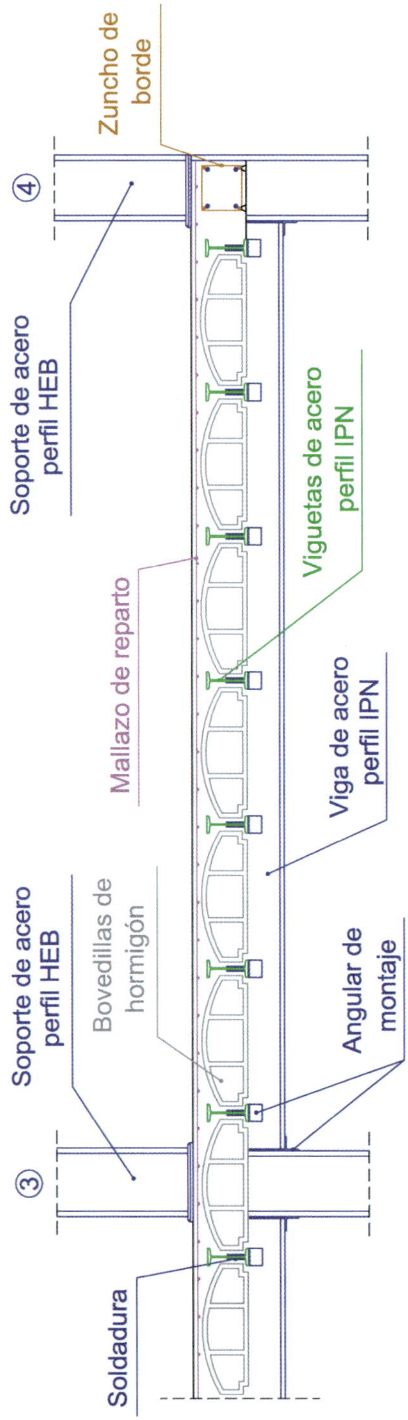

Zuncho de borde
④
Soporte de acero perfil HEB
Viguetas de acero perfil IPN
Mallazo de reparto
Viga de acero perfil IPN
Soporte de acero perfil HEB
Bovedillas de hormigón
Angular de montaje
③
Soldadura

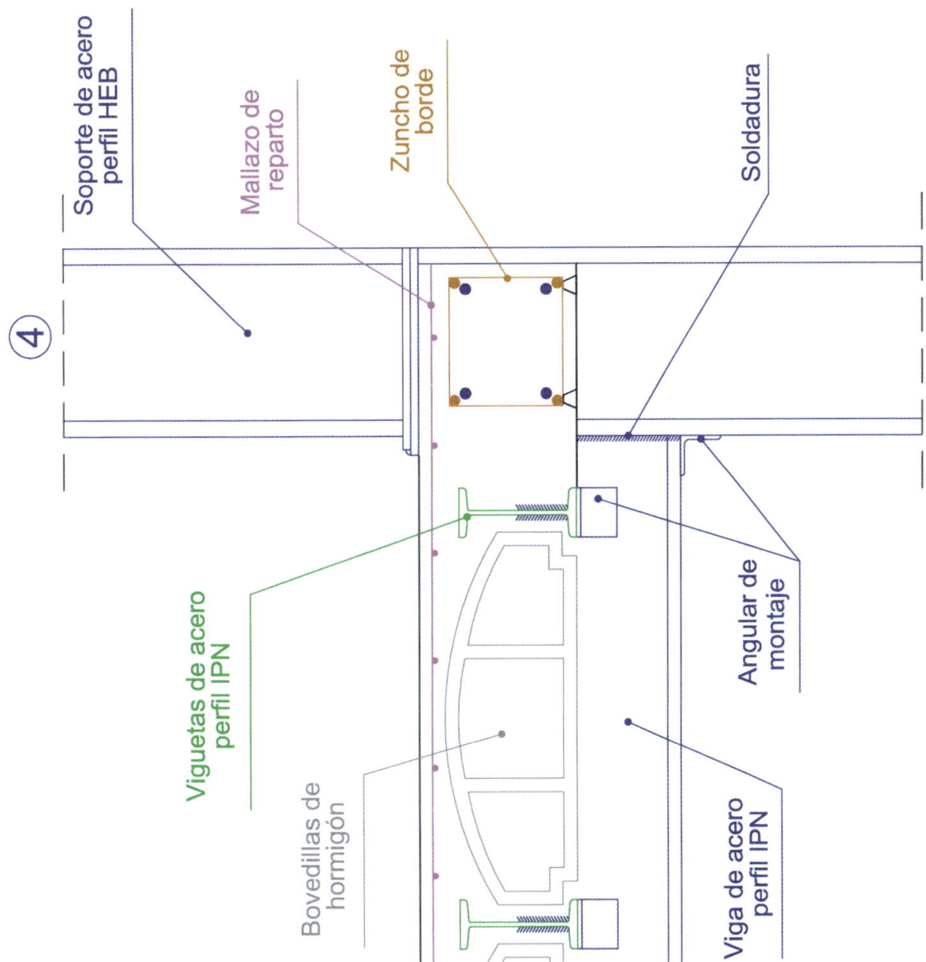
4
Soporte de acero perfil HEB
Mallazo de reparto
Zuncho de borde
Soldadura
Viguetas de acero perfil IPN
Bovedillas de hormigón
Angular de montaje
Viga de acero perfil IPN

EJERCICIO Nº 62

Dibujar la planta y sección A-A', sabiendo que:

- **Los soportes son metálicos perfil 2 UPN soldadas a tope.**
- **Las vigas son hiperestáticas de perfiles IPN.**
- **El forjado es de viguetas metálicas, enrasado e hiperestático.**
- **Resto de datos a criterio del alumno.**

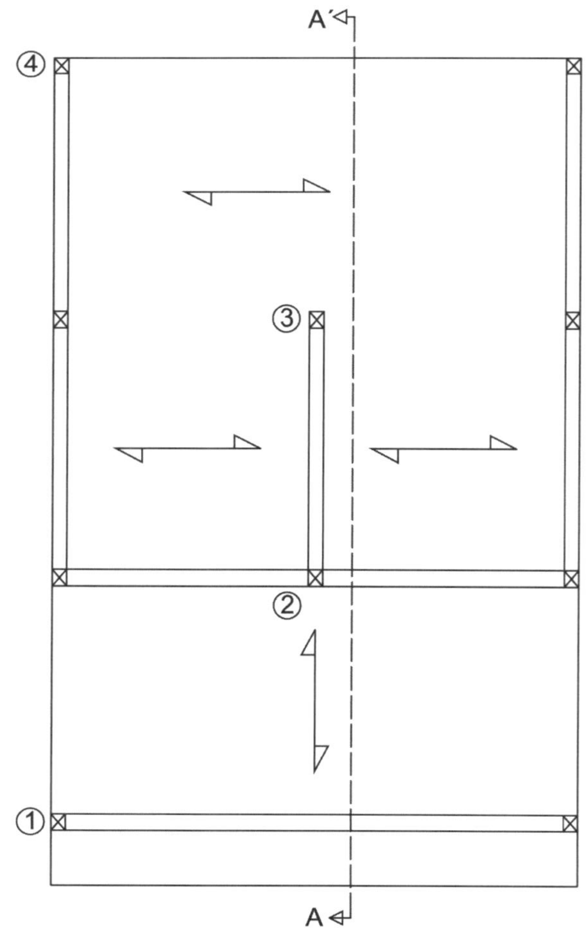

Resolución.

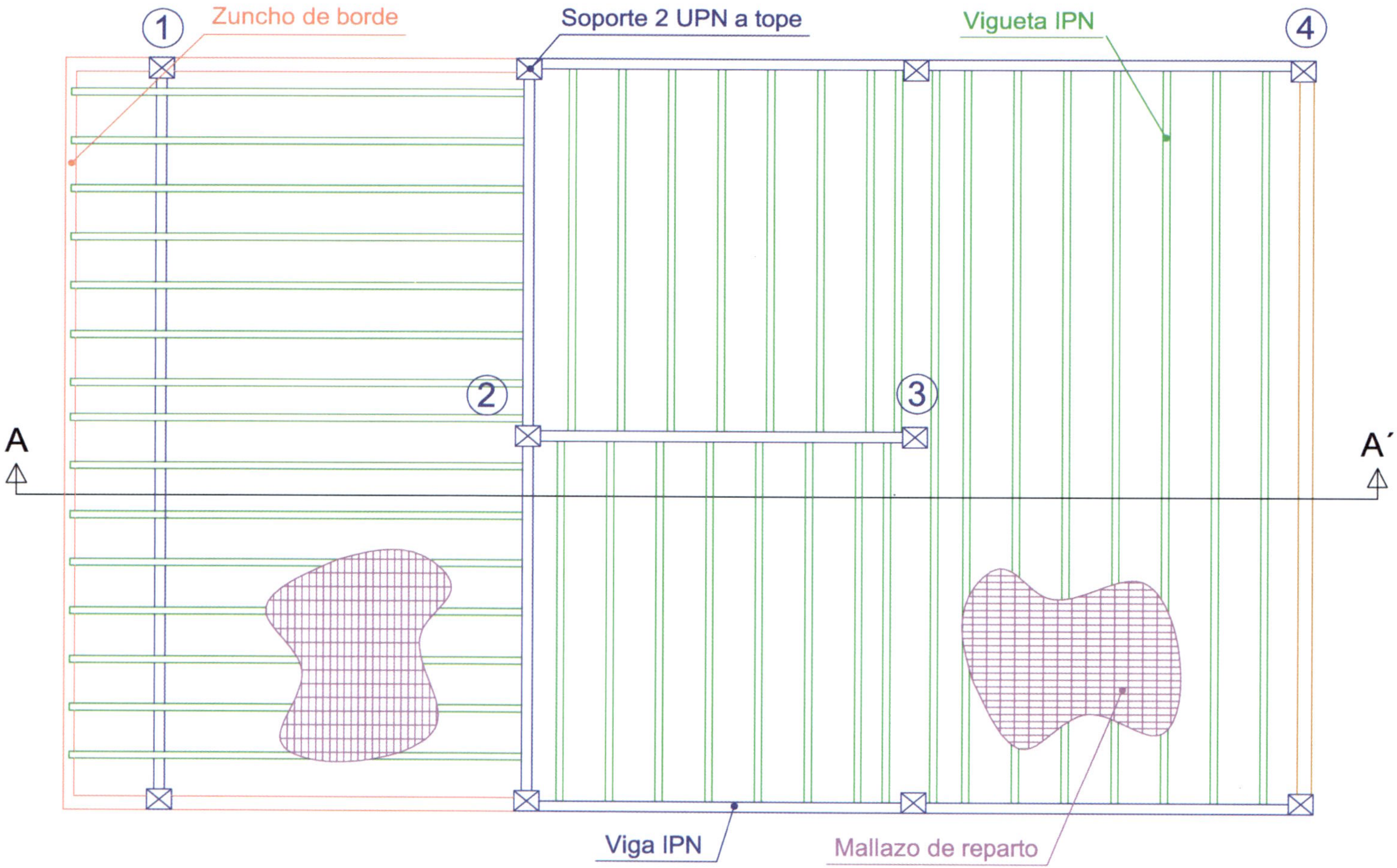
1
Zuncho de borde
Soporte 2 UPN a tope
Vigueta IPN
4
2
3
A
A´
Viga IPN
Mallazo de reparto

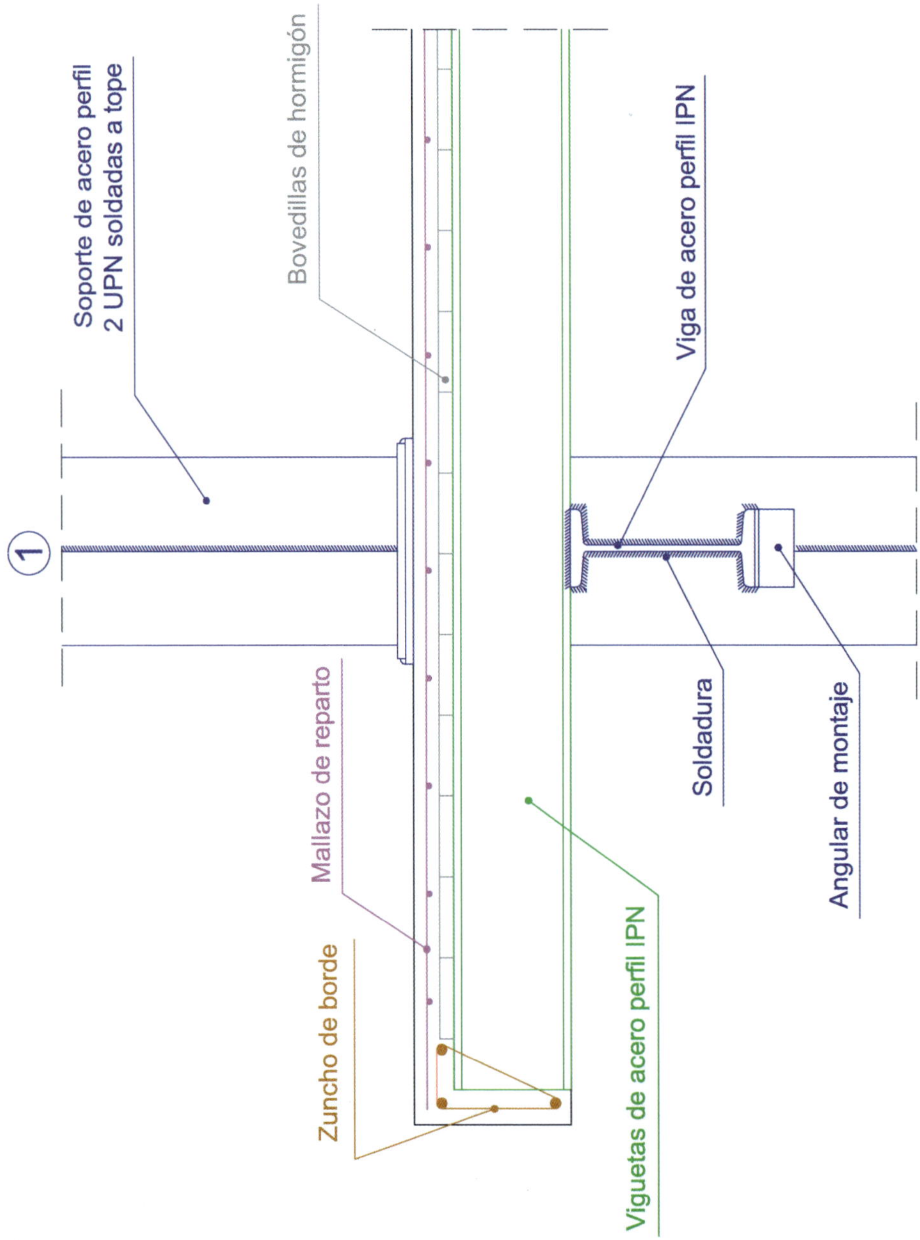
1
Soporte de acero perfil
2 UPN soldadas a tope
Bovedillas de hormigón
Viga de acero perfil IPN
Soldadura
Angular de montaje
Mallazo de reparto
Zuncho de borde
Viguetas de acero perfil IPN

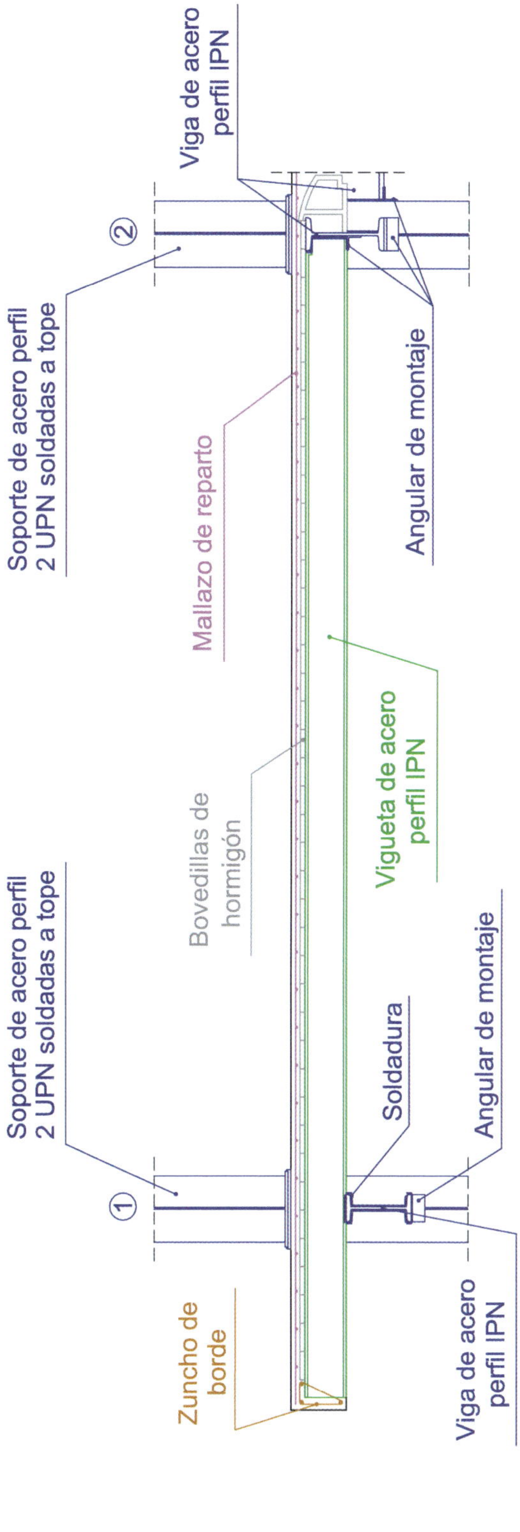

Viga de acero
perfil IPN
②
Soporte de acero perfil
2 UPN soldadas a tope
Mallazo de reparto
Angular de montaje
Vigueta de acero
perfil IPN
Bovedillas de
hormigón
Soporte de acero perfil
2 UPN soldadas a tope
Soldadura
Angular de montaje
①
Zuncho de
borde
Viga de acero
perfil IPN

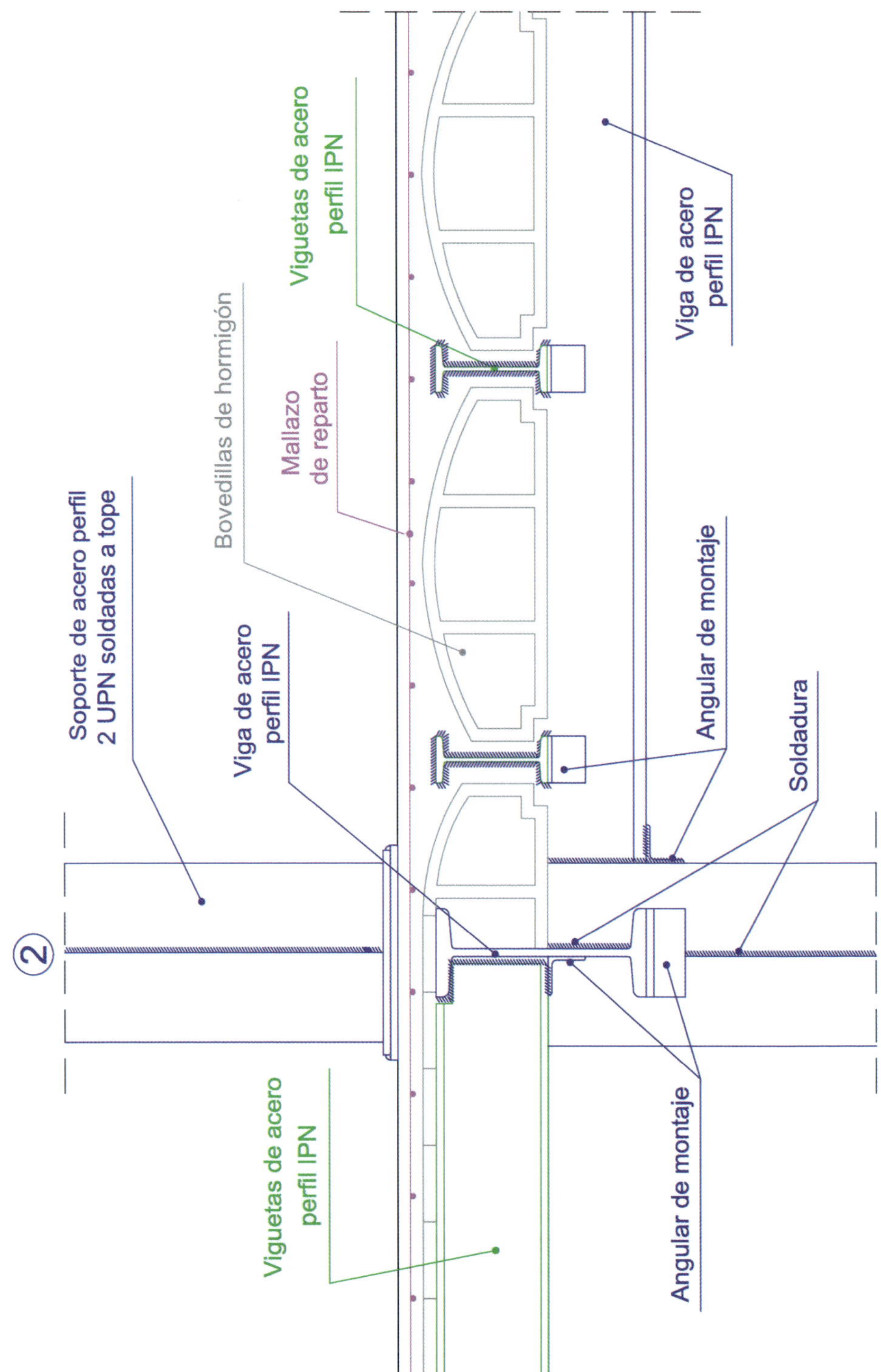

2
Soporte de acero perfil
2 UPN soldadas a tope
Viga de acero
perfil IPN
Bovedillas de hormigón
Mallazo
de reparto
Viguetas de acero
perfil IPN
Viga de acero
perfil IPN
Angular de montaje
Soldadura
Viguetas de acero
perfil IPN
Angular de montaje

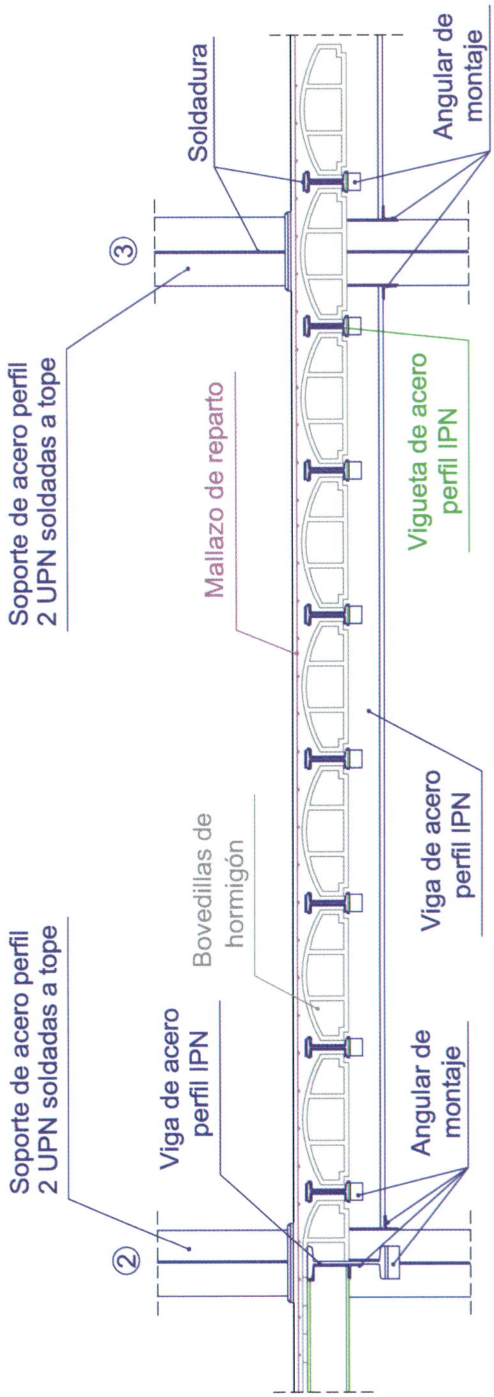
Soldadura
Angular de montaje
③
Soporte de acero perfil 2 UPN soldadas a tope
Mallazo de reparto
Vigueta de acero perfil IPN
Viga de acero perfil IPN
Bovedillas de hormigón
Soporte de acero perfil 2 UPN soldadas a tope
Viga de acero perfil IPN
Angular de montaje
②

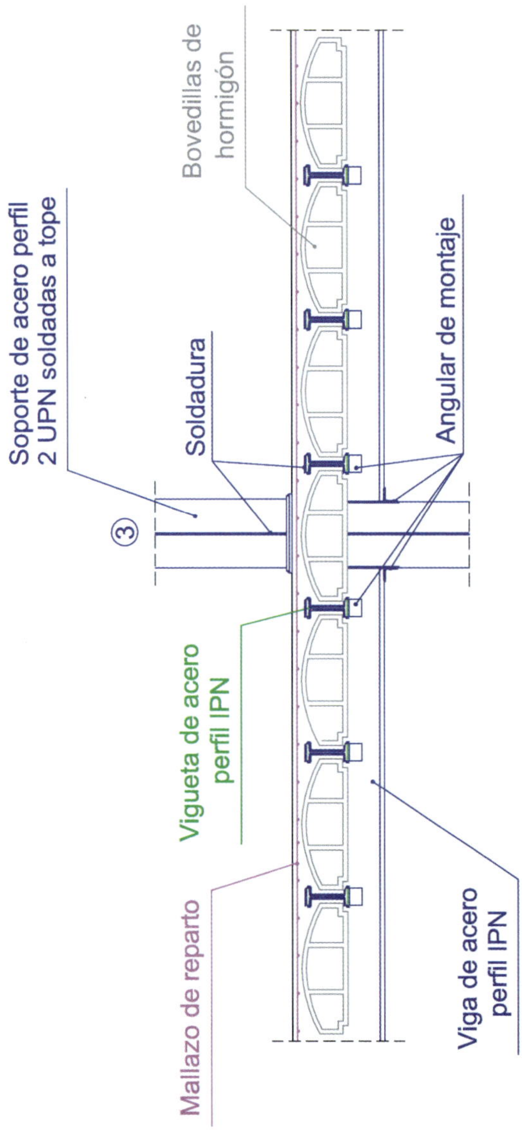
Bovedillas de hormigón
Soporte de acero perfil 2 UPN soldadas a tope
Soldadura
Angular de montaje
③
Vigueta de acero perfil IPN
Mallazo de reparto
Viga de acero perfil IPN

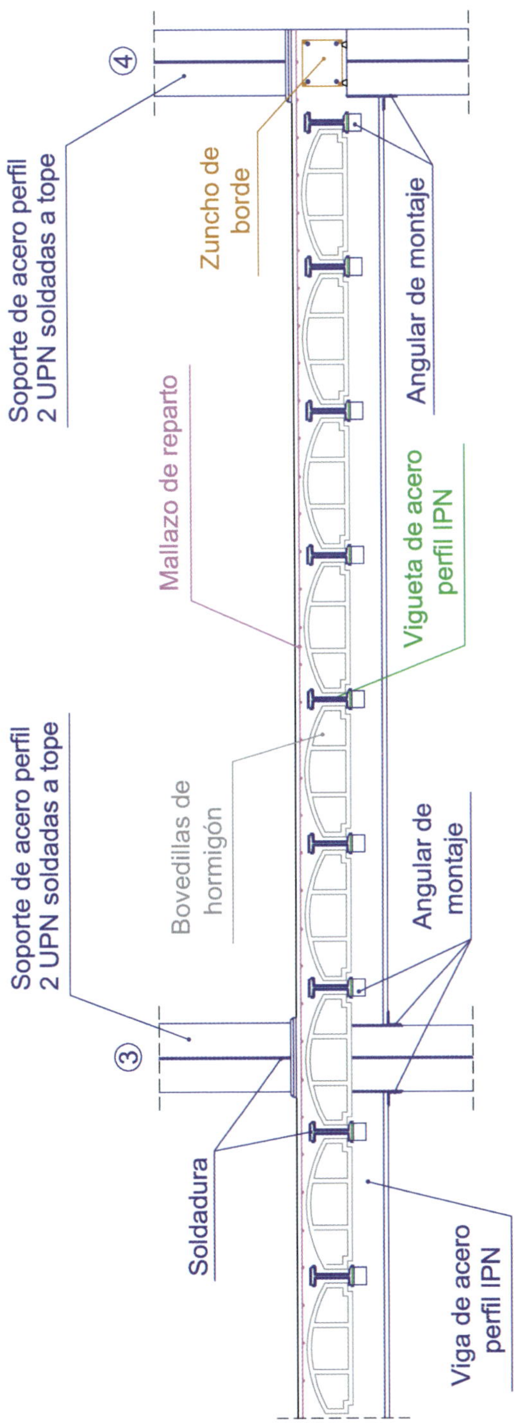

④
③
Soporte de acero perfil 2 UPN soldadas a tope
Zuncho de borde
Angular de montaje
Mallazo de reparto
Vigueta de acero perfil IPN
Soporte de acero perfil 2 UPN soldadas a tope
Bovedillas de hormigón
Angular de montaje
Soldadura
Viga de acero perfil IPN

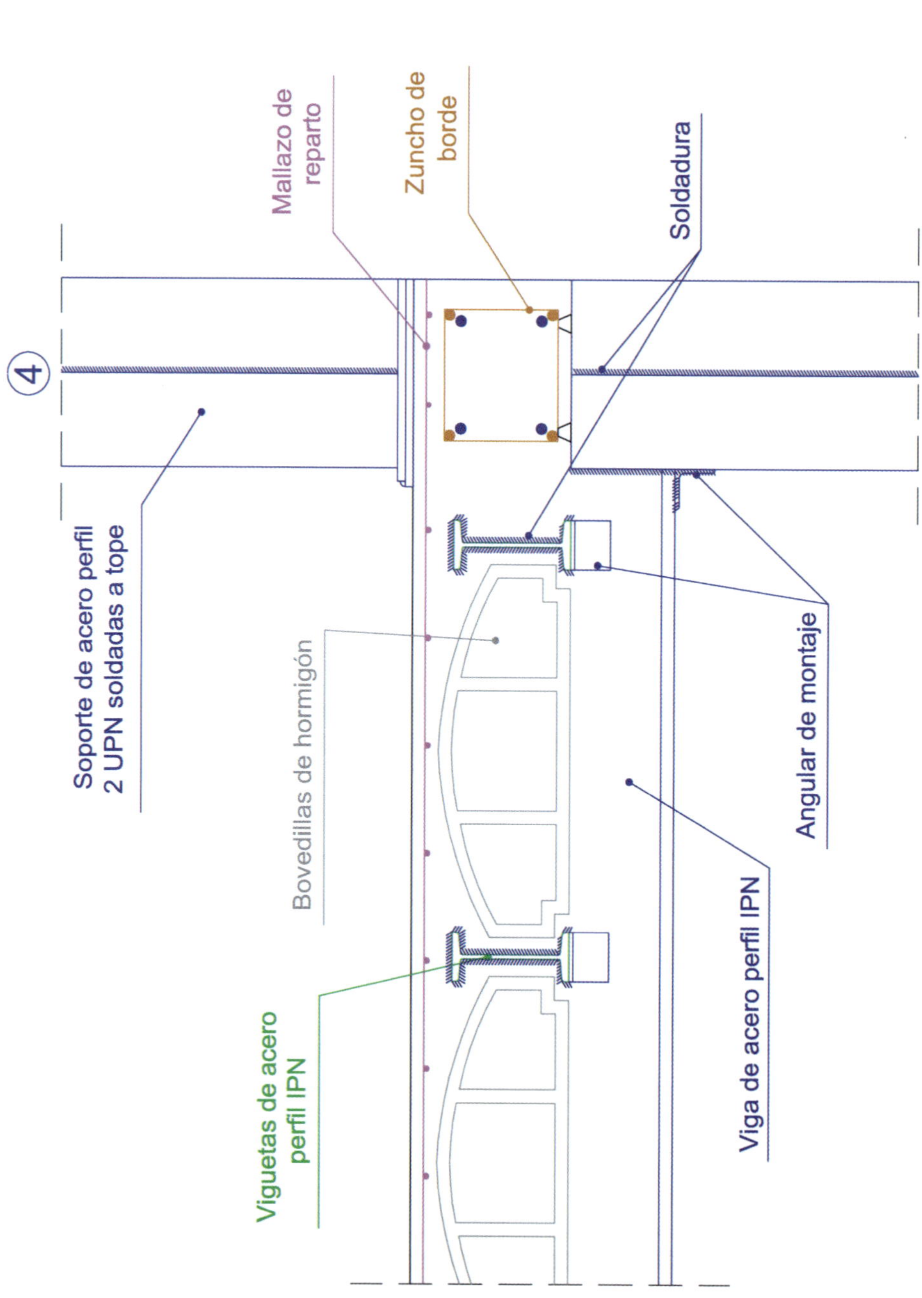
4
Soporte de acero perfil 2 UPN soldadas a tope
Mallazo de reparto
Zuncho de borde
Soldadura
Bovedillas de hormigón
Viguetas de acero perfil IPN
Angular de montaje
Viga de acero perfil IPN

EJERCICIO Nº 63

Dibujar las plantas y los detalles indicados de la sección A-A', sabiendo que:

- **El forjado es reticular.**
- **El soporte 1 es de hormigón armado.**
- **El soporte 2 es perfil de acero con dos U empresilladas.**
- **El soporte 3 es un perfil IPE de acero.**

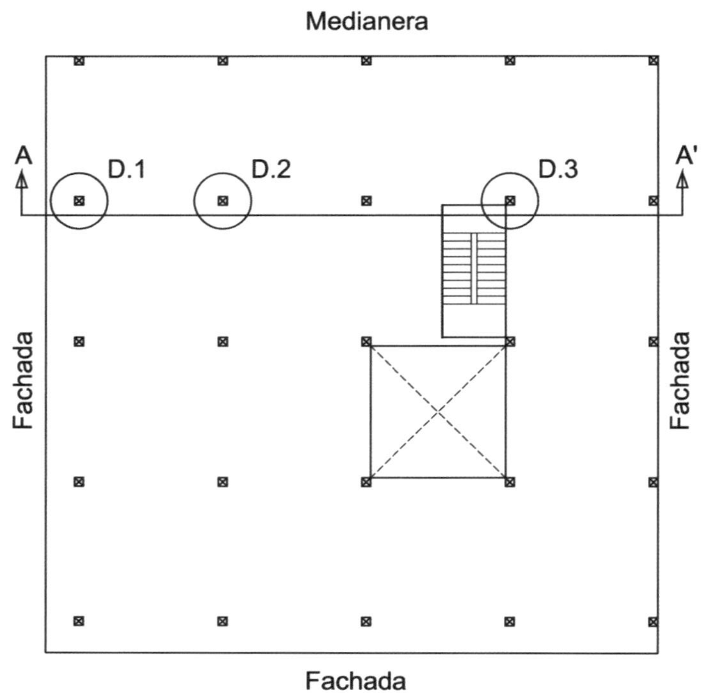

Resolución.

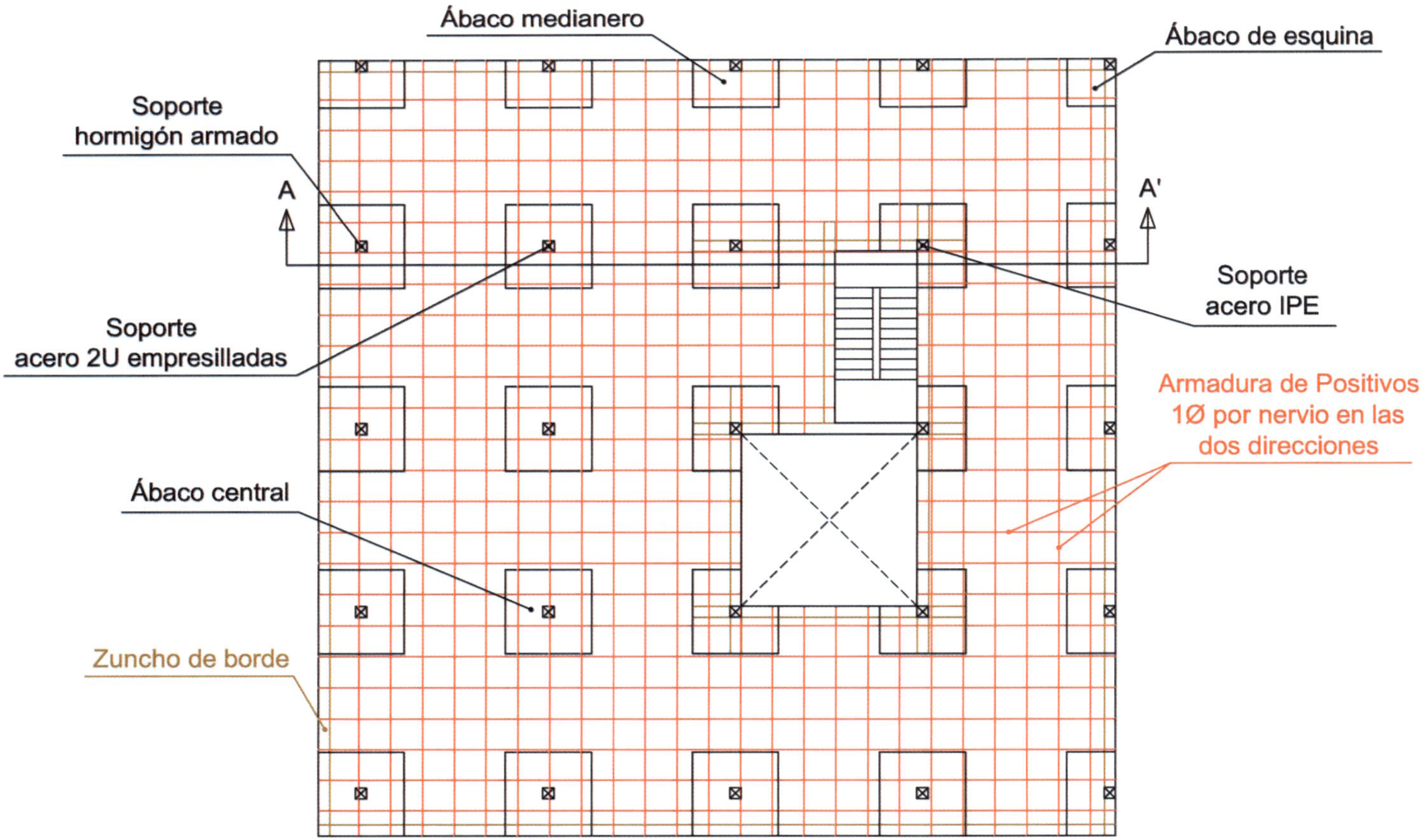

ARMADURA INFERIOR NERVIOS

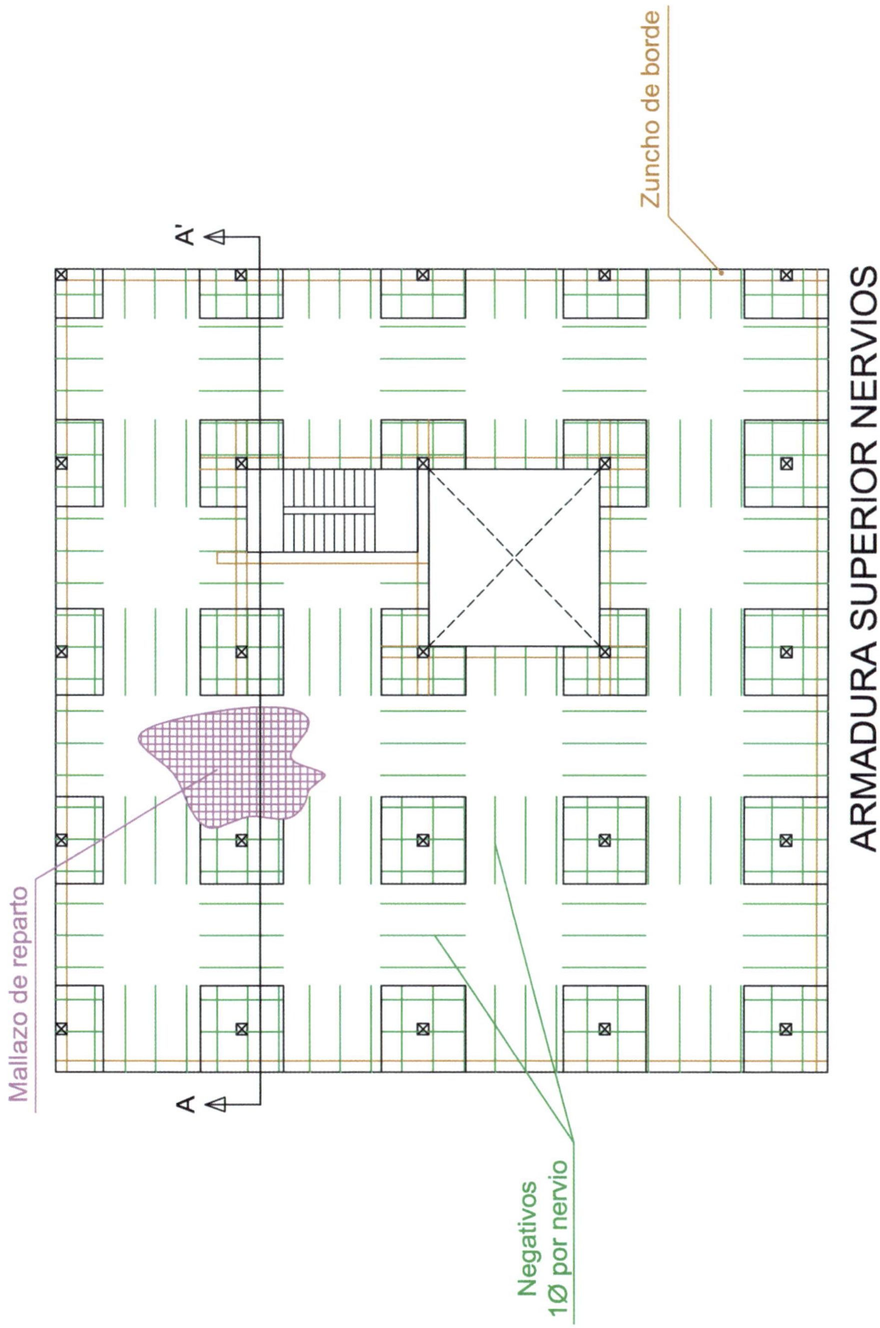
Zuncho de borde
A'
A
Mallazo de reparto
Negativos
1Ø por nervio
ARMADURA SUPERIOR NERVIOS

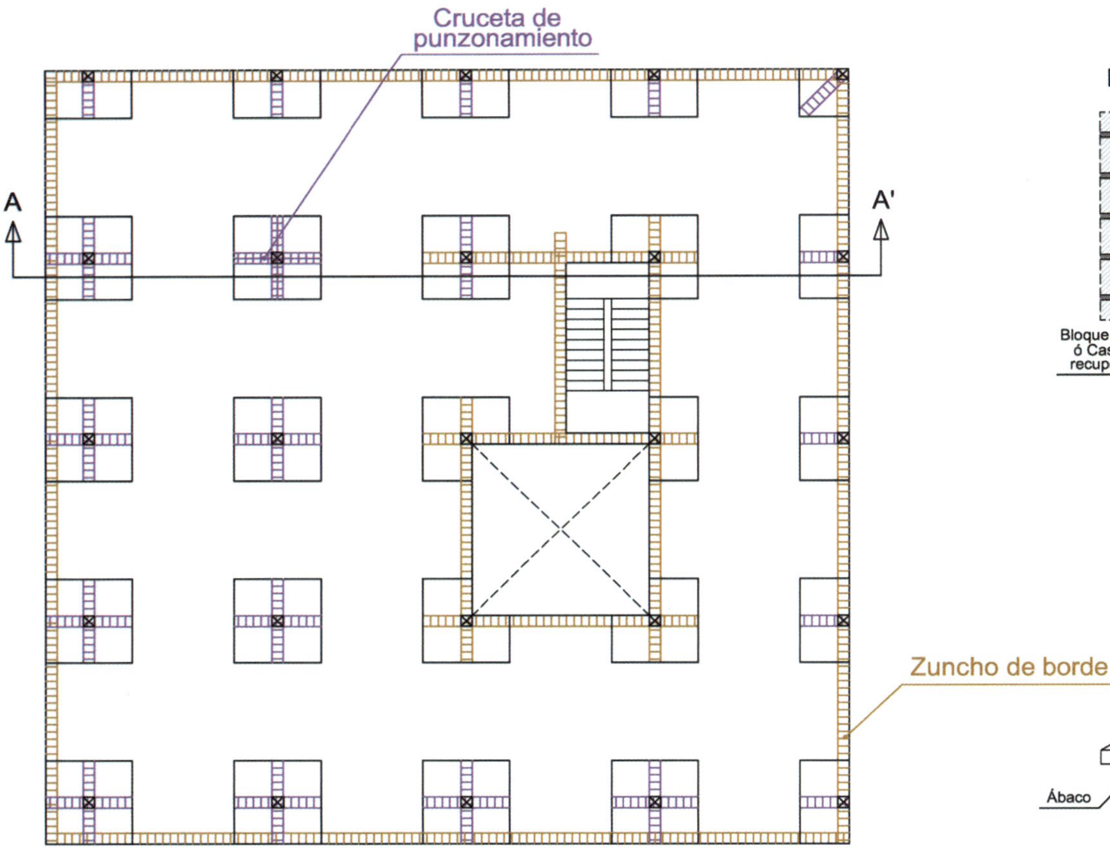

ARMADURA PUNZONAMIENTO

DETALLE ÁBACO

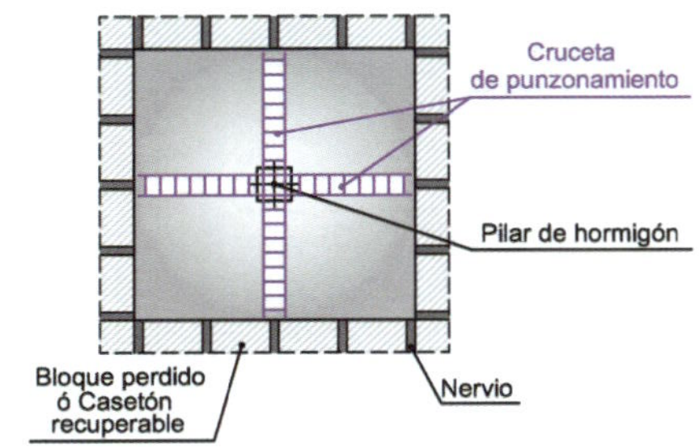

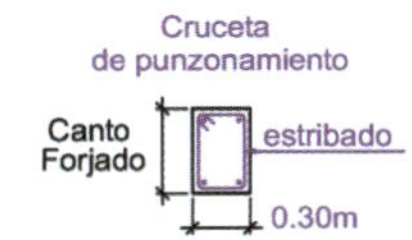

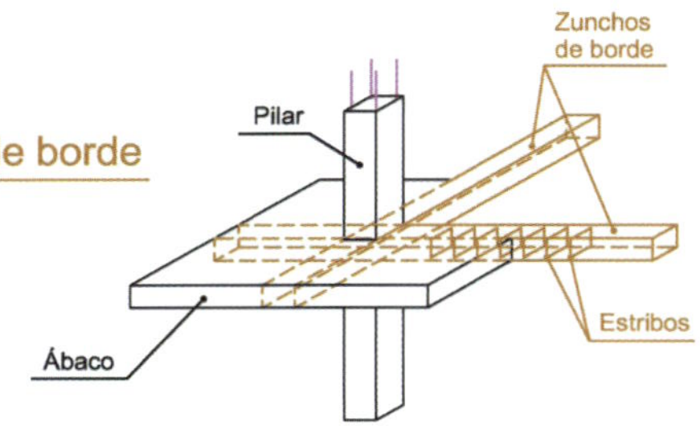

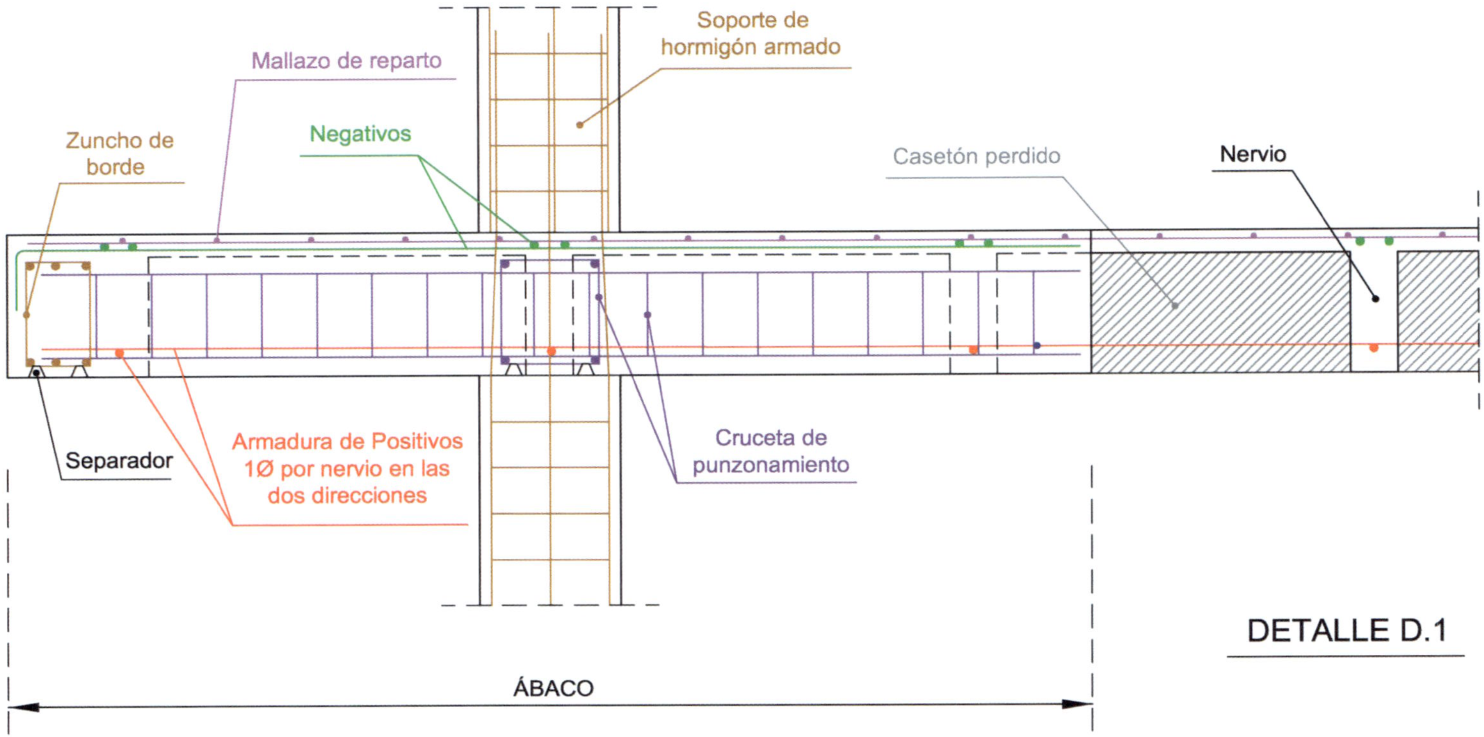
Soporte de
hormigón armado
Mallazo de reparto
Zuncho de
borde
Negativos
Casetón perdido
Nervio
Separador
Armadura de Positivos
1Ø por nervio en las
dos direcciones
Cruceta de
punzonamiento
ÁBACO

DETALLE D.1

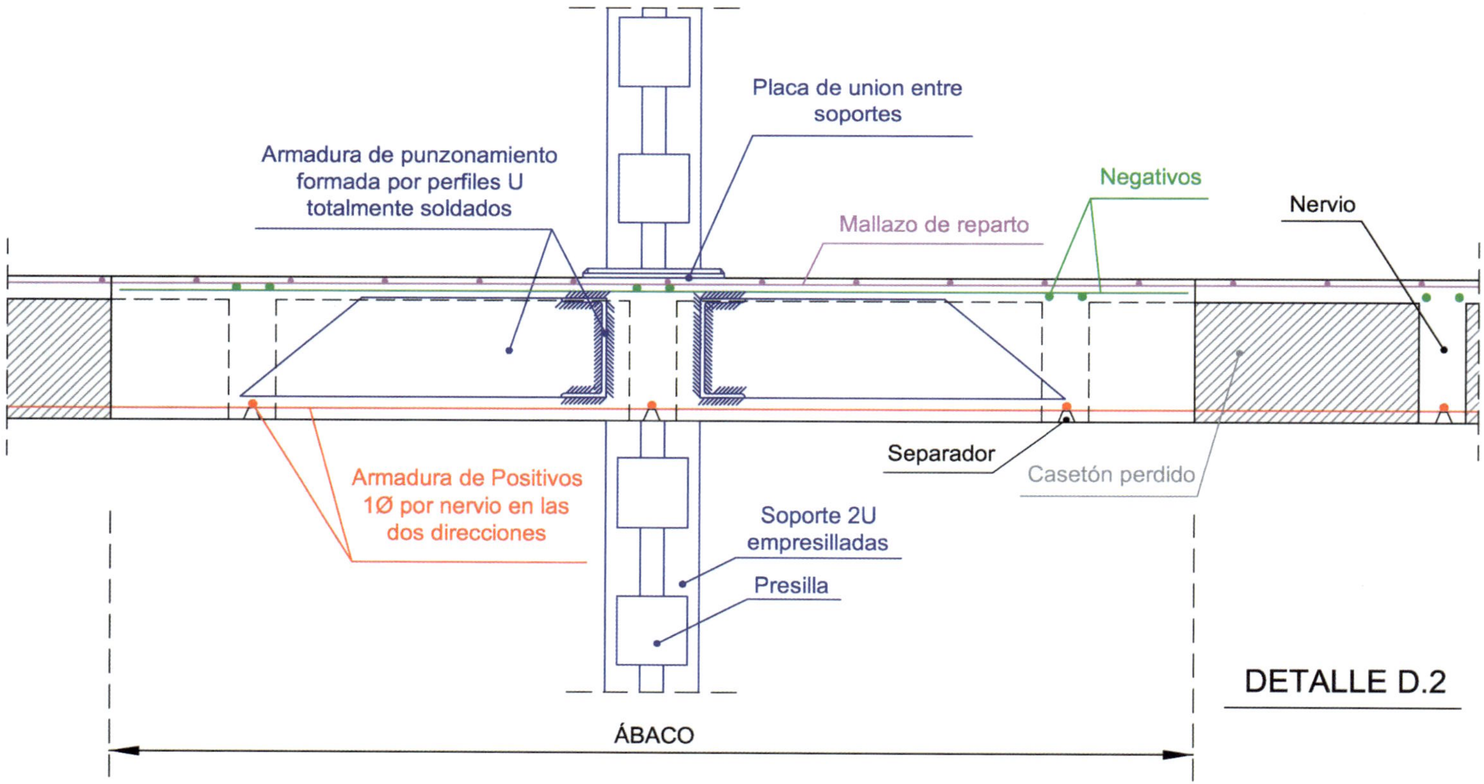

Placa de union entre soportes
Armadura de punzonamiento formada por perfiles U totalmente soldados
Negativos
Nervio
Mallazo de reparto
Separador
Casetón perdido
Armadura de Positivos 1Ø por nervio en las dos direcciones
Soporte 2U empresilladas
Presilla
ÁBACO

DETALLE D.2

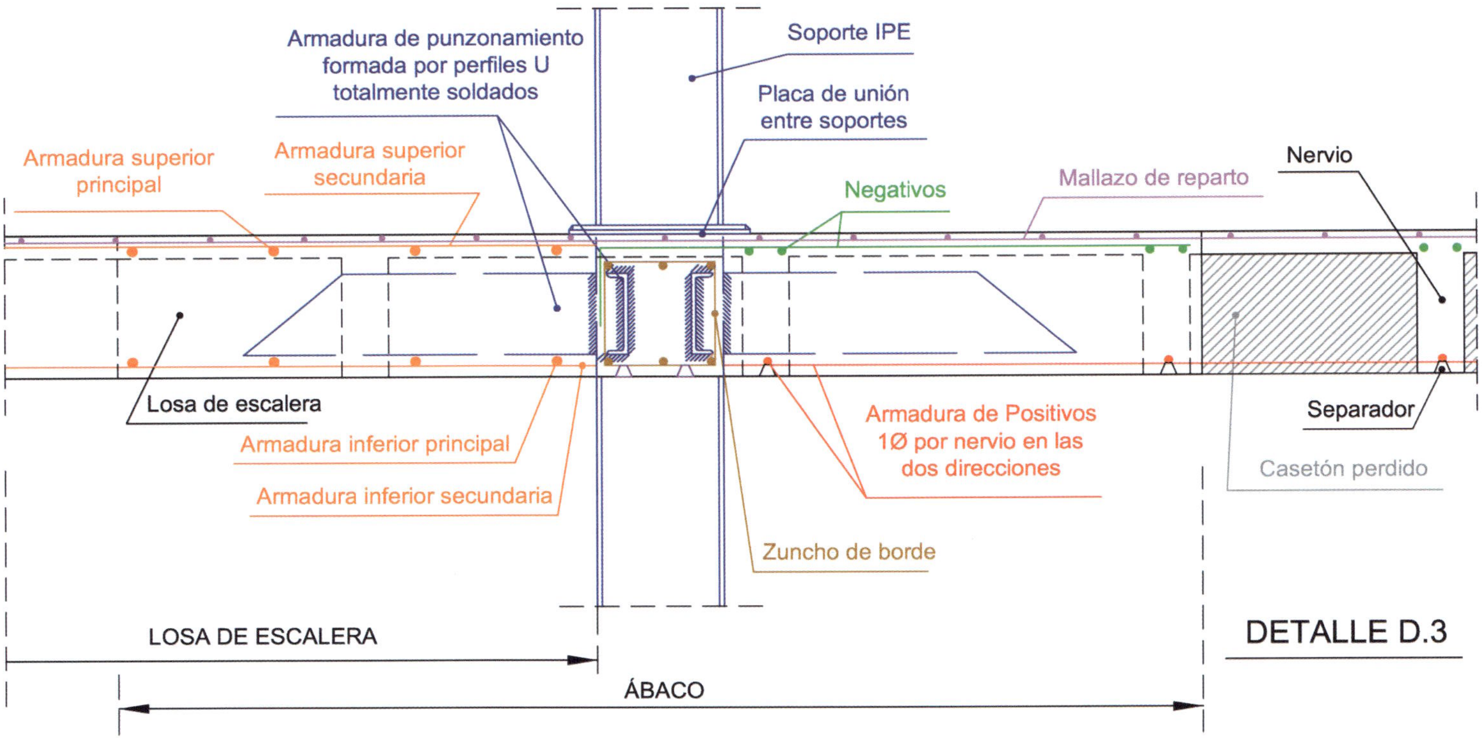
Armadura de punzonamiento formada por perfiles U totalmente soldados
Soporte IPE
Placa de unión entre soportes
Armadura superior principal
Armadura superior secundaria
Negativos
Mallazo de reparto
Nervio
Losa de escalera
Armadura inferior principal
Armadura inferior secundaria
Armadura de Positivos 1Ø por nervio en las dos direcciones
Separador
Casetón perdido
Zuncho de borde
LOSA DE ESCALERA
ÁBACO

DETALLE D.3

EJERCICIO Nº 64

El edificio siguiente se va a cubrir con una cubierta inclinada con elementos de madera y tejas planas apoyadas sobre listones.

Dibujar la planta de cubierta, la sección y los detalles que se consideran necesarios para su construcción en los siguientes supuestos:

- **Utilizando el sistema de "par e hilera".**
- **Utilizando caballetes.**
- **Utilizando el sistema de "par y picadero".**

La parte del porche, en cualquier caso, se cubrirá con elementos de madera.

Los muros grafiados en la planta son de carga y si fuera necesario se podrán colocar muros en su interior.

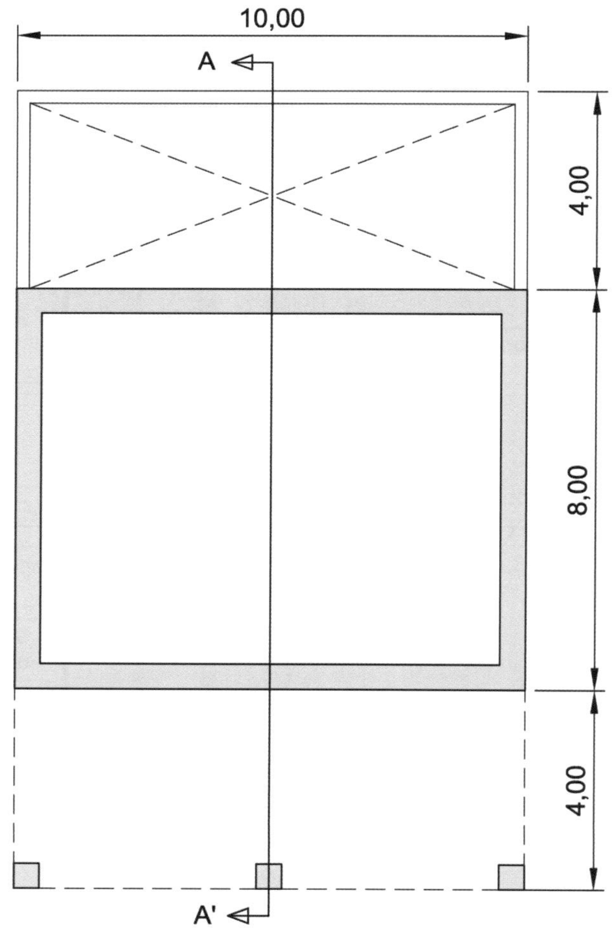

Resolución.

A PAR E HILERA

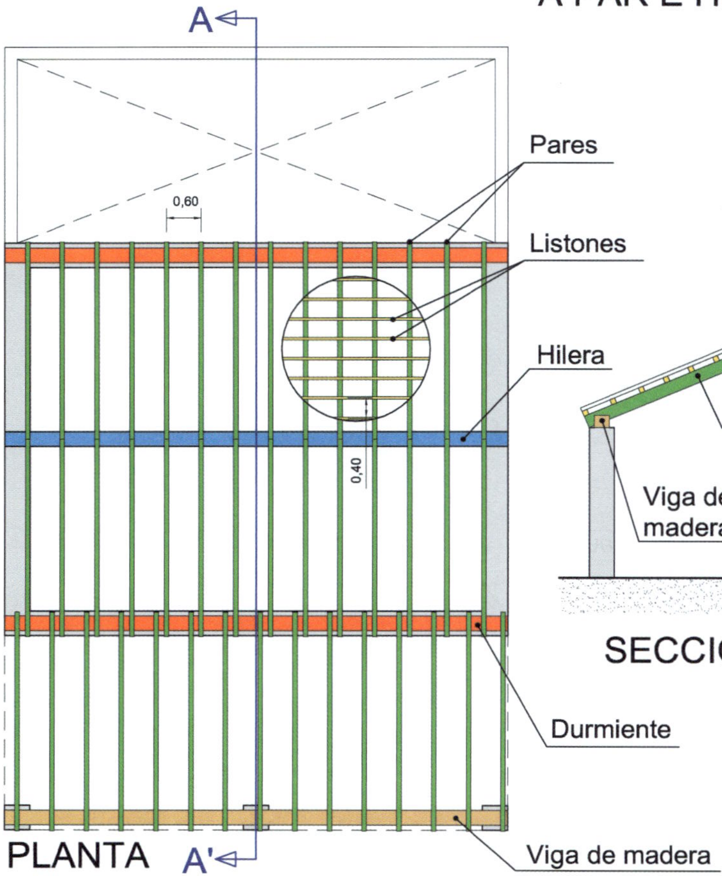

PLANTA

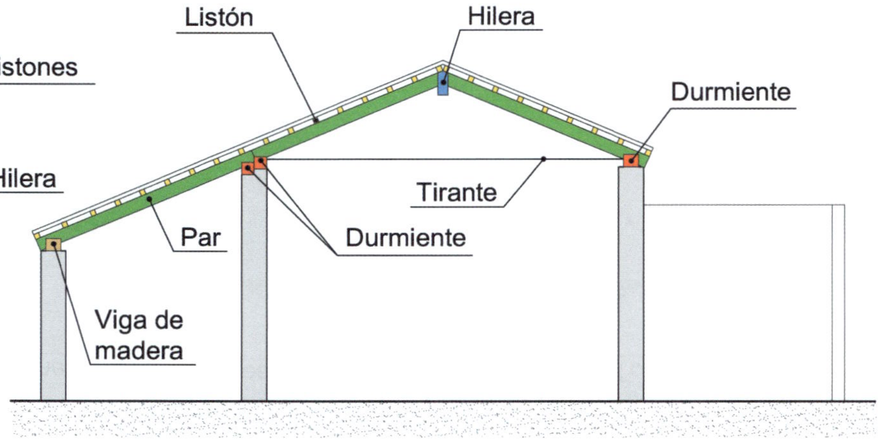

SECCIÓN A-A'

CABALLETES DE MADERA

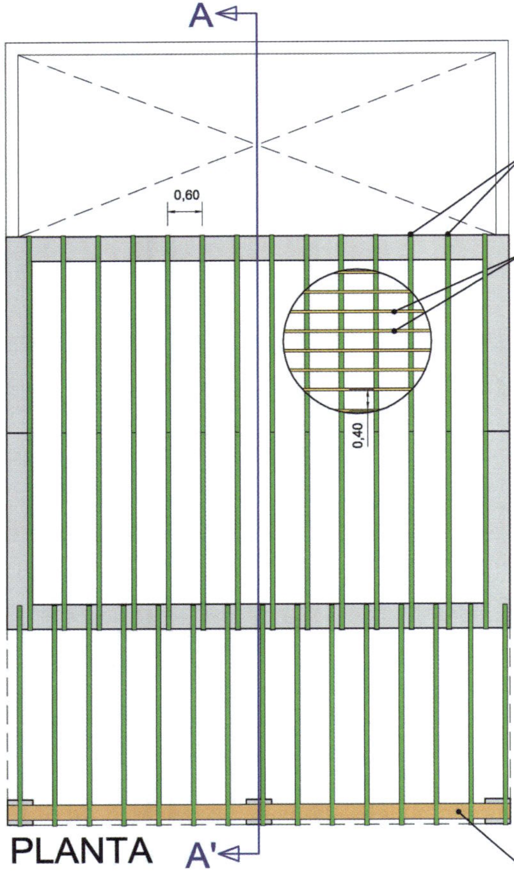

PLANTA

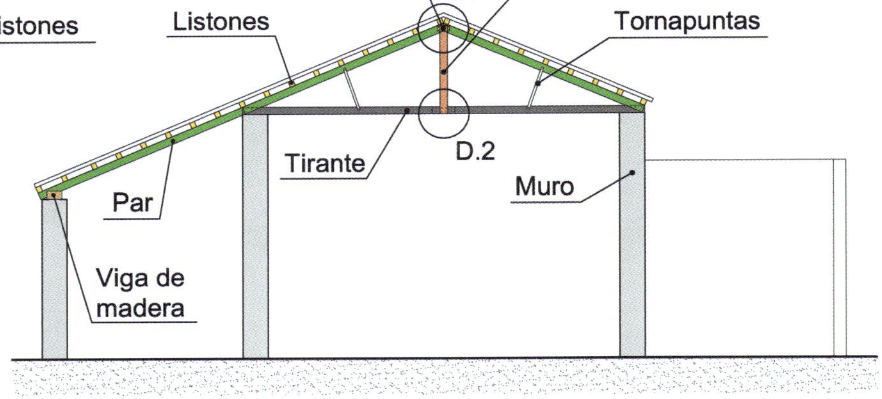

SECCIÓN A-A'

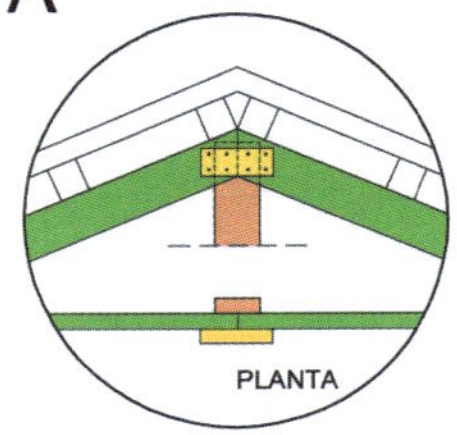

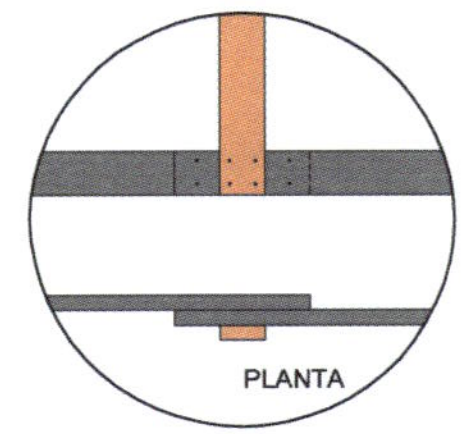

A PAR Y PICADERO

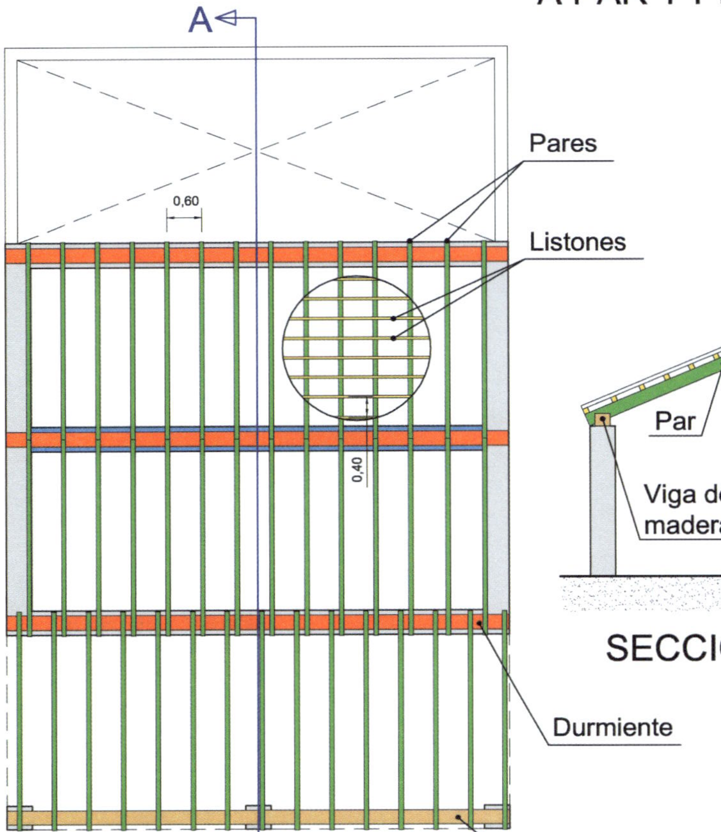

PLANTA

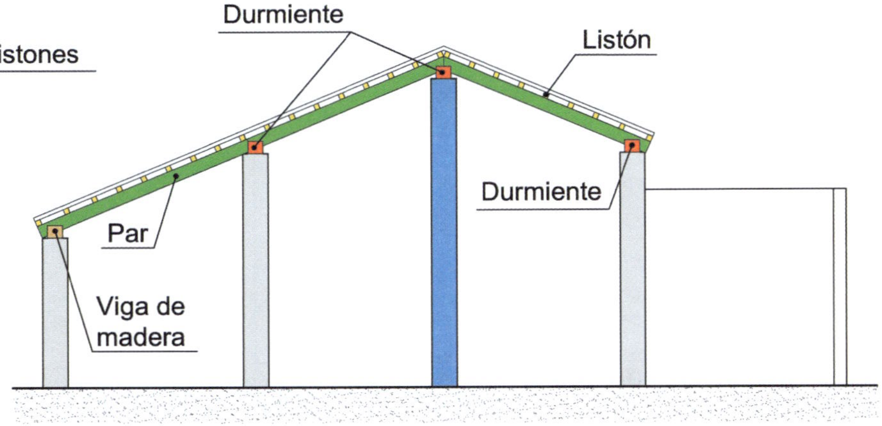

SECCIÓN A-A'

EJERCICIO Nº 65

En la cubierta del edificio del croquis que se adjunta, se pide dibujar la planta con:

- **La disposición de cazoletas de desagüe.**
- **Las limahoyas.**
- **Las limatesas.**
- **La totalidad de las juntas.**

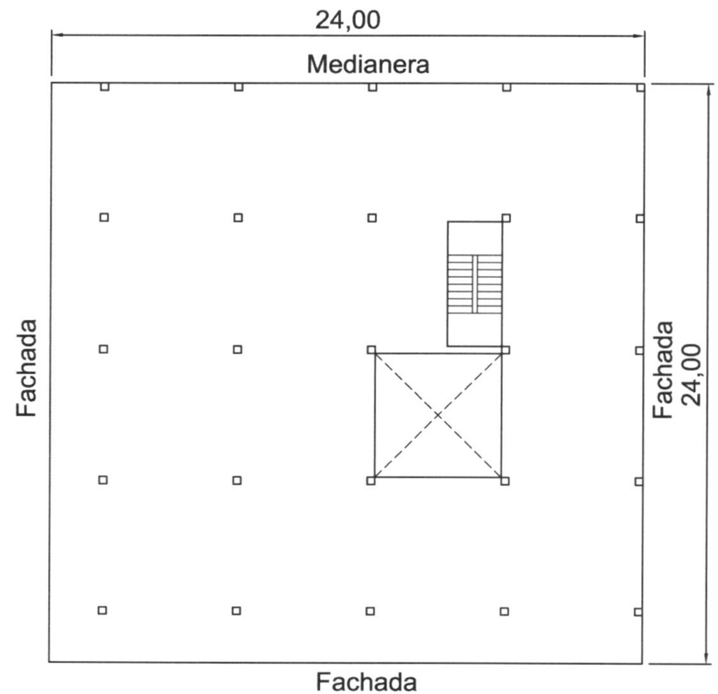

Resolución.

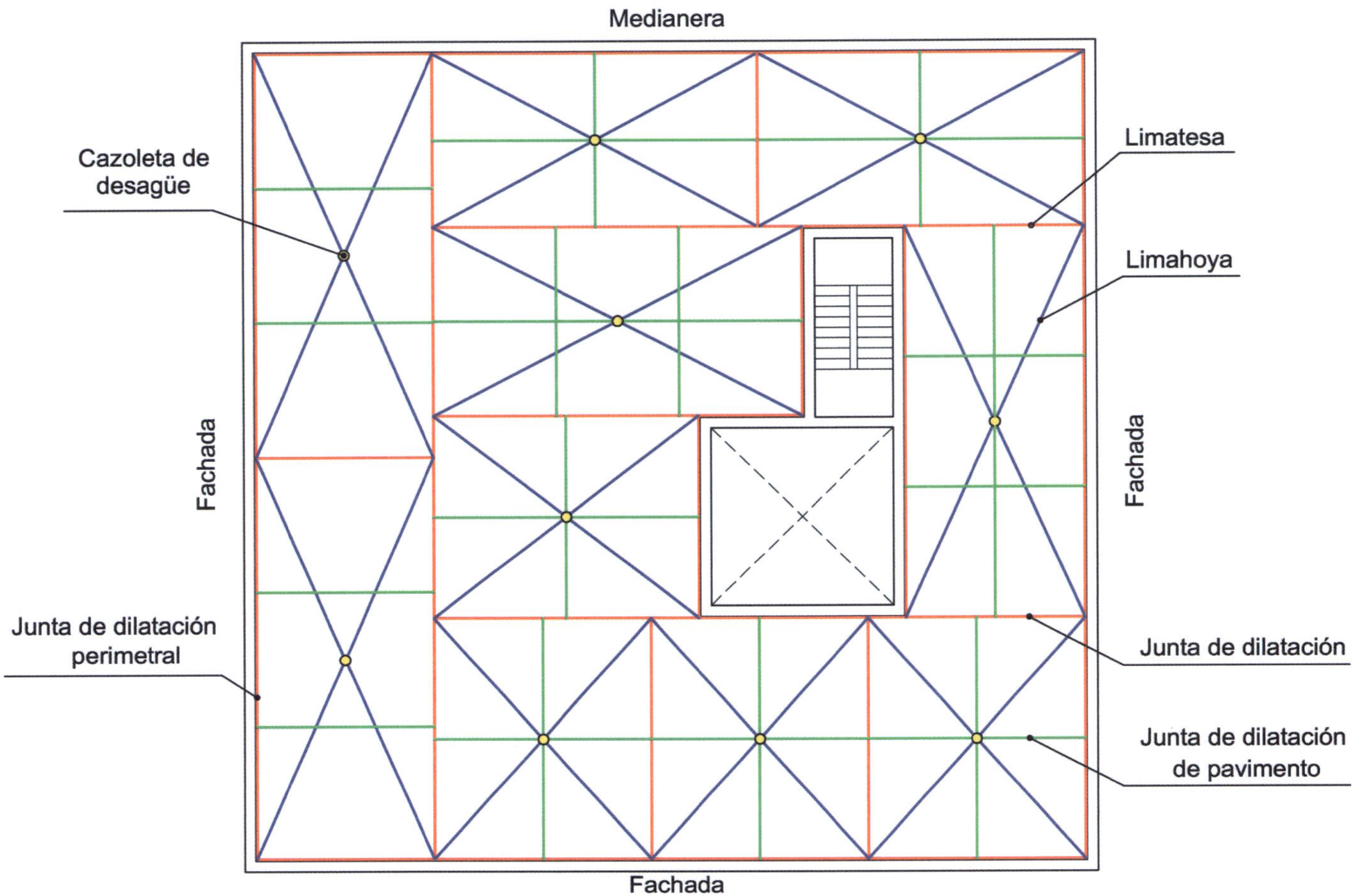

Medianera
Cazoleta de desagüe
Limatesa
Limahoya
Fachada
Fachada
Junta de dilatación perimetral
Junta de dilatación
Junta de dilatación de pavimento
Fachada

EJERCICIO Nº 66

Dibujar las secciones de los casos siguientes:

a) De una cubierta tradicional:

- **El encuentro de un faldón con un elemento vertical.**
- **Una limatesa.**
- **Un desagüe.**

b) De una cubierta catalana:

- **El encuentro de un faldón con un elemento vertical.**
- **Una limatesa.**

c) De una cubierta invertida no transitable:

- **El encuentro de un faldón con un elemento vertical.**
- **Una limatesa.**

d) Una cubierta invertida con pavimento flotante:

- **El encuentro de un faldón con un elemento vertical.**
- **Una limatesa.**
- **Un desagüe.**

e) Una cubierta invertida transitable con pavimento:

- **El encuentro de un faldón con un elemento vertical.**
- **El encuentro de un faldón con una puerta de entrada.**
- **Una limatesa.**
- **Una junta de pavimento.**

Resolución.

CUBIERTA TRADICIONAL
ENCUENTRO DE FALDÓN CON ELEMENTO VERTICAL

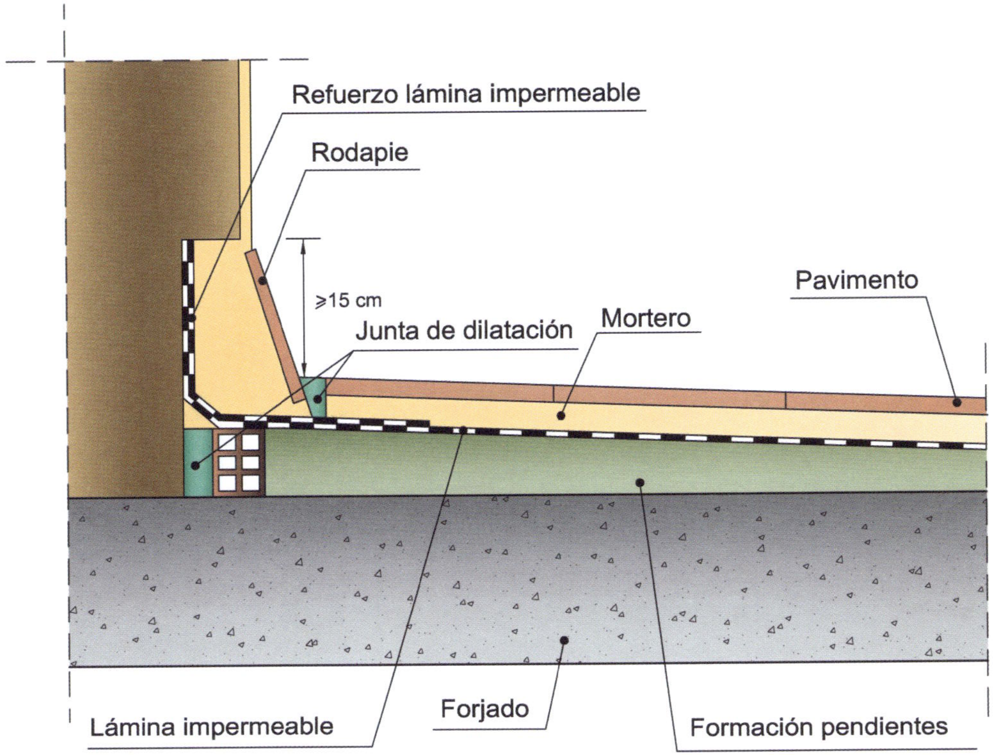

CUBIERTA TRADICIONAL
ENCUENTRO DE FALDÓN CON ELEMENTO VERTICAL

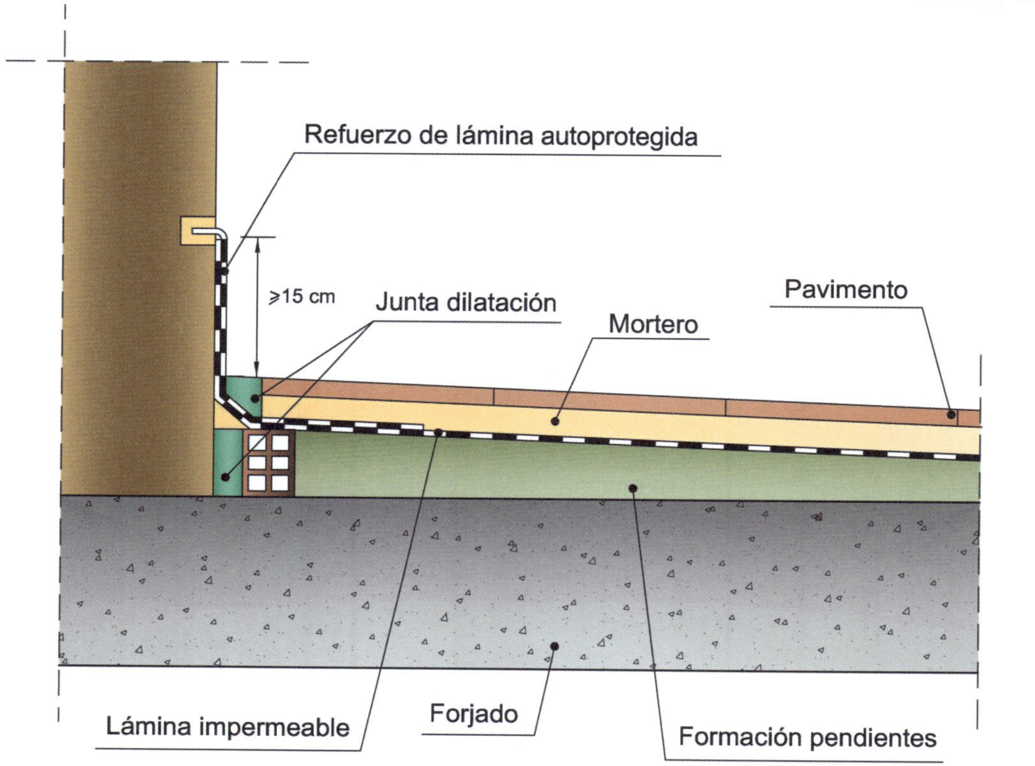

CUBIERTA TRADICIONAL
LIMATESA

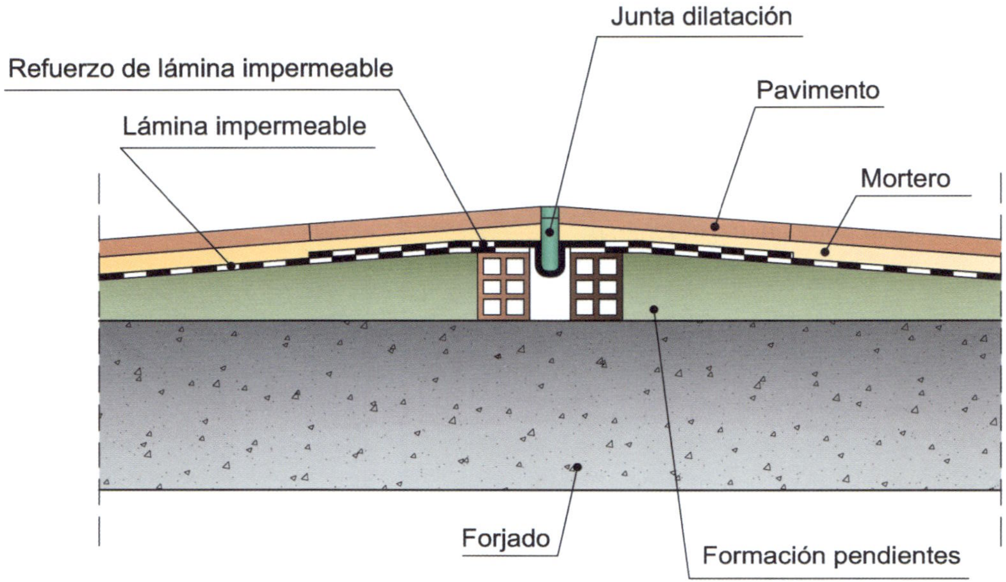

CUBIERTA TRADICIONAL
ENCUENTRO CON DESAGÜE

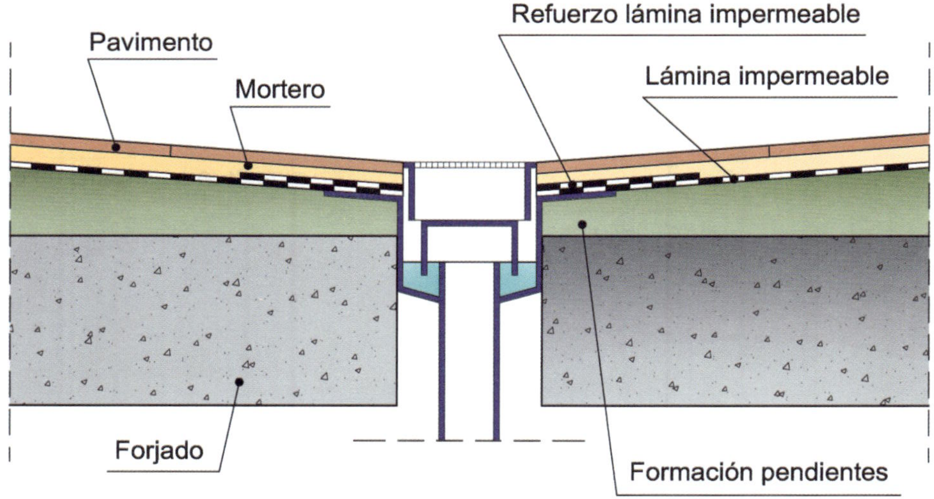

CUBIERTA CATALANA
ENCUENTRO DE FALDÓN CON ELEMENTO VERTICAL

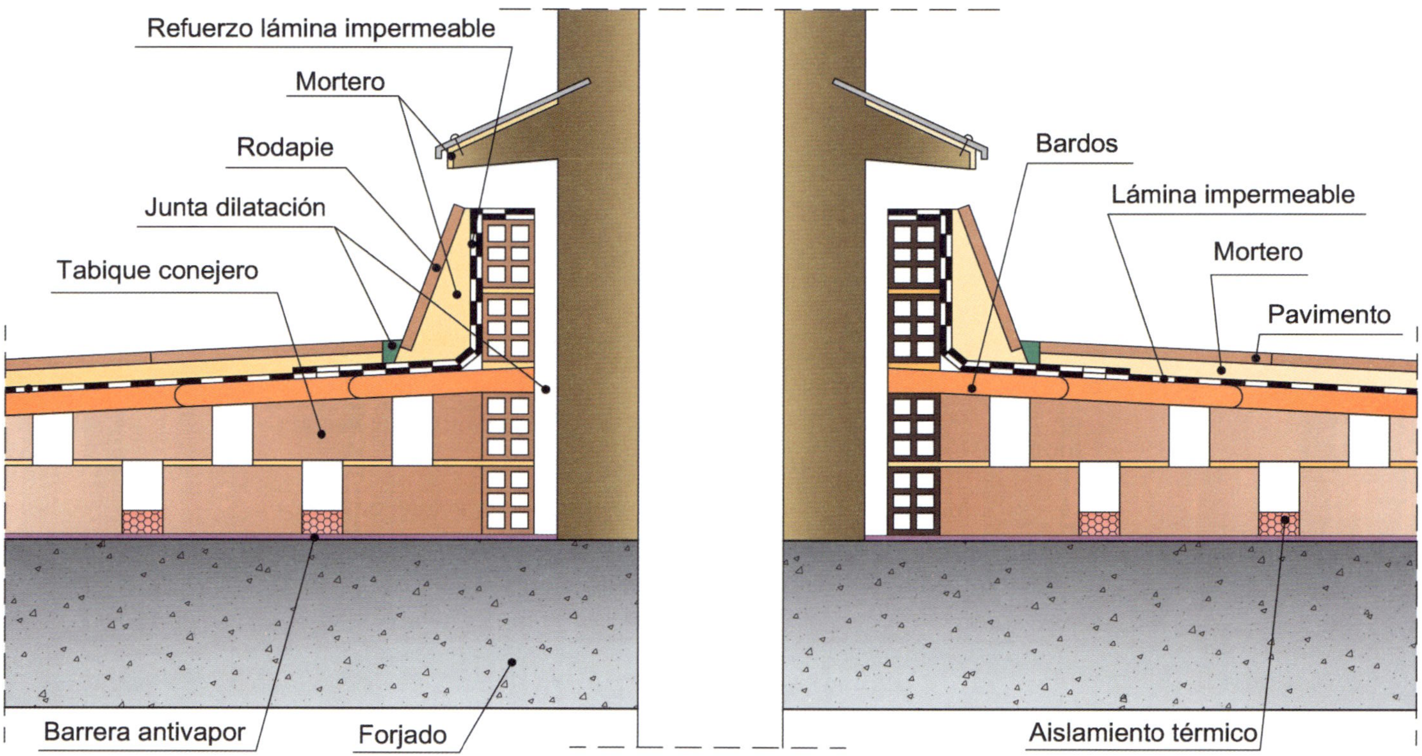

CUBIERTA CATALANA LIMATESA

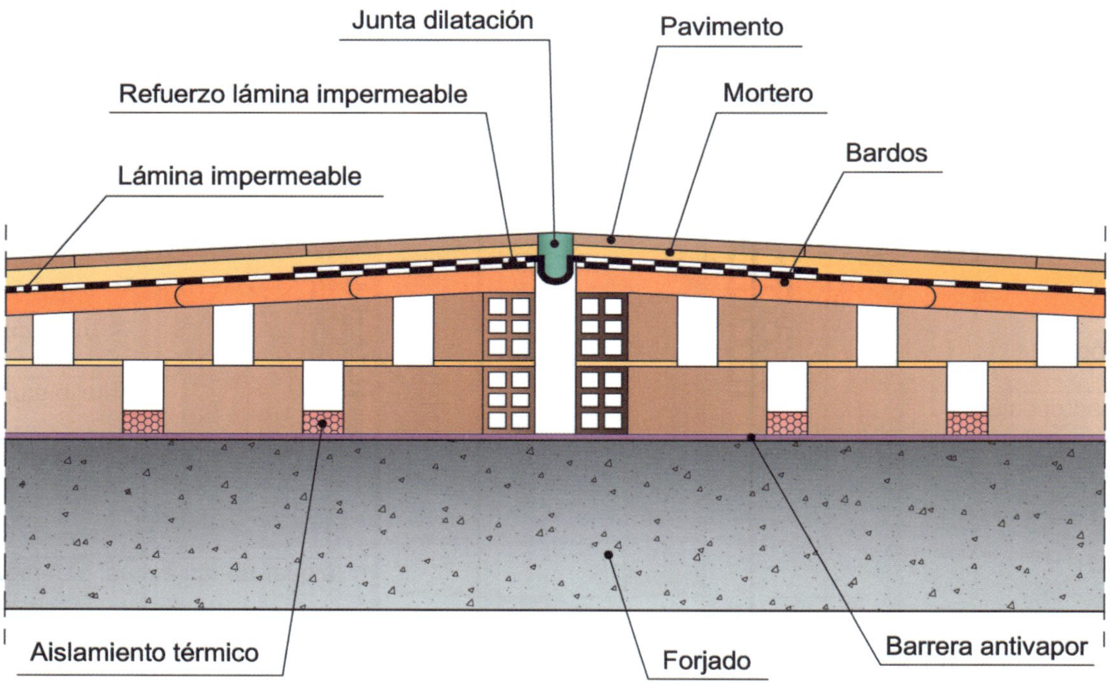

CUBIERTA INVERTIDA NO TRANSITABLE
ENCUENTRO DE FALDÓN CON ELEMENTO VERTICAL

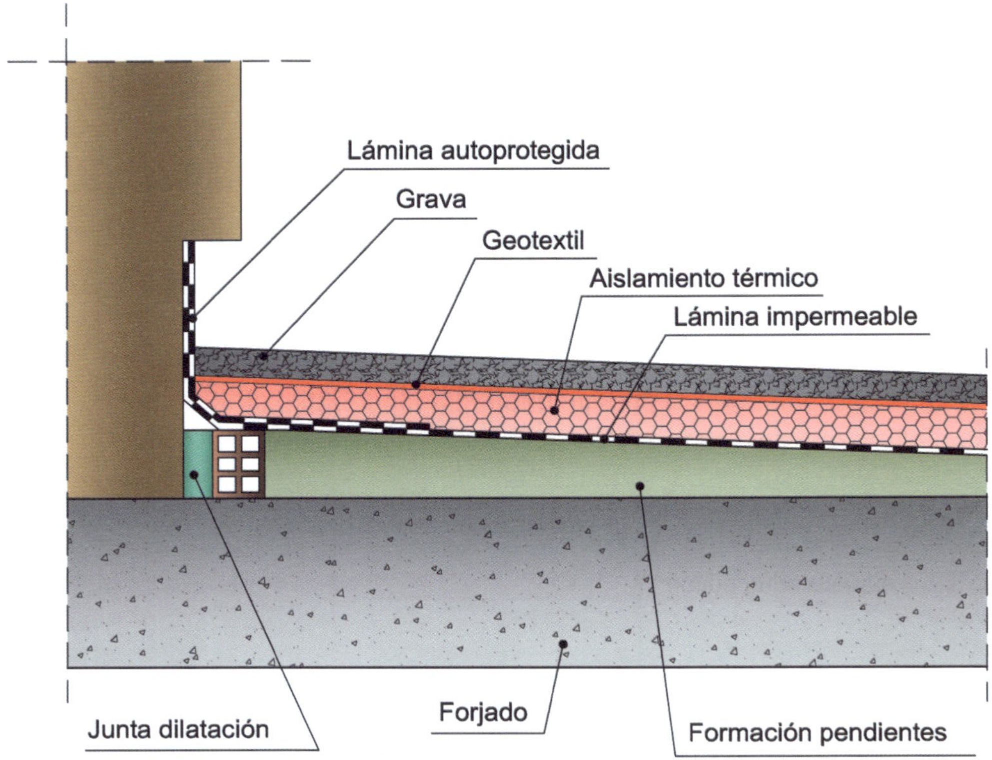

CUBIERTA INVERTIDA NO TRANSITABLE LIMATESA

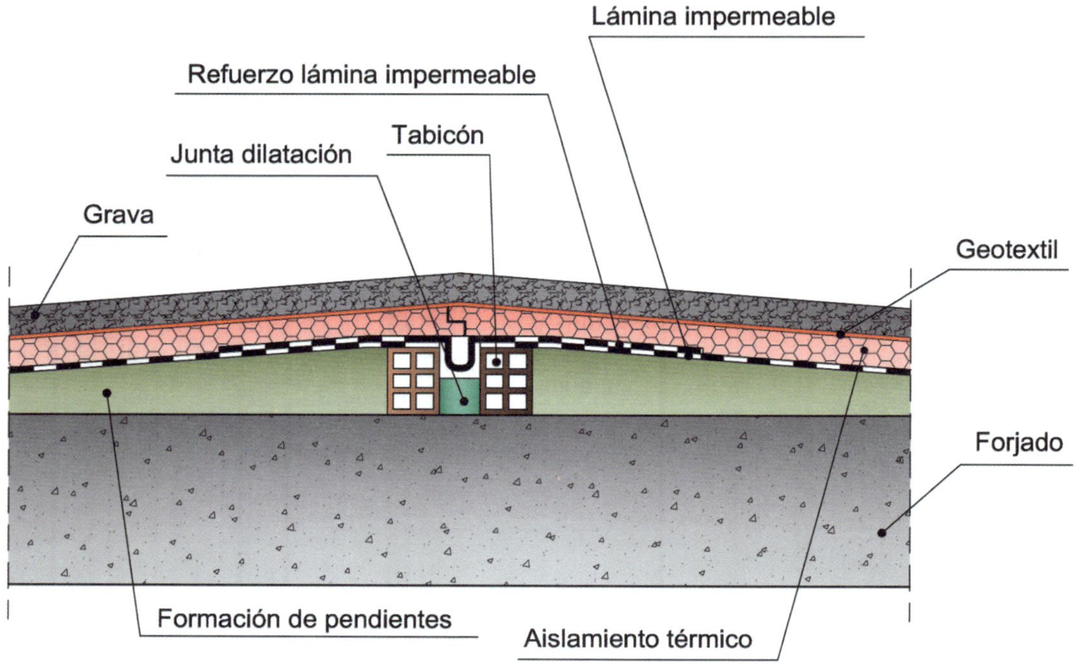

CUBIERTA INVERTIDA CON PAVIMENTO FLOTANTE
ENCUENTRO DE FALDÓN CON ELEMENTO VERTICAL

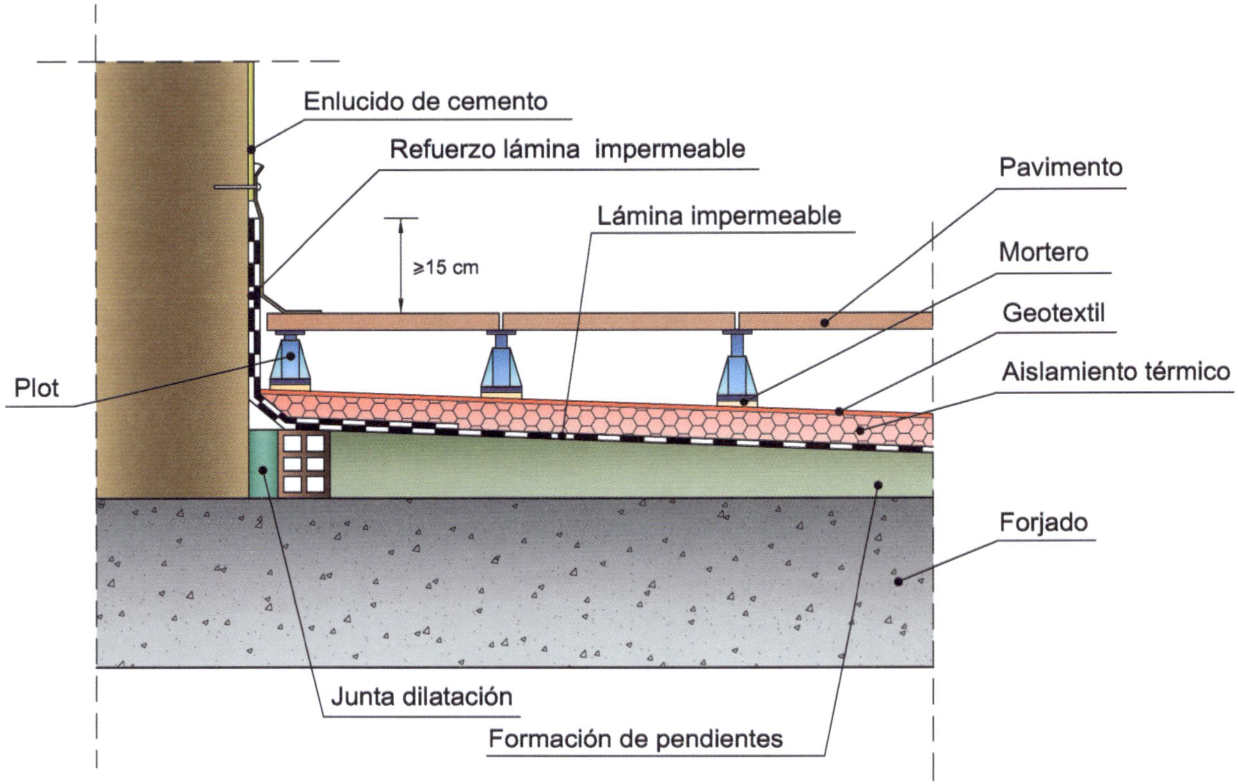

CUBIERTA INVERTIDA CON PAVIMENTO FLOTANTE LIMATESA

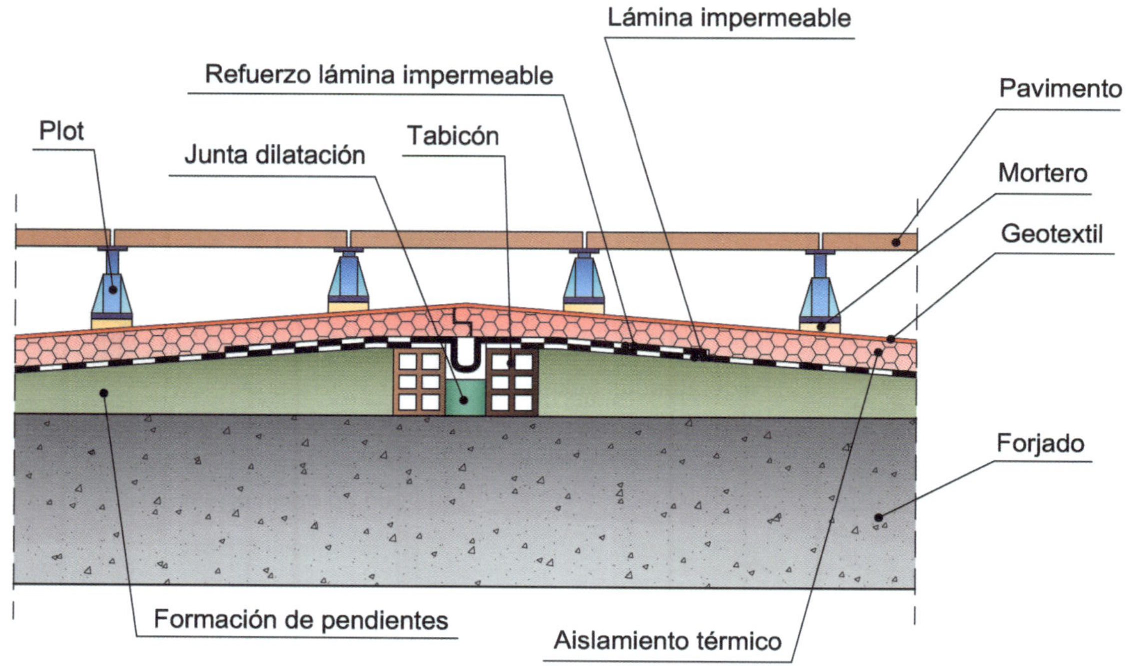

CUBIERTA INVERTIDA CON PAVIMENTO FLOTANTE
ENCUENTRO CON DESAGÜE

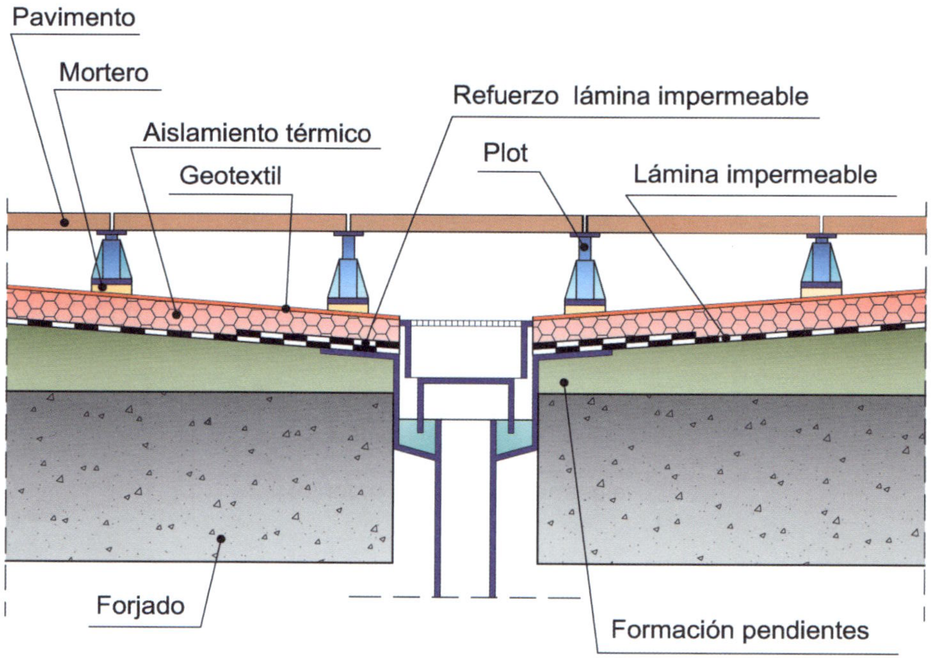

CUBIERTA INVERTIDA TRANSITABLE CON PAVIMENTO TOMADO CON MORTERO DE CEMENTO ENCUENTRO DE FALDÓN CON ELEMENTO VERTICAL

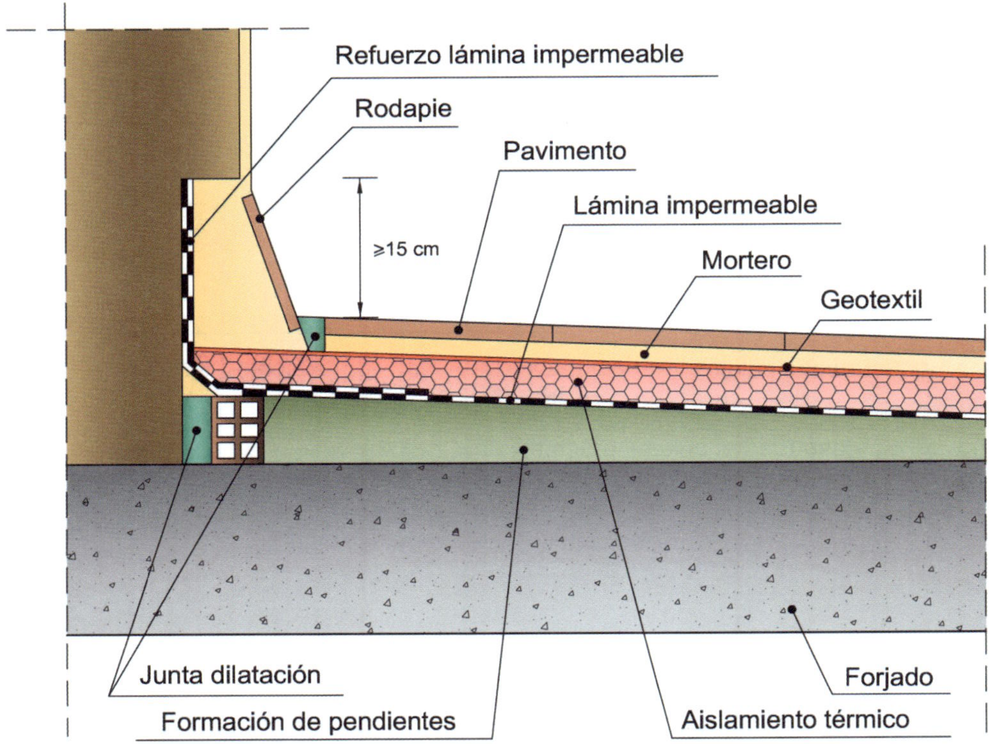

CUBIERTA INVERTIDA TRANSITABLE CON PAVIMENTO TOMADO CON MORTERO DE CEMENTO ENCUENTRO DE FALDÓN CON PUERTA DE ACCESO

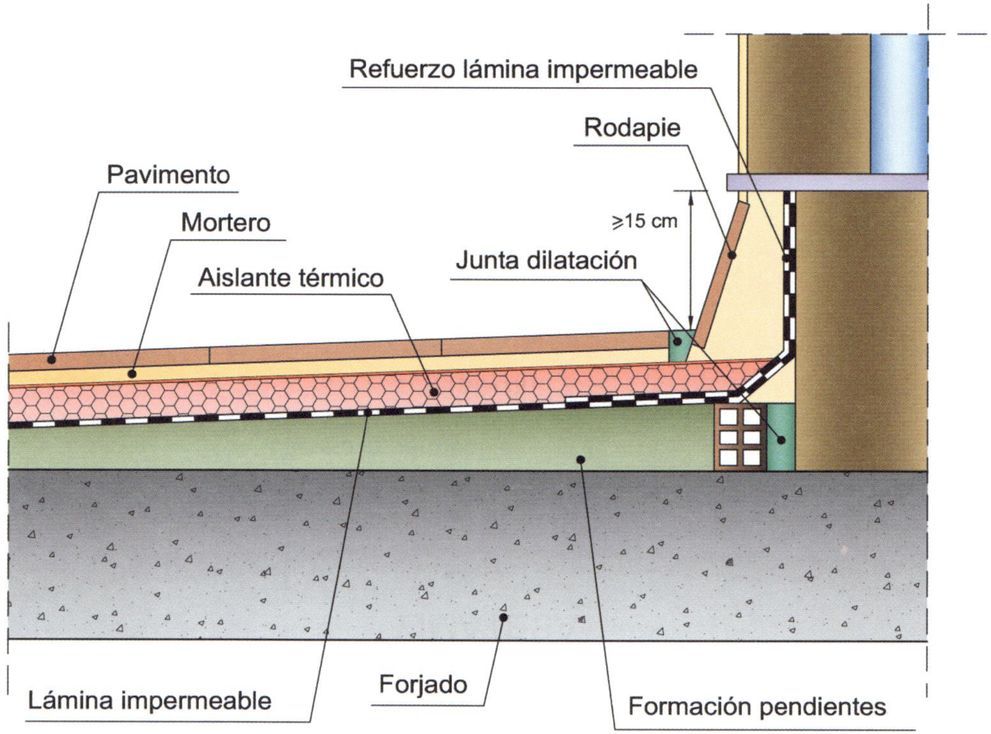

CUBIERTA INVERTIDA TRANSITABLE CON PAVIMENTO TOMADO CON MORTERO DE CEMENTO LIMATESA

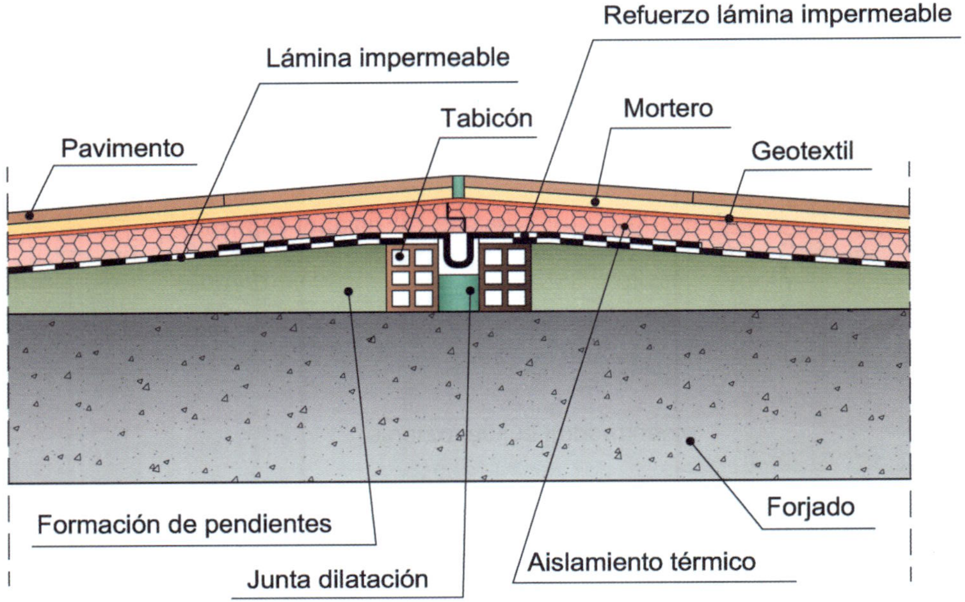

CUBIERTA INVERTIDA TRANSITABLE CON PAVIMENTO TOMADO CON MORTERO DE CEMENTO JUNTA DE PAVIMENTO

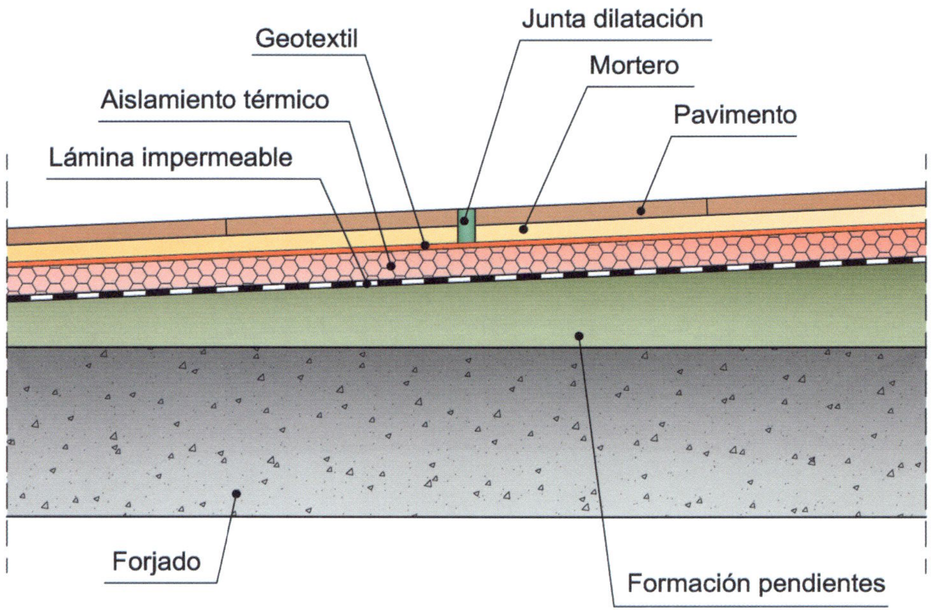

ÍNDICE

11. Estructuras.

12. Cubiertas.